图解
育儿百科

〔日〕住友真佐美 监修 付明明 译

南海出版公司

新经典文化股份有限公司
www.readinglife.com
出　品

❀ 前 言 ❀

宝宝的诞生为生活增添了不少乐趣，
也让生活多了许多意想不到的情况。
在身边亲友的帮助下，从容地开始养
育宝宝吧！

儿科医生
日本东京都保健政策部长
住友真佐美　医生

宝宝出生啦，恭喜恭喜！

对宝宝来说，这是他第一次见到外面的世界。
当然，爸爸妈妈也是第一次见到自己的宝贝！如今，
父母和孩子组成的家庭越来越多，但生活中不是只
有家人。在育儿的过程中，不要用原始的、低效的
方法，也不要觉得"慢慢就好了""不能给任何人
添麻烦"，向更多的人寻求帮助吧！

本书可以成为你育儿的帮手！也许不久之后，
无论宝宝是在睡觉还是醒着，你都会有些担心。父
母的这种牵挂，对宝宝来说是莫大的幸福！享受漫
长育儿路上的欢乐，开启轻松的育儿之旅吧！

目　录

特别收录

0～3岁宝宝身心发育一览表

宝宝误食怎么办急救指南

前言 ··· 3

Part 1

出院后你最想知道的护理方法

欢迎回家！
和宝宝一起生活

新生儿的身体和反射·反应·············12

宝宝护理入门教程

抱宝宝 ···14

换尿布 ···16

洗澡 ···20

身体各个部位的护理·····················22

衣服的种类和穿法·························24

打造舒适的婴儿空间·····················28

Part 2

身体、心理和五感逐渐发育成熟

各月龄宝宝的
身体和心理发展

0～1个月

慢慢熟悉周围的环境，

发出高兴和不高兴的信号 ·················32

1～2个月

能够用眼睛跟随物体，除了哭声外，

还会发出其他声音和身边的大人交流·······36

2～3个月

脖子渐渐能够挺直，注视自己的手，

一哄逗就会笑 ·································40

3～4个月

还差一步脖子就能完全挺直了，会对大人的声音做出

回应，喜欢和大人对话·····················44

4～5个月

颈部基本上能够挺直，会伸手够想要的东西，

无论什么东西都要舔一舔 ·················48

5～6个月

能灵活地翻身，开始吃辅食，

感受到越来越多的新鲜体验 ·················52

6～7个月

开始能坐起来，进入立体的三维世界！................56

7～8个月

能够稳稳坐住，还会有"目的"地发出声音呼唤大人
做某事................60

8～9个月

用适合自己的姿势爬行，
在好奇心的驱使下到处探索................64

9～10个月

能从爬行姿势灵活地扶着物体站起来，
越来越黏人................68

10～11个月

不仅能扶着物体站稳，还开始扶着物体走路；能做的
事情越来越多，自我主张也越来越强烈................72

11个月～1岁

进一步理解语言的含义，学着说话；有的宝宝能独自
站立，开始走路................76

1岁～1岁3个月

大部分宝宝都会走了，会说的话迅速增多............80

1岁3个月～1岁6个月

独立行走的能力更强，
表现出来的情感更复杂、细致................84

1岁6个月～2岁

更加灵活地做现在会做的事情，
对话时能说出两个词语................88

育儿专栏

日本在宝宝出生30天左右会选个良辰吉日
参拜神社................34

关于趴着睡和婴儿猝死综合征................38

找位主治医生................42

准备接种疫苗，标出大致的接种日期................46

出生100～120天后举行断奶仪式................50

第一次发烧，有的宝宝还会患上幼儿急疹........54

夜啼还会持续，要耐心照顾................58

开始认生，有时见到爸爸也会哭................62

宝宝开始不知疲倦地黏人，要给予他安全感........66

容易患上感冒等病症................70

慎重选择第一双鞋................74

按照当地的风俗庆祝宝宝的生日................78

不好对付的"不"，大人一着急反而事倍功半....82

再次怀孕！关注大宝宝的心情................86

在大人的帮助下和其他孩子玩耍................90

个体差异导致发育时间有早有晚
成长发育的过程

翻身.....................................92

坐...92

爬行.....................................93

扶着物体站立·独自站立.....93

走...93

专 栏

什么时候可以带宝宝外出?.....94

Part 3

从喂奶到断奶
母乳喂养·配方奶喂养

母乳和奶粉的基础知识..............96

母乳喂养的方法.......................98

母乳喂养遇到问题怎么办?.....100

配方奶的冲调和喂养方法.......102

关于断奶.................................104

母乳·配方奶疑问解答 Q&A

担心.....................................106

乳房问题.............................107

断奶及其他.........................108

Part4

以轻松愉快的心态循序渐进
添加辅食,享受吃饭的乐趣

什么是辅食?.........................110

辅食期的 4 个阶段.................112

各阶段主要食物的硬度·大小一览表.....114

制作辅食必备
基本加工方法.........................116

第一次品尝的味道,宝宝爱吃吗?
吞咽期 5～6个月.................118

可以吃的食物越来越多
蠕嚼期 7～8个月.................120

补充铁元素
细嚼期 9～11个月...............121

试着自己抓东西吃!
咀嚼期 1岁～1岁6个月.......122

感受吃饭的乐趣
幼儿食品.................................123

易过敏的宝宝,不能吃鸡蛋和牛奶?
辅食与食物过敏.....................124

辅食疑问解答 Q&A

关于做法和调味.....................126

关于食量大小和偏食.............127

关于零食和其他.....................128

Part5

关键时刻要知道的急救知识

保护宝宝身心安全的
疾病和创伤知识

成长发育阶段检查
定期健康体检 130

1个月的健康体检 131

3～4个月的体检 132

6～7个月的体检 133

9～10个月的体检 133

1岁的体检 134

1岁6个月的体检 134

3岁的体检 135

定期体检 Q&A 135

疫苗接种 Q&A 136

去医院就诊？再观察观察？
生病的症状和就诊要点 138

严格遵循医生的指导
药物的服用方法和使用方法 140

轻松处理宝宝的小问题
常见疾病和各种症状的家庭护理

发烧 142

发烧时的辅食 144

以发烧为主要症状的常见疾病 145

起疹子时 146

以皮疹为主要症状的常见疾病 146

腹泻、呕吐时 148

腹泻时的辅食 150

呕吐时的辅食 151

以腹泻和呕吐为主要症状的常见疾病 151

咳嗽时 152

以咳嗽为主要症状的常见疾病 153

遇到皮肤问题时 154

引起皮肤问题的原因及家庭护理对策 155

过敏引起的皮肤问题 158

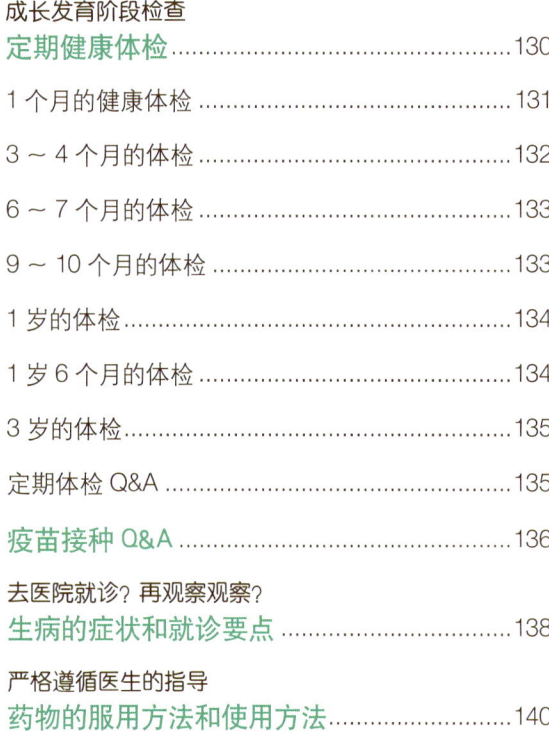

流鼻涕 ……………………………………160

便秘 ………………………………………161

中暑 ………………………………………162

痉挛 ………………………………………163

预防婴幼儿意外受伤
预防事故 & 急救指南

烫伤 ………………………………………164

误食 ………………………………………165

溺水 ………………………………………166

摔倒·跌落 ………………………………167

专 栏

提前和家人商议紧急时刻的联络方法 ……………168

Part6

让宝宝更开心
培养宝宝丰富情感的游戏

用对话丰富心灵
0 ~ 3 岁心理和语言发育一览表 ……………170

培养出自己和别人都认可的宝宝
怎样表扬或批评宝宝？ ……………………172

有利于身心茁壮成长
游戏的启发 ……………………………174

探知书中的乐趣
听绘本 …………………………………178

给宝宝读什么样的绘本
日本出版 30 年，仍然超人气的绘本推荐 ……180

请认真考虑
如何合理安排宝宝看视频 …………………182

专 栏

感到“宝宝有些异常”时
~关于发育障碍~ ………………………184

Part7

慢慢掌控身体

基本生活习惯的言传身教

Part8

做不疲惫的父母

宝宝与爸爸妈妈的生活

从 0 岁开始培养好习惯
调整生活规律 186

什么时候开始? 应该怎么做?
0 ~ 3 岁生活习惯一览表 188

在成长过程中养成
良好的生活习惯 190

养成良好的排便习惯 192

养成良好的穿衣习惯 194

养成良好的卫生习惯 196

养成良好的整理习惯 198

养成问候的好习惯 199

培养生活习惯 Q&A 200

育儿带来的烦躁和不安
如何解决妈妈的烦恼 202

应该何时就诊?
妈妈产后的身体 206

什么时候生? 相差几岁合适?
考虑生育第二胎时 208

担心自己能否兼顾育儿和工作
上班族妈妈的选择 210

出院后你最想知道的护理方法

欢迎回家!
和宝宝一起生活

你好，小宝宝！

新生儿的身体和反射·反应

第一次抱起宝宝时，很多人都会对宝宝那又小又软的身体感到吃惊！但他那小小的身体里却蕴藏着生命的力量和成长的能量。从现在开始就要和宝宝一起生活了，先来了解一下新生宝宝有哪些身体特征！

新生儿特有的动作

支配宝宝身体活动的中枢神经尚未发育成熟，所以，宝宝的活动是一种原始反射，不会受大脑发出的指令影响。这种"原始反射"在婴儿出生3～4个月后会渐渐消失。

莫罗反射

较大的声音会让宝宝受到惊吓，做出拥抱动作。

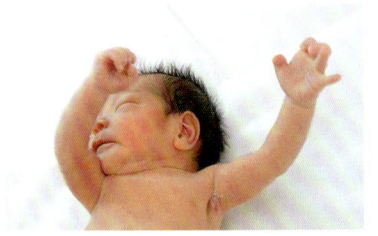

当听到较大的声音、被脱光衣服，或者头部突然向后倾斜时，宝宝原本蜷缩着的双手和双脚，就会像要抱住什么东西似的迅速向左右伸开。据说，这种反应是远古人类在树上生活遗留下来的。因为当人从树上掉下来时，就会做出拥抱的动作。

吸吮反射

嘴边有东西就会一直吸吮。

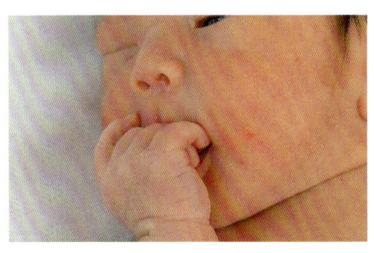

把奶嘴、手指或者毛巾放在宝宝嘴边时，宝宝就会张开嘴用力地吸吮。正是由于有这种反射，宝宝出生后就会吸吮妈妈的乳房。从出生的那一刻开始，宝宝已经具备了生存的力量。

强握反射

触碰宝宝的手或脚时，会迅速蜷曲。

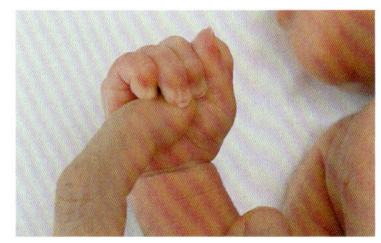

在宝宝的小手掌上放一根细长的东西或手指，宝宝会像受到惊吓似的用力握紧。和莫罗反射一样，这种反射也被认为是从人类在树上生活的习性的残留。用东西碰触宝宝的脚掌时，脚趾也会弯曲，像要抓住什么东西一样。

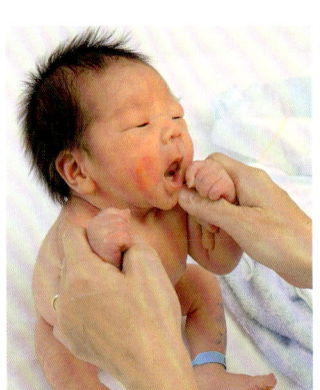

扶起反应

被扶起时，会自动地用力向上抬头

现在宝宝还不能用脖子支撑起头部，但会出现用力向上抬头的动作。让宝宝仰面平躺，双手握住宝宝的两只手臂，慢慢向上扶起宝宝的上半身时，宝宝就会配合着自动向上抬头。但这种反应在宝宝出生1个月后就会消失。直到出生4个月左右，宝宝才能用脖子支撑起小脑袋。

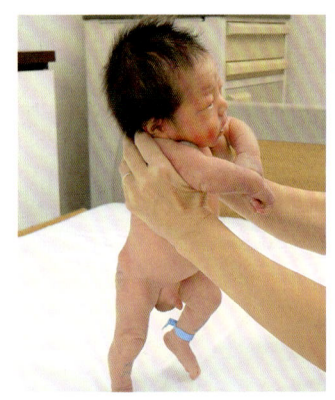

自动踏步

让宝宝双脚立在床上时，宝宝会像走路那样迈开双脚

把手放在宝宝腋下抱起宝宝，让他双脚立在床上时，他会交替地抬起双腿，就像是在走路一样。这也证明了人的行走能力是天生的。这种反射会在宝宝出生2个月后渐渐消失。实际上，宝宝要到1岁左右时才会行走。

新生儿的身体特征

刚刚出生的宝宝都具有新生儿特有的身体特征。护理时要注意，不同的部位有不同的护理方法。而且，新生儿的身体部位都很娇嫩，一定要小心些，动作要轻柔些。

脸

新生儿基本上没有表情。虽然有时吃饱后或睡觉时会露出笑容，但这并不是真正的笑容，而是无意识的生理性微笑。

头发

头发的多少因人而异。头发浓密的宝宝也会在8个月全部换成新头发。如果宝宝出生时头发很少，不用担心，8个月后会长出新头发来。

指甲

宝宝出生时手脚的指甲就已经长齐，有些宝宝甚至在刚出生时就有很长的指甲。新生儿的指甲又薄又小，护理起来比较麻烦，而且指甲长得很快，很容易抓伤自己的脸和其他部位，所以要经常给宝宝剪指甲。

肚脐

每个新生儿的情况不同，但一般出生1周后，脐带都会自然脱落。如果肚脐感染了，就会出现出血、化脓等症状，最好经常给宝宝的肚脐消消毒。

腿

新生儿的腿还不能伸直，而是弯曲成M字形。所以，在给宝宝换尿布或抱起宝宝时，不要强行把宝宝自然弯曲的腿部拉直。新生儿的脚心处还没有形成隆起的足弓，到宝宝1岁后开始行走时，足弓就会自然形成。

性器官

有些男宝宝的阴囊看起来很饱满。也有一些女宝宝的小阴唇较大，会露出来。不用担心，宝宝的性器官都会发育成正常大小。

宝宝护理入门教程
抱宝宝

对宝宝来说，妈妈的怀抱是最温暖、最安心的地方，被妈妈抱着时是最幸福的时刻。温柔地抱起宝宝，注视着宝宝的眼睛，和他轻声细语。如果宝宝表现出不适，很可能是大人太过用力。不要紧，妈妈和宝宝都会习惯各种各样的抱法。托住宝宝的颈部，多抱抱宝宝，你们就会习惯彼此啦！

Step 1 抱起来！

要熟练地抱起睡着的宝宝！抱起新生儿最重要的是要托住宝宝的头部。如果在抱起宝宝时一直紧张，很多部位就容易用力过大，容易患上腱鞘炎，或者闪着腰。要选择一种比较平稳的姿势，轻松地把宝宝抱起来！

1 托住婴儿的头部

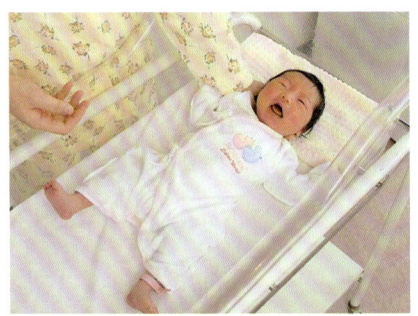

新生儿还不能用脖子支撑起头部，重重的头部会晃来晃去立不住。在抱起宝宝时，要把手掌张开，插入宝宝的头下方，用整个手臂稳稳地托住宝宝的肩膀至后脑勺部位。

2 另一只手放在宝宝的臀部下面

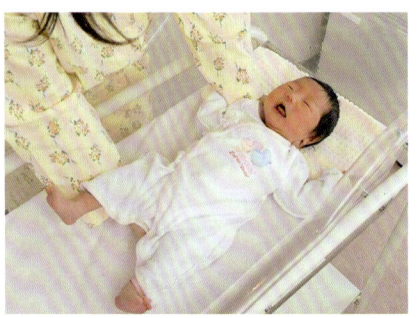

一只手托住宝宝的肩膀到后脑勺部位，另一只手放在宝宝的臀部下面，大拇指放在宝宝的两腿之间，其他手指托住宝宝的臀部，这样就能稳稳地抱起宝宝。

NG ✗

不要把双手放在宝宝腋下向上抱！

宝宝还无法支撑起头部，所以把双手放在宝宝腋下抱起来很危险。在宝宝能支撑起头部之前，一定要托住头部再抱起宝宝。

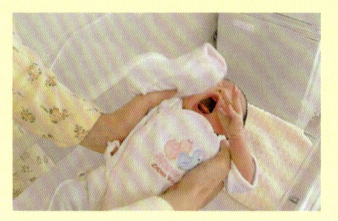

3 让宝宝靠在妈妈身上

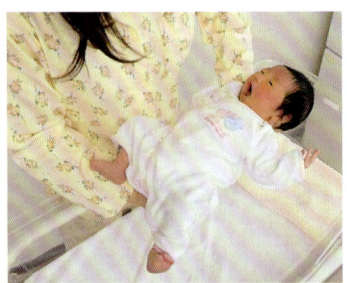

妈妈的姿势稳定后，就可以慢慢向上抱起宝宝了。这时，要把身体贴近宝宝，温柔地将宝宝抱起来。这样既不用担心会摔到宝宝，又能减轻妈妈腰部的负担。

要点

怎样预防腱鞘炎

抱起宝宝时，如果与宝宝距离太远，或者只用一部分手臂托起宝宝，就会给手腕带来较大的负担，极有可能引发腱鞘炎。所以，抱宝宝时最好将身体贴近宝宝，并用整个手臂抱。

4 手臂要放在宝宝的两腿之间

抱宝宝时，要用一只手臂托起宝宝的头部，并且手臂要朝内，让宝宝面向自己，这样更平稳。另一只托着宝宝臀部的手臂放在宝宝的两腿之间，这样两只手臂同时施力，就能够稳稳地抱起宝宝啦。

要点

要用整个手臂支撑宝宝

刚刚抱起宝宝时还不太稳，所以，抱起来后要用两只手臂来支撑宝宝，并让宝宝倚靠在自己身上。但是，抱太紧会使宝宝呼吸困难。所以，抱宝宝时，一定要放轻松。

Step 2 试着从横着抱变成竖着抱

想要注视着宝宝的脸并与他说话，不妨竖着抱宝宝，这样比横着抱更方便。但新生儿的身体软绵绵的，千万不要强行变换怀抱姿势。竖着抱时要托住宝宝的头部、背部和腰部，坐在沙发竖着抱宝宝会感觉更平稳些，可以减轻妈妈的不安！

1 抬高宝宝上身，以宝宝的臀部为轴转动

像横着抱一样抱宝宝，然后把宝宝的上半身稍稍抬高。以宝宝的臀部为中心，挪动托住宝宝头部的手臂，旋转90°。如果想让宝宝坐着，可以把宝宝放在妈妈的腿上，这样很平稳。

2 和妈妈面对面

把宝宝转过来后，用手心托住宝宝的颈部和后脑勺，用另一只手托住宝宝腰部及周围部位。再把宝宝靠近自己就 OK 了。

要点

放下宝宝时要先放下臀部！

把抱在怀里的宝宝放到床上时，有人会把宝宝的身体全部放下，这样妈妈抽出手时，宝宝很容易翻滚。要先放下宝宝的臀部，再慢慢放下宝宝的上半身。如果妈妈的姿势不正确，就会加重腰部和手腕的负担，容易引起腰疼和腱鞘炎。另外，在放下宝宝之前，要先降低婴儿床栏杆的高度。

从臀部开始慢慢放下

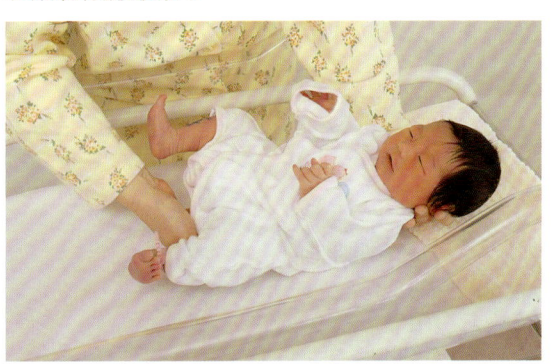

按照臀部、背部、头部的顺序轻轻地放下宝宝。放下臀部和背部后，抽出托着臀部的手去扶住宝宝的头部。放下头部后，再慢慢地抽出两只手。

NG✗

不能先放下头部

如果突然把宝宝的头部或背部放下，宝宝会因受到惊吓而摆动头部，使姿势不平稳，所以不能先放下头部。

宝宝护理入门教程
换尿布

宝宝大小便的次数因人而异，但都要勤给宝宝勤换尿布。据统计，新生儿平均每天要换 11 次尿布。宝宝的皮肤非常娇嫩，长时间浸在大小便里很容易红肿，所以要经常给宝宝换尿布。最重要的是，换尿布时，清理完便便后一定要保持宝宝肌肤干爽。

纸尿裤篇

最近，纸尿裤的功能越来越强大，即使长时间不换，宝宝的皮肤也不会变得红红的。但是，每个宝宝的肤质不同，而且换尿布也是与宝宝交流的好机会。不过，即使是功能强大的纸尿裤，也应该适时更换。

准备

纸尿裤　　湿纸巾

在换下脏纸尿裤之前，要先拿出一片新的纸尿裤，展开放好，湿纸巾也放在手边。也可以把脱脂棉浸湿，代替湿纸巾。用纸尿裤时就不必用尿布了。

换尿布的最佳时机

很多妇产医院都会指导妈妈们"在给宝宝喂奶前要检查一下尿布"。除此之外，还可以参考以下几点。可以闻闻尿布是否有大小便的异味，以确认宝宝是否已经排便。总之，要尽早更换脏的尿布。

1 查看纸尿裤上的"尿湿指示标签"
2 从纸尿裤侧面插入手指摸一摸
3 纸尿裤膨胀了，看起来很重

换尿布
开始

1 在臀部下面铺上新的纸尿裤

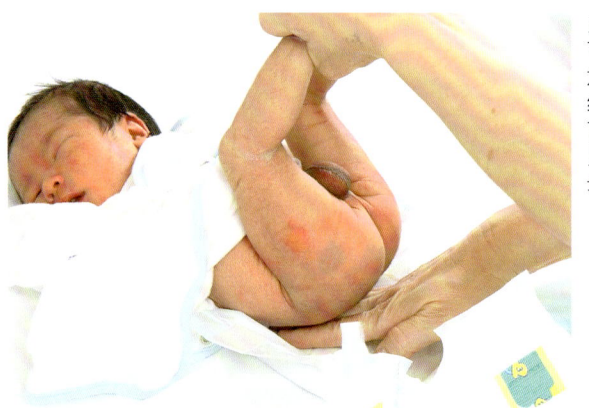

为了能快速换好纸尿裤，可以先打开新的纸尿裤放在旁边，或者把新的纸尿裤放在旧纸尿裤下面，然后打开脏纸尿裤。另外，湿纸巾或者纸巾最好都放在手边。

NG✗

不可以把腿抬得过高

握着宝宝的脚腕向上抬时，不要太用力，也不要抬得太高，否则很容易引起关节脱臼，轻轻地向上抬起即可。

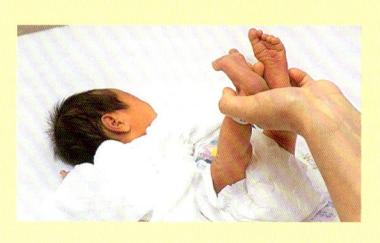

2 仔细地擦掉污物

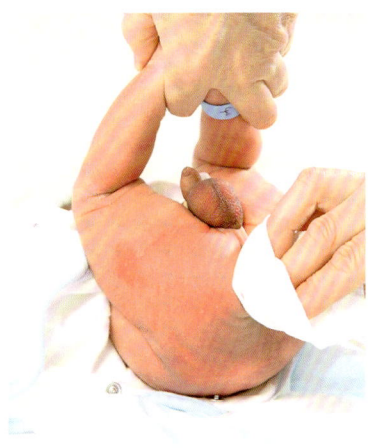

宝宝排便后，要用湿纸巾细心地擦拭干净。残留的大便可能引起皮肤病。宝宝的大便很稀，容易藏在皮肤细小的褶皱间，所以要细心地检查一遍。

要 点

如果是男宝宝

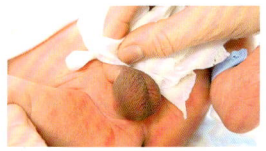

清理性器官
稀软的大便可能会流入宝宝阴茎的包皮中，这时不要强行拉伸包皮。把湿纸巾的前端折叠起来，擦拭缝隙里的污物。

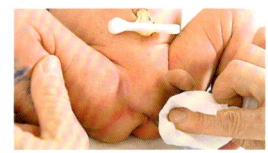

清理阴囊
性器官的褶皱中也可能残留有大便，所以不仅要擦拭阴囊的表面，还要轻轻地拉开阴囊的褶皱细细擦拭。

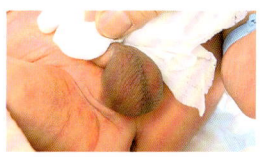

清理阴囊的内侧
新生儿稀软的大便可能会流到阴囊的内侧，要把阴囊内侧的部位擦拭干净。同时，不要忘了清理大腿根部的褶皱处。

如果是女宝宝

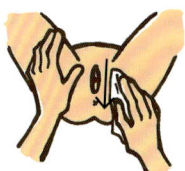

清理褶皱
把湿纸巾或浸湿的脱脂棉缠在手指上，擦拭外生殖器缝隙间的污物。如果残留在缝隙中的污物流入阴道内，可能引起炎症。

3 穿上新的纸尿裤

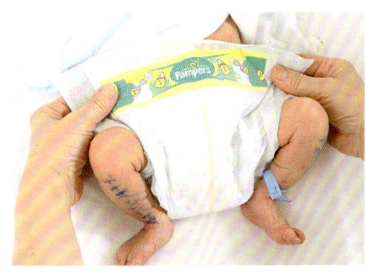

清理完大便后，取下脏的纸尿裤，换上新的。为了预防尿布疹，在擦拭完宝宝的臀部后一定要晾干。要等到臀部完全干爽后，再穿上新纸尿裤。

要 点

换尿布时宝宝排便了怎么办?
可能经常会遇到这种情况，刚换下脏尿布宝宝就排便了。这时不要慌，用尿布兜住就可以了。

4 检查一下腰部和两侧的护翼

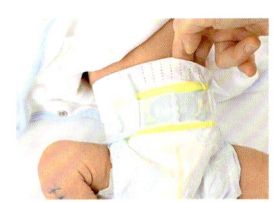

留出2指的空间
腰部的胶带要左右对称地粘贴。既不能太紧，也不能太松，宽松度以能够插入大人的食指和中指为宜。

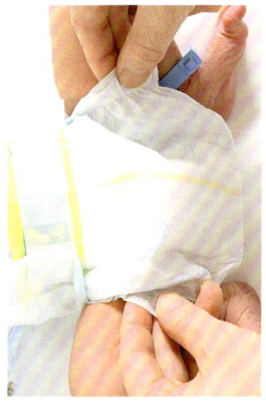

拉出护翼
固定好腰部后，要检查一下大腿周围的防侧漏护翼。护翼夹在内侧，很容易发生侧漏。把手指插入纸尿裤里，把护翼全部拉至外侧。

＼完成／

团成一团扔掉

取下脏的纸尿裤，把侧翼朝内团起来，再用胶带固定住，扔进垃圾桶中即可。

因为用着放心、不伤害皮肤、尿布变脏后宝宝很快就会感觉到不舒服等优点，现在选择尿布的妈妈越来越多。有些妈妈会白天给宝宝用尿布，晚上睡觉或外出时用纸尿裤。

准备

使用布尿布时要准备好尿布裤和尿布。如果再加上一层尿布垫，处理大便时就会更轻松。湿纸巾和用纸尿裤时的一样，也可以换成沾湿的脱脂棉。

尿布  ＋ 尿布垫  ＋ 尿布裤

尿布的基础知识

尿布的种类

成品型

这种尿布可以直接使用，不必再折叠整理，而且不易从外裤中掉出来，非常适合新手妈妈。

轮型

这种轮型的尿布要折叠后才能使用。布质柔软，触感舒适，宝宝会感觉很舒服、很愉快。和成品型尿布相比，轮型尿布干得更快。

布料型

亲手把布料裁剪、缝制成轮形的尿布。虽然过程很麻烦，但经济节约。很多妈妈在怀孕时都会亲手缝制这种尿布。

轮型尿布的折叠方法

 ▶  ▶  ▶

首先，取出一片尿布并展开。如果是皱巴巴的洗过的尿布，要先抻平。

把展开的尿布竖着对折。一定要抻开褶皱，折得整齐一些，这样宝宝的大腿根部才不会觉得硬邦邦的。

尿布竖着对折后，再横着对折一次。这样，一块尿布就折成了8层，吸水效果非常好。

在折好的尿布中间掐出一道褶，使尿布更贴合宝宝的大腿和臀部。

换尿布 开始

1 组合尿布

● **男宝宝的尿布**

前面加厚

男宝宝的小便集中在尿布前部，所以要在阴茎前面10cm的范围加厚。

● **女宝宝的尿布**

后面加厚

女宝宝小便时会流到后面，所以要在后面10cm的范围加厚。

2 掐褶，穿戴

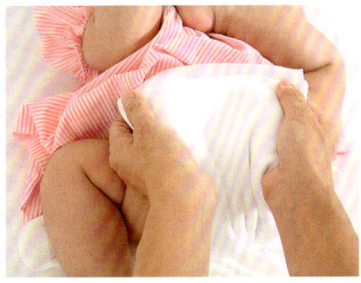

要 点

如果是男宝宝

要先折叠尿布的前半部分，使前面增厚。这样一来，不管宝宝的阴茎是朝上还是朝下，都不用担心侧漏。

把准备好的尿布裤和尿布铺在宝宝的屁股下面，余下的部分向上翻折，注意不要盖住宝宝的肚脐。把宝宝大腿根部的尿布掐出几道褶，既不影响宝宝腿脚的运动，又可以防止侧漏。

3 穿上尿布裤

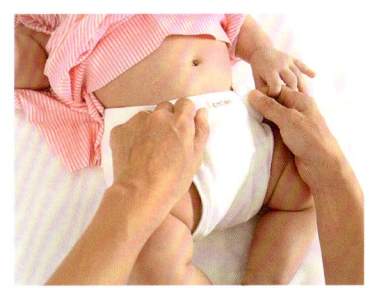

尿布从尿布裤中露出来时，也会导致小便和稀软的大便外溢。当发现腿部周围、腹部或背部的尿布露出来时，要将尿布塞回布尿裤里，再左右对称地固定好腰部。

4 检查腰部和两侧的护翼

和穿纸尿裤一样，尿布裤的腰部不能围得太紧，但太松了尿布又容易露出来。所以，在腹部处留出约2根手指的空间为宜，最后再检查一下穿戴是否正确。

完成

检查完腰部护翼后，再把尿布裤大腿根部的护翼全部拉出来，防止侧漏。最后再用手指确认护翼是否全部拉出。

脏尿布的清洗方法

很多妈妈都不知道如何正确清洗脏尿布。其实，尿布不难洗，只要稍微处理一下就可以和其他内衣一起放进洗衣机里了。

1 用水大致冲洗大便

尿布上沾有大便时，可以把尿布拿到马桶上方，用水冲洗尿布。新生儿的大便比较稀软，这样冲洗基本上都能冲掉。

2 浸泡片刻

准备两个洗尿布专用的桶，一个用来处理小便尿布，一个用来处理大便尿布。把尿布放在溶有洗衣剂的水桶中浸泡片刻。

3 手洗或者机洗

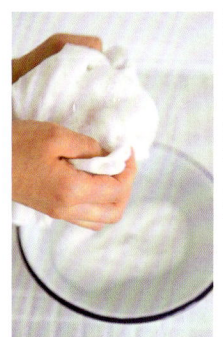

清洗浸泡好的尿布。如果尿布上留有大便的黄色污渍，可以用手搓揉后再放入洗衣机。可以与大人的内衣一起清洗。

要 点

用尿布妈妈的救星

现在有一款专门泡脏尿布的桶，分为上下两层，可以分别浸泡小便尿布和大便尿布。大大方便了用尿布的妈妈们。

洗澡

洗澡就是用热水清洗身体。新生儿的新陈代谢和皮脂分泌十分旺盛，宝宝身上的污物远超过大人的想象。为了保持清洁，最好每天都给宝宝洗一次澡。如果用香皂，要再用温水仔细地冲洗掉香皂残留的化学成分；如果用沐浴乳，不用温水冲洗也没关系。

准备工作

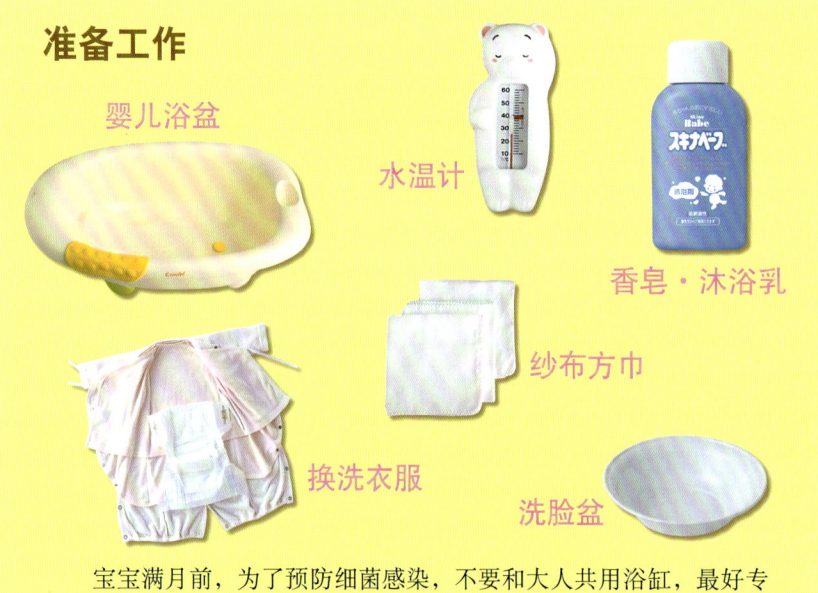

婴儿浴盆

水温计

香皂·沐浴乳

纱布方巾

换洗衣服

洗脸盆

宝宝满月前，为了预防细菌感染，不要和大人共用浴缸，最好专门准备一个婴儿浴盆。其他会用到的物品要放在手边。如果是用左手托住宝宝，那么洗脸盆、香皂或沐浴乳、洗发水等最好放到右侧。洗脸盆中要提前倒入温水，最后一步时会用到。换洗的衣物也要展开并按穿戴顺序重叠放，这样穿起来更快。

洗澡的时间和要点

- 傍晚~晚上
- 两次喂奶之间
- 洗 10 分钟即可
- 夏季水温为 38 度，冬季为 40 度左右
- 室温在 20 度以上

不要在喂奶后、宝宝空腹时和深夜里给宝宝洗澡，尽量每天都在同一时间给宝宝洗澡。在宝宝容易哭闹的时间段里洗澡，还可以转换一下他的心情。洗澡时间太长会让宝宝感到疲惫，洗 10 分钟左右即可。

1 用水温计或肘部测试水温

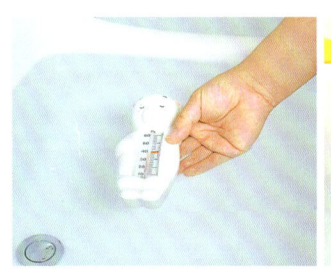
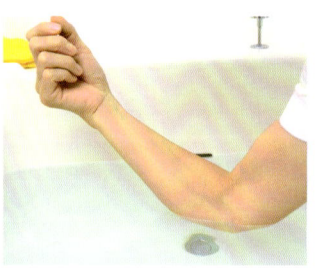

给宝宝洗澡前一定要先测测水温，不能太烫，也不能太凉。备一个水温计非常方便，也可以用肘部测试水温。大人把肘部放入水中，感觉水温温的，就刚好合适。

2 抱起宝宝时用手托住宝宝的颈部和两腿之间

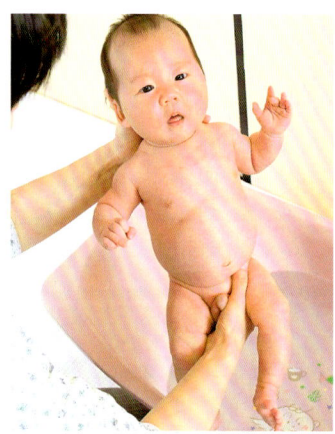

宝宝的脖子还无法挺直，所以要用一只手托住颈部和头部，另一只手则放在两腿之间，这种姿势更稳妥。

要点

托住肩部

只托着头部会让宝宝摇摇晃晃地不平稳，所以要用手支撑住宝宝从肩部到颈部的部位。不要把宝宝的耳朵捂得太紧，这样会使宝宝的耳朵受到很大的压力。

3 扶住肩以上的部位

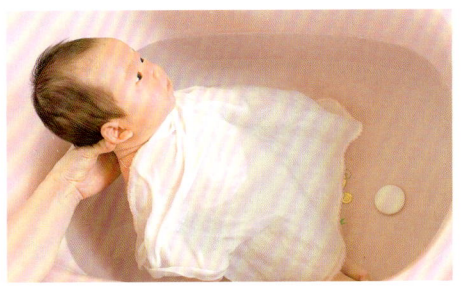

把宝宝肩部以下的部位浸入水中，由于浮力的作用，宝宝的身体会向上浮起，所以只用一只手就能轻松地托住宝宝。像图中一样给宝宝盖上一块沐浴巾，会让宝宝感觉更安心、更轻松。

要 点

从脚开始慢慢浸入

把宝宝放入浴盆中时，要从脚部开始慢慢浸入水中。千万不要突然把宝宝的身体全部浸入水中，这样会使宝宝受到惊吓。把宝宝浸入水中时，可以轻柔地对他说："真舒服呀！"

4 洗脸

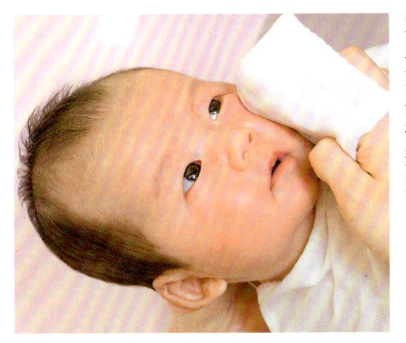

宝宝的身体泡在浴盆里后，用拧干的纱布方巾，按照眼睛→额头→脸颊→嘴的顺序擦拭宝宝的脸。擦脸颊时，要像写数字"3"那样一圈一圈地擦。

5 洗头发

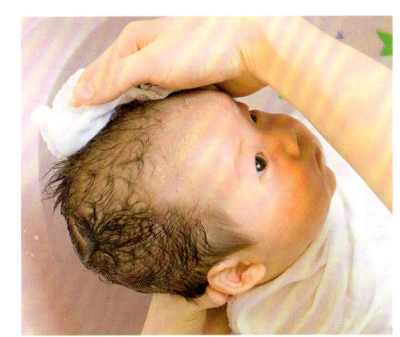

不用洗发水也没关系。要是担心头皮有异味，可以用纱布方巾蘸取婴儿专用香皂来擦洗头发。冲洗干净后，再把沾有香皂的纱布方巾用温水洗净、拧干，把头部擦干即可。

6 细心清洗褶皱

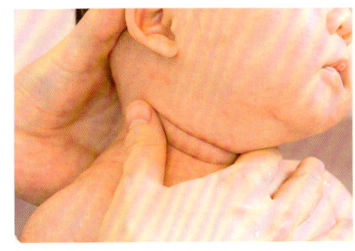

颈部、腋下、肘部内侧和膝盖里侧等部位，皮肤和皮肤相连处都容易藏有污垢，要用手指清洗干净。洗澡时，如果大人的指甲太长，容易划伤宝宝，所以别忘了先剪指甲。

7 清洗手指缝和脚趾缝

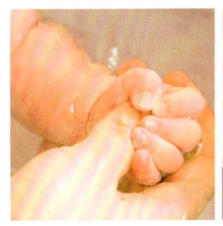
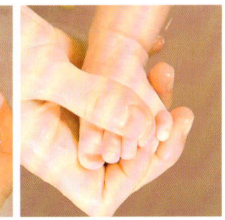

刚出生的宝宝经常会紧握小手。所以，要用手指轻轻地把宝宝的手指掰开，用水冲洗手掌和指缝间的污垢。清洗双脚时也要用同样的方法。

8 翻转身体

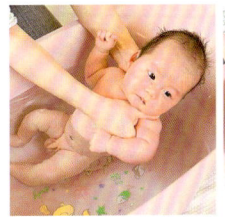
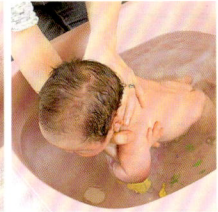

一只手撑住宝宝的颈部，另一只手从上方插到宝宝的腋下，双手同时用力，翻转宝宝的身体，让宝宝的背部朝上。抬高宝宝的上半身，不要让宝宝的脸碰到水面。把手插在宝宝腋下撑住他的身体，这样就能很轻松地再把他翻转回来。

9 清洗背部和臀部

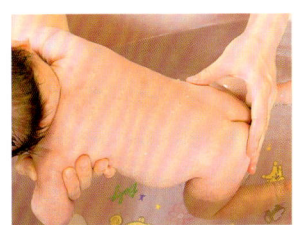

一只手撑住宝宝，另一只手清洗宝宝的背部和臀部。检查一下臀部有没有残留的大便，认真清洗干净。

10 一定要把身体擦干

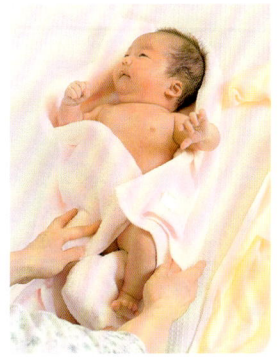

清洗完背部和臀部后，再把宝宝翻转过来，用洗脸盆里的温水，从颈部向下，慢慢地冲洗宝宝的身体，这样就洗完澡了。洗完后把宝宝放在提前铺好的浴巾上擦干身体，注意腋下和褶皱间的水分。擦干后穿上衣服即可。

宝宝护理入门教程
身体各个部位的护理

　　洗完澡后，为了使宝宝身体的各个部位都保持清洁，还需要做一些护理。宝宝的肚脐、耳朵和鼻子等都要清理，指甲也要修剪。护理宝宝的身体是观察宝宝全身、抚摸宝宝肌肤、检查宝宝健康状况的好时机。在和宝宝聊天时，让宝宝接触妈妈的皮肤感受母爱，这也是每天的必修课。

准备

棉棒
给肚脐消毒、清理耳朵和鼻子时会用到。婴儿专用棉棒针对宝宝的小身体设计，使用起来非常方便。

清洁棉
给宝宝喂奶前擦拭乳房或给宝宝擦眼睛时用。

婴儿润肤油
用来去掉宝宝头皮上的皮脂，最好还是准备1瓶。

指甲剪
最好用婴儿专用指甲剪。这种指甲剪前端是圆形的，新手妈妈们可以放心使用。

纱布方巾
擦拭或清洗护理宝宝时经常会用到，要多准备一些。

药用酒精
用来给宝宝的肚脐消毒。可以在出院时从医院带回来。

护理顺序

1	2	3	4	5	6
洗澡	肚脐	眼睛	耳朵	鼻子	指甲

　　按照护理步骤好好准备一下吧！给宝宝洗完澡后先从肚脐开始护理。肚脐一旦感染很容易发炎，一定要仔细地消毒。清理耳朵和鼻子时，不能用同一根棉棒，要经常更换。

护理脐部

　　宝宝出院后直到脐带脱落前，每次洗完澡都要给脐部消消毒。脐带脱落后，如果脐部很干净、干爽，就不用消毒了。

1 用棉棒蘸取酒精

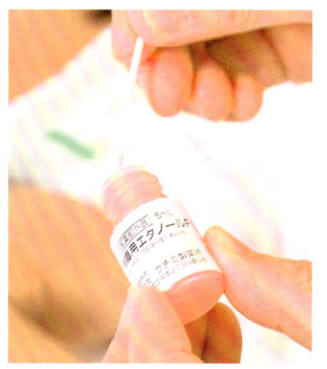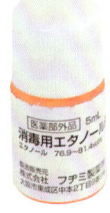

棉棒上滴2～3滴药用酒精，把棉棒润湿。药用酒精可以从医院带回来。

2 给脐带相接处消毒

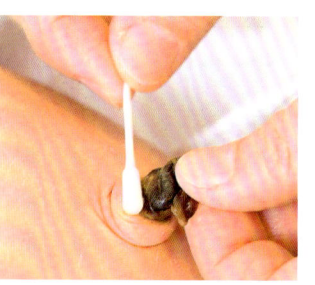

在肚脐和脐带相接处用棉棒涂抹、消毒，在肚脐周围涂一圈。

3 脐带脱落后，清理肚脐内

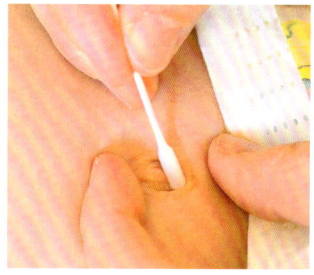

脐带脱落后，在肚脐完全干燥之前，偶尔也要消毒。用棉棒蘸取酒精，给肚脐内侧消毒。

护理眼睛

有些宝宝出生后就开始有眼屎。发现宝宝有眼屎时，用干净的纱布方巾或清洁棉擦净即可，或者洗澡时把眼屎洗掉。

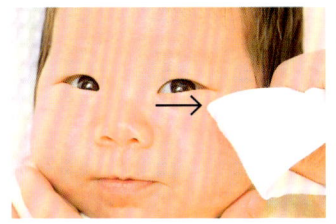

由内眼角向外眼角擦拭

宝宝有眼屎时，把湿润的纱布方巾缠在手指上轻轻擦拭即可。要沿着从内眼角到外眼角的方向擦拭。

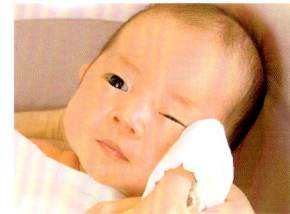

要点

洗澡时清洗眼屎

擦拭完一只眼睛后，不要用纱布方巾的同一面擦另一只眼睛，要把棉方巾翻过来用。擦完眼屎后，换用另一块纱布方巾擦洗身体。

护理耳朵

有些宝宝出生后耳朵里就开始分泌湿润的耳垢。洗完澡后，最好用棉棒把外耳道附近的污垢和水分擦净。不要忘了清理耳朵后面的褶皱等细小部位。

1 清理细小部位的污垢

用洗澡时浸湿的纱布方巾擦拭整个耳朵后，再用棉棒清理细小的部位。棉棒变脏后要及时更换。

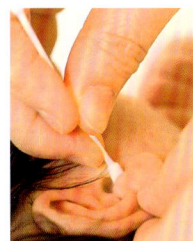

2 清理耳蜗可视部位的污垢

只要擦掉能看到的耳垢就可以了，没必要把棉棒伸到耳朵里面清理。

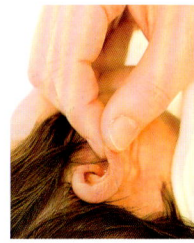

3 看看耳朵后面有没有污垢

检查一下宝宝的耳垂和耳朵后面是否有黏黏的污垢。如果有，用纱布方巾擦净即可。

护理鼻子

宝宝的鼻腔比较窄，容易鼻塞。鼻塞会使宝宝吃奶比较困难，最好经常用棉棒或市售的吸鼻器给宝宝清理鼻子。

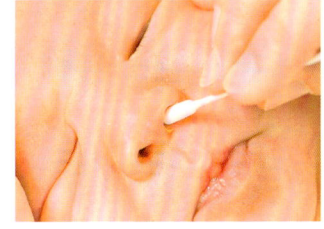

清理鼻孔中能看到的污垢

看到鼻孔中有较大的污垢时，用棉棒转动着向外掏。尽量不要把棉棒伸入鼻子深处。

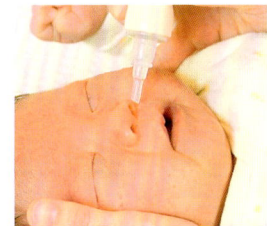

要点

鼻涕堵住鼻子怎么办

当鼻涕堵住鼻子时，宝宝看起来很难受，这时可以试试吸鼻器。除了吸管式吸鼻器外，还有用嘴吸的软管式吸鼻器，选择合适的一款即可。

剪指甲

即使是刚出生的宝宝，指甲也长得很快。所以，要经常给宝宝剪指甲，防止他抓伤自己。建议在宝宝洗完澡后，指甲比较软的时候剪指甲。

1 把婴儿抱在怀中，按住他的手

用比较稳定的姿势抱住宝宝，按住宝宝的手。如果宝宝还不习惯剪指甲，可以在他睡觉时剪。

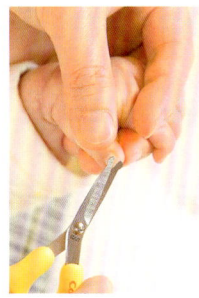

2 每次拿起1根手指剪

剪指甲时，每次拿起1根手指，按顺序剪。同时，用手按住宝宝的其他手指。

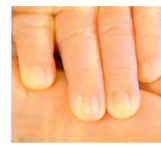

要点

不要剪得太深

剪指甲时可能会剪伤指甲周围的肉，可以留一些指甲。指甲比较尖的部分，要剪掉棱角。

宝宝护理入门教程
衣服的种类和穿法

　　婴幼儿的体温调节功能尚未发育成熟，所以要靠衣物来调节冷暖。而且，宝宝特别爱出汗，所以，衣服的质地很重要，最好选择透气性好且吸汗的布料。多了解一些关于婴幼儿衣服种类和质地的常识，就能更灵活地按季节为宝宝选择合适的衣服。

贴身内衣

　　宝宝的内衣有各种款式，这里仅介绍一些具有代表性的款式。宝宝的衣服要选 100% 纯棉的。

短款和尚服

最常见的婴儿内衣，选购时要注意面料的舒适度

系带
既可以系在左内侧，也可以系在右外侧。哪种系法都要系紧。

衣襟
最好选择衣襟比较深的内衣，这样宝宝好动也不会松开。

接缝
很多衣服的接缝都在外面，这样可以避免刺激到宝宝娇嫩的皮肤。

　　短款和尚服是婴儿必备的一种内衣。只要把衣襟完全打开，让宝宝躺在上面就能穿上。即使宝宝的脖子还无法挺直，也可以放心地给宝宝穿这种内衣。最好选用手感比较好的棉质内衣。

长款和尚服

新生儿阶段经常穿的内衣

　　长款和尚服的下摆比短款和尚服长，一直盖到脚尖。适合新生儿阶段频繁换尿布、宝宝活动较少的时候使用。

蝴蝶衣

两条腿可以分开。宝宝好动也不会松开。

系带
和短款和尚服、长款和尚服一样，有系在左内侧的，也有系在右外侧的。

下摆
用按扣把两条腿分开，一直盖到脚腕，下摆无法掀起，适合秋冬季节穿。

　　两条腿分开穿，即使宝宝的腿总是动来动去，也不会松开，所以在寒冷的季节不用担心宝宝着凉。天气较冷时，可以在里面加穿一件短款和尚服。蝴蝶衣款式众多，图案和颜色多样，夏季也可以准备一件这样的衣物。

连体爬服

圆领并用按扣固定，脱衣服时更方便！

衣领
T恤式的圆领很有特色。不仅前面有按扣，有的还在侧面设计了按扣。

裤裆
大部分连体爬服的裤裆是用按扣固定的，最好根据宝宝腿的粗细来选择衣服的大小。

　　出生 3 ～ 4 个月后，宝宝能挺直脖子了，就可以穿把脖子盖得较严的圆领连体爬服了。换尿布时，只需解开裆部的按扣即可。这种爬服也有很多漂亮、可爱的款式可供挑选。

外衣

选择外衣时，是否便于宝宝活动和质地的舒适度是关键。现在宝宝衣服的图案、颜色和款式越来越多，也越来越精致漂亮，为挑选增添了不少乐趣。

两用服

有长裙和连体服两种穿法！

扣子

大部分衣服用的都是按扣，从前面或侧面一直到下摆都有按扣。

下摆

新生儿时期可以当长裙穿，到宝宝经常活动时，还可以把下摆的扣子扣成裤腿，变成连体服。

当宝宝处于嗜睡期时，不要把两用服下摆的按扣扣上，保持筒状，作为长裙穿。当宝宝逐渐变得活泼好动后，扣上下摆扣子就成了一件连体服。拥有两种穿法让衣服可以穿很长时间，经济实用。

连体服

一直包到脚跟处的外套，适合在寒冷季节穿着

臀部

宝宝穿着尿布时臀部会比较厚，为了包住臀部，连体服一般采用立体式裁剪法。

下摆

连体服用按扣固定成裤子，也有带袜子的。

当宝宝能够到处爬、扶着东西站立、活泼好动时，最好穿连体服。此外，还有半袖和八分袖的款式。

材质

必须选择 100% 纯棉的衣服。注意不要穿得太多。

直接接触宝宝皮肤的衣服，必须是 100% 纯棉的。建议夏天穿棉纱衣服，秋天穿针织类，冬天适合穿稍厚一点的或法兰绒类的衣服。无论哪个季节，都应穿吸汗、透气性好的衣服，还要经常检查宝宝是否出汗。

材质／季节	春	夏	秋	冬
纱布		██		
厚棉布	██	██		
罗纹布	██	██	██	
针织				██
法兰绒				██
绒毛	██			██

针织

质地较厚，网眼细密，保湿性强，适合冬季穿。

罗纹布

弹性和透气性都非常好，几乎一年四季都能穿。

厚棉布

成人T恤常用的布料。轻薄，适合春夏穿着。

纱布

透气性最佳，但弹性和保湿性差一点。适合夏季穿着。

尺码

既不能松松垮垮，又不能紧紧巴巴，要选择大小合适的衣服。

宝宝长得非常快，很快衣服就小了。在选择内衣和外衣时，既要考虑是否方便宝宝活动和保暖性，也要考虑尺码是否合适。特别是出生 6 个月左右的宝宝，衣服尺码的变化特别大。所以，同一款式的衣服不要买太多。

尺码一览表

表示身高	参考月龄	体重
50（cm）	新生儿	3kg
60（cm）	3 个月	6kg
70（cm）	6 个月	9kg
80（cm）	12～18 个月	10kg

这只是参考尺码，对于出生时较大和较小的宝宝，穿衣尺码会和表中的数据有所出入。

要点

50 cm 和 60 cm 的区别相当大！

虽然衣服的宽度没有太大的差别，但长度差异很明显。"宝宝的衣服要买大一些"的说法不合理。

内衣、外衣的穿着方法

在还不会熟练地给宝宝换衣服之前，总是想快点把衣服穿好。提前把内衣和外衣展开、堆叠放好，袖子也提前套好，这样给宝宝穿衣服就会非常方便。给宝宝换衣服时，也和他聊聊天吧！

基本组合：

短款和尚服 ＋ 蝴蝶衣 ＋ 两用服

穿之前把内衣和外衣组合好

将内衣和外衣堆叠在一起，套好袖子，展开后让宝宝躺在上面，穿起来就方便多了。

1 把袖子套起来再穿

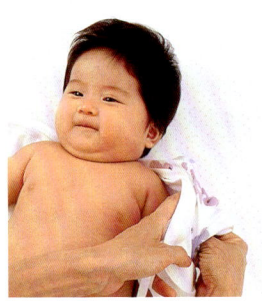

先把内衣和外衣的袖子套起来，然后把手从袖口伸进去，拉住宝宝的手。

2 拉出手臂

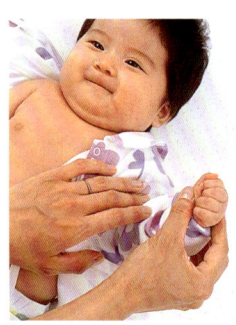

妈妈的手从袖口伸进去握住宝宝的手腕后，另一只手拉拽内衣和外衣，让宝宝的手腕露出来。这样穿起来更轻松。

要 点

不要硬拉手腕

如果用力拽宝宝的胳膊，可能引起肘部脱臼。不要拉扯宝宝的手腕，拉扯衣服就好。

3 系好内侧的系带

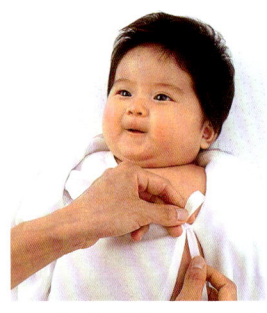

两只胳膊都穿好后，系上内侧的系带。不熟练的人可能把内外侧的系带系在一起。仔细检查一遍。

4 系好外侧的系带

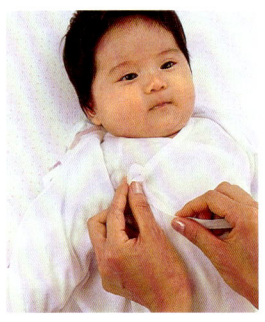

系好内衣外侧的系带。先整理好内衣内侧的褶皱，再系好外侧的系带。这样一来无论宝宝怎么动，衣襟都不会散开。

5 扣好外衣的按扣

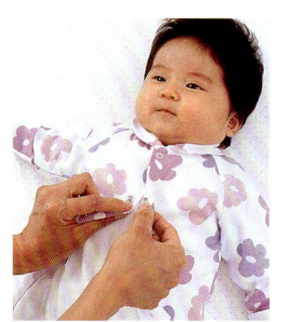

整理好蝴蝶衣的系带和下摆的按扣后，把两用服的扣子从上到下依次扣好。注意不要扣错扣子。

穿好啦！

不同季节的穿衣搭配

宝宝的体温调节功能尚未发育成熟，所以要根据季节的变化，给宝宝穿上合适的衣服。天气比较寒冷时，新生儿要比大人多穿 1 件衣服，还可以给宝宝盖上小毯子。另外，宝宝出汗后一定要及时换衣服。

春·秋　寒冷的早晨要多加一件马甲

内衣　　　　　连体服　　　　　马甲

早春和深秋时节，早晚还比较凉，这时准备一件马甲就会非常方便。马甲也有系带式的款式。

夏季　宝宝出汗后要及时换衣服

蝴蝶衣

在盛夏时节，既可以在连体内衣里穿一件短款内衣打底，也可以单穿一件连体内衣。宝宝出汗后一定要换衣服。还可以通过空调来调节室温哦！

冬季　两件内衣外面再穿一件外衣

内衣　　　　　裤子　　　　　连体服

当室外气温只有 10 度左右时，可以给宝宝穿两层内衣。气温低于 10 度时，再增加一条裤子之类的衣物即可。

要 点

寒冷的天气外出时穿件外套

寒冷的季节外出时，最方便的办法就是穿一件棉外套，把宝宝全身都包裹起来。

要 点

宝宝的衣服可以和大人的衣服一起洗

宝宝内衣和外衣衣领周围会沾上吐奶的污迹。先用婴儿专用洗衣剂，用手轻轻揉搓后，就可以和大人的衣服一起洗了。

穿衣搭配的基本要领

刚刚迎来小宝宝的季节，该如何给他搭配衣服的确是件伤脑筋的事。但是，只要掌握了基本的穿衣要领，就可以轻松应对了。而且，衣服并不是穿得越多越好，即使冬天，只要穿上合适的衣服就可以了。

● 新生儿~ 2 个月，比大人多穿 1 件衣服。

● 3 个月后，和大人穿得一样多，或少穿一件。

● 宝宝后背出汗说明穿多了。

● 稍微有点冷暖变化时，可以用外衣来调节。

宝宝护理入门教程

打造舒适的婴儿空间

出院之后就要开始和宝宝一起生活了。刚出生时，宝宝几乎整天都在睡觉，所以要整理出一个轻松、安全的环境。没有必要单独设置一个房间，只要是干净、安全、舒适的一角即可，可以按照大人的生活方式来安排。

睡觉的空间

宝宝睡觉的地方根据住宅设计和大人的生活方式安排。比如，晚上在大人的卧室里，白天设在客厅里。像婴儿床这类比较占地方的大型物件，全家商议后再决定买还是租借即可。

婴儿被
较长的睡眠时间要求较高的睡眠质量

新生儿差不多整天都在盖着被子睡觉。为了让宝宝拥有高质量的睡眠，选一床舒适的婴儿被吧！包含基本用品的棉被套装十分方便。

婴儿枕
婴儿专用的枕头很薄，可以用折叠的毛巾代替，或者不用。

贴身被 & 被套
贴身用的薄被子可以根据季节增减，方便调节温度。也是白天宝宝小睡的绝佳法宝。

褥子 & 床单
宝宝的脊柱尚未发育完全，所以褥子要比大人用的稍硬一些。还要准备好换洗用的床单。

被子 & 被套
宝宝容易出汗，要注意防潮，所以被子的排湿性十分重要。为了方便宝宝活动身体，最好选择比较轻的被子。

要 点

方便实用的床上用品
除了棉被套装外，还有很多各个季节专用的床上用品。这些床上用品都非常方便实用。另外，还有一些坐婴儿车外出时会用到的物品。慢慢把这些东西准备齐全吧！

睡袋
睡袋能够把宝宝的肩部、背部和腹部覆盖得严严实实，能有效地防止睡觉时着凉。在寒冷的冬季非常实用。

棉毛毯
白天小睡或者用婴儿车带宝宝外出时都会用到，非常方便。还可以洗，十分卫生。

婴儿床
会占用一定的空间，要提前考虑好放置地点

床与地板间有一定的高度差，所以透气性比较好，远离灰尘和湿气。但要小心，不要让宝宝从床上摔下来。最好把婴儿床放在比较安全的地方。

护栏
宝宝容易从床上摔下来，所以把宝宝放在床上睡觉时，一定要把护栏围上。

床板
高一些的床板能减轻妈妈腰部的负担。而且，床板下的空间可以用来存放尿布。

脚轮
带有脚轮的婴儿床能够根据季节随时移动和变换朝向。

白天的婴儿空间

白天让宝宝睡在大人能看得到的地方会更令人放心。根据家庭格局，宝宝的小睡空间也有多种选择。宝宝在颈部能够挺直后就会非常爱动，一定要把安全放在第一位。事先考虑各种因素再选择性地购买即可。

婴儿座椅
使用时间比较长，要认真选购

靠背调节功能
大多数婴儿座椅的靠背都可以调节，还可以临时调成床用。

桌板
大部分婴儿座椅的桌板都可以取下来。开始进食辅食后，婴儿座椅还可以当作餐椅。

脚轮
装有脚轮的座椅使用起来非常方便，可以推着宝宝一起去客厅、厨房和卧室。

调节高度
大多数的座椅都可以调节座椅高度。可以根据需求调节，方便照顾宝宝。

摇篮功能
能使座椅像摇篮一样摇动，非常受欢迎。有手动的也有电动的。

婴儿摇椅
轻轻摇晃，看护婴儿

随着宝宝的动作会自动摇动的椅子。这种摇椅十分轻巧，可以折叠起来，方便携带，很受家长青睐。

要 点

要一直看护

绝对不能把宝宝独自留在较高或较矮的椅子或摇椅上，也不能把视线从宝宝身上移开。一定要在旁边看护。

睡篮
新生儿期供宝宝白天小睡使用

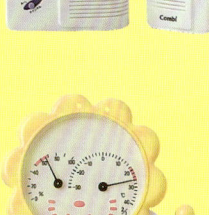

很早以前就有的一种简易婴儿床，可以挎着外出。在新生儿期经常会用到睡篮，但当宝宝开始坐婴儿车后，就不能再用了。出门时要小心搬运，不要用力翻转、晃动。

安全·舒适的婴儿空间必备品

虽然婴儿空间可以根据大人的生活方式和房间布局进行调整，但最关键的还是安全和舒适。宝宝还不会用语言表达高兴或不高兴，所以大人要细心观察。使用一些保护性的安全物品和保持室内舒适的物品，可以打造出更完美的环境。

婴儿监听器
能听到宝宝在其他房间里发出的声音。当宝宝睡醒时，大人能立刻知道并来到宝宝身边。

温湿度计
可以随时关注宝宝房间的温度和湿度。在房间里放置一个温湿度计，非常方便。

加湿器·空气净化器

在干燥的季节里，加湿器是最方便的工具。对养宠物和有人吸烟的家庭来说，空气净化必不可少。

取暖器

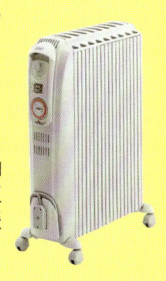

宝宝能四处活动后，可使用电暖风、油汀取暖器取暖。不直接吹出暖风的取暖器，用起来更放心些。

照顾宝宝时会用到很多零零碎碎的小物件，大部分都是经常要用的，所以收纳要点是，既能快速整理好，又能很快找出所需物品。首先，要把经常用到的物品和不经常用的分开，再把同时会用到的东西整理到一起。用造型可爱的篮子或盒子存放物品还可以起到装饰房间的作用，这样即使摆放在外面也会让人赏心悦目。

尿布收纳
需要时可随时取用

把尿布、湿纸巾、纸巾、保湿乳等放在一个篮子中，取用非常方便。有提手的篮子还方便携带。

衣物收纳
按类别整理方便取用

收纳衣物时不仅要分类，还要方便取出。这样洗澡前给宝宝准备衣服就十分轻松了。宝宝的衣服比较小，可以用抽屉收纳，用隔板分类存放。

要 点

用婴儿床收纳物品更方便

想不到用婴儿床收纳物品也会这么方便吧！婴儿床的下面可以存放尿布。在床头挂一个储物袋，就可以收纳棉棒、纱布方巾之类的小物件，方便又实用。

在床头的护栏上挂一个储物袋，换尿布时用到的东西、指甲剪、体温计、棉棒等都可以放进去。

打造婴儿空间 Q&A

Q 婴儿床放在哪里比较好？

A 最好放在没有阳光直射、附近没有大件家具的地方。

要把婴儿床摆放在安全的地方，避开阳光直射和空调风口，以及有坠落危险的窗边。床边有书架或衣柜的话，地震时很危险，所以要远离大件家具。

Q 什么样的室温和湿度适合宝宝？

A 大人觉得舒适的环境，宝宝也会觉得舒适。

一般，室温为 26 ~ 28 度、湿度为 50% ~ 60% 时会让宝宝觉得舒适。大人感觉室温和湿度舒适就没问题。也可以利用空调来调节室温，但不要让空调对着宝宝吹。

Q 不用婴儿床，让宝宝和父母一起睡可以吗？

A 要注意可能会在睡觉过程中发生意外。

在睡觉过程中容易发生意外，例如，大人翻身压在宝宝身上，宝宝被床单等捂住导致窒息等。所以在新生儿阶段最好还是分开睡。

身体、心理和五感逐渐发育成熟

各月龄宝宝的身体和心理发展

0～1个月

慢慢熟悉周围的环境，发出高兴和不高兴的信号

体型标准		
男宝宝	身高 **49.5 ~ 57.7**㎝	
	体重 **3.29 ~ 5.2**㎏	
女宝宝	身高 **49.1 ~ 56.1**㎝	
	体重 **3.1 ~ 4.87**㎏	

表情

大部分时间没表情，但偶尔会有哭泣、不高兴等表情，受到光线刺激时，表情也会有变化。有时也会露出笑脸，但这只是一种生理现象。

手

会弯曲胳膊、握紧手等基本动作。受到大声惊吓时会张开双手，但这并不是宝宝有意识的动作，而是被称为"莫罗反射"的原始反射。

腿·腰

双腿又细又软，关节很灵活，但腿部关节容易脱臼。给宝宝换尿布时，不要把宝宝的双腿抬得过高。

这个时期的宝宝每天小便 10 ~ 20 次，大便也很频繁，有的宝宝甚至每天会大便 7 ~ 8 次。宝宝每天要吃奶 10 ~ 15 次，睡觉时间不固定，不分昼夜。虽然宝宝反复"睡觉·醒来·吃奶·排便"的过程，但并没有规律的睡眠时间。宝宝睡觉时一半处于快速眼动睡眠（REM 睡眠），即身体熟睡而大脑仍在活动。因此，当宝宝受到声音和光线的刺激时，经常会哆嗦一下。

身体　充满成长的力量

这时的宝宝虽然看起来一直都在睡觉,但已经具备了呼吸、吃奶、消化、排便等基本生存能力。受到外界环境的刺激时,宝宝的身体会做出无意识的"原始反射",手脚也经常动来动去。

不能自主活动

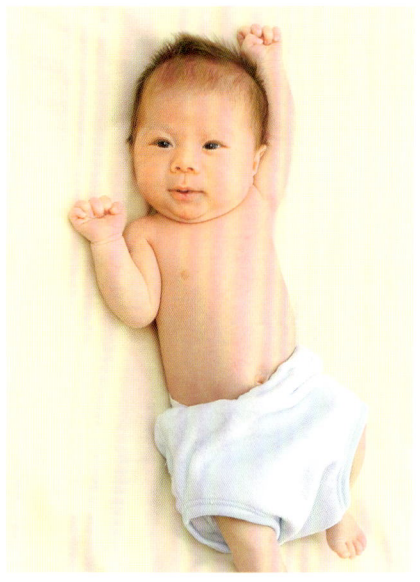

还需再成长一段时间,宝宝才能有意识地自主活动。这个月,宝宝会因外界刺激而活动手脚,但大多数都属于无意识的活动。

抓握

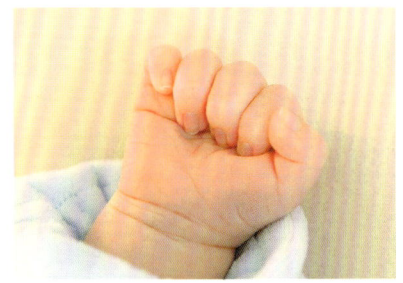

平时宝宝的手都握得紧紧的,但受到较大的声音或震动刺激时,就会惊恐地张开双手。而且,如果用东西碰触宝宝的手,宝宝就会紧紧地握住手中的东西。

吸吮碰到嘴唇的东西

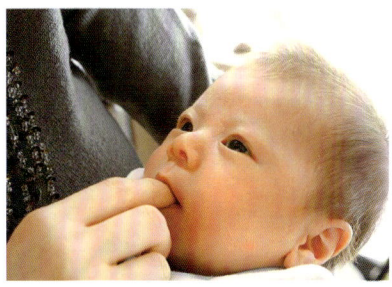

当有人把手指放在宝宝嘴边时,宝宝就会开始吸吮,这是原始反射"吸吮反射",是新生儿吃奶的本能。

五感　视觉发展较慢,听觉和味觉已经发育成熟

这个月,宝宝的视力还比较模糊,但已能看清物体的大致轮廓。当大人把脸靠近宝宝时,他会注视大人的脸,但视线还不会随着移动的物体移动。不过,宝宝的听觉已经很发达,能判断出声源的方向。味觉是与生俱来的,能尝出甜、酸、苦等味道。

对光线做出反应

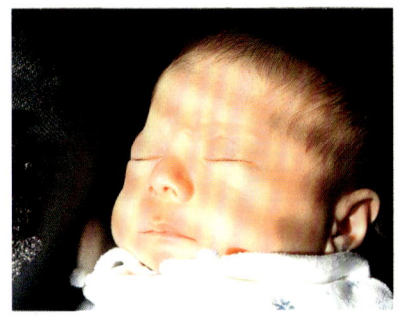

眼睛受到光线刺激时,瞳孔就会放大。把熟睡的宝宝放在窗边或朝向有亮光的地方时,宝宝就会把眼睛眯起来,露出刺眼的表情。

受到惊吓时会伸开双手

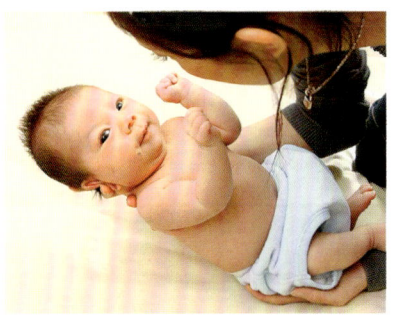

这也是莫罗反射的表现。当受到较大的声响或摇动刺激时,宝宝的身体会哆嗦一下,或者像抓空气一样张开双手。

新生儿一直盯着一个物体看称为"固视",范围只有 20 ~ 30cm。当大人把脸靠得更近时,婴儿会一直注视大人。

注视和再注视

心理　　用哭声表达不愉快的情绪

这时宝宝还不会表达特别细腻的心情，但已经有了高兴和不高兴的感受。不高兴时唯一的表达方式就是"哭泣"，用哭声向身边的人传达自己的不快。当宝宝心满意足时，就会露出微笑或温和的表情。不过，这些表情都不是宝宝在有意识地表达情绪，只是用新生儿自己的方式努力向外界传达信息。

不哄逗也会面带微笑

这是一种"生理性微笑"，也是原始反射之一。露出这种表情的宝宝不是在表达自己高兴的心情。但宝宝不高兴时，不会露出这种表情。

用哭声表达不安或不愉快的心情

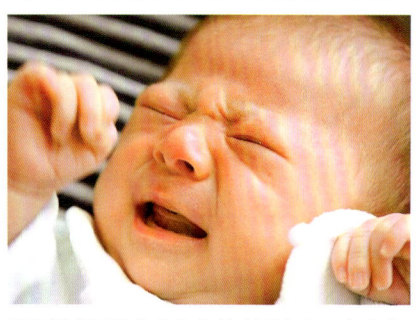

我们很难弄清楚宝宝为什么不高兴。当宝宝不高兴或感觉不安时，就会用哭声告诉身边的大人。

对这个时期的宝宝来说，最舒适的地方就是妈妈的怀抱中。当宝宝哭闹时，把他抱起来，再温柔地哄一哄，慢慢地他就不哭了。

育儿专栏

日本在宝宝出生 30 天左右会选个良辰吉日参拜神社

参拜神社是向当地的守护神告知宝宝的诞生，并祈求宝宝健康成长的一种仪式。至于参拜方式和时间，要依据各地风俗习惯而定，一般都选在宝宝出生 30 天左右。盛夏或隆冬之际就不能以 30 天为准，可以等到天气适宜时再去参拜。一般男宝宝会穿带有鹰或鹤图案的衣服，女宝宝穿图案鲜艳的和服。最近穿连衣裙的女宝宝越来越多，也有不少人选择租服装。

怎样和这个时期的宝宝交流

即使宝宝没有回应，也要经常温柔地和他说话

这个时期，虽然宝宝的视力还比较模糊，但听觉已经很完善，不仅能区分出爸爸妈妈的声音，还会对爸爸妈妈独特的语调做出明显的反应。不妨跟宝宝多说说话，比如模仿他的声音，谈谈天气，讲讲爸爸妈妈的心情，以及做了哪些事。另外，大人不愉快的声音也会使宝宝产生不愉快的情绪。所以，一定要经常心情愉悦地用心跟宝宝说话。

Q 出院一周后去医院体检，发现宝宝的体重比刚出生时轻了 300g，是因为母乳不足吗？

A 可能是因为母乳不足，也可能是宝宝没有好好吃奶。

宝宝出生 3～4 天后体重会自然下降，属于生理性体重下降。但出院 1 周后体重还下降，可能和母乳不足有关。宝宝体重不见增长，刚吃过奶 1 小时就又哭闹着要吃奶，这种情况很可能是因为母乳不足。不过，如果母乳充足宝宝还是这样哭闹，也可能是宝宝没有好好吃奶。建议您向医生咨询一下。

Q 宝宝的头部软软的，洗澡时托住他的头不会伤到他吗？

A 宝宝头部比较软是正常现象，但托住宝宝的头时不要太用力。

对婴儿来说这是正常现象，不用担心。婴儿头顶的骨间隙叫作前囟门，到 1 岁半左右会闭合；头部后面的骨间隙叫作后囟门，出生后 2～3 个月后闭合。无论前囟门还是后囟门，在日常生活中都不会被压坏，所以给宝宝洗头时，可以触碰宝宝的头，但不要用太大的力。

Q 宝宝白天一直睡觉，到了晚上就开始哭闹。不管是抱着还是喂奶都不肯睡觉。这样正常吗？

A 这是新生儿特有的睡眠规律。妈妈也要多注意休息。

刚出生的宝宝还没有昼夜概念。睡 3～4 个小时就醒来，哭闹，吃奶，吃饱了再接着睡，这就是新生儿的生活规律。3～4 个月后，宝宝的睡眠时间会慢慢集中。在这之前，妈妈最好放下手里的家务，和宝宝一起睡觉，尽量多休息一会儿。

Q 洗澡后给宝宝的肚脐消毒时，偶尔会渗出红色的像血一样的液体，让我很担心。

A 宝宝在新生儿期肚脐出血，有 3 种可能性。

①脐带脱落时流的血凝固了，涂上药用酒精消毒时渗到了酒精中。如果清理掉后不再出血，就没什么问题。②清理掉第①种情况的血后，肚脐还是出血、肿胀、流脓的话，可能是患上了肚脐炎，应马上送往医院。③脐带脱落后，脐部的肉芽出血，这可能是患上了脐肉芽肿，最好送往医院。

Q 宝宝出生已经 3 周了，黄疸还没有消退，就这样再观察观察可以吗？

A 如果大便不泛白就不用担心。

黄疸是所有宝宝都有的生理现象。对于母乳喂养的宝宝，黄疸仍然不消退，可能是母乳性黄疸。目前尚不清楚这种黄疸出现的具体原因，但大多数情况下会自然消退。婴儿出生后 1 个半月～2 个月，如果黄疸还没消退，就要带宝宝去医院做血液检查。如果既有黄疸，大便又泛白，可能是胆道闭锁，要尽早接受治疗。

Q 不知道宝宝为什么哭闹，也不清楚宝宝要吃多少奶和吃奶的规律，担心照顾不好宝宝。

A 没有哪个妈妈一开始就对照顾宝宝很有信心。

刚刚分娩，由于疲劳和环境的变化，妈妈也会感觉不适。宝宝哭闹时，可以试试换尿布或喂奶。至于食量和喂奶的规律，每个宝宝都有自己的要求，最好每次他想吃奶时都喂他吃。然后逐渐养成每隔 2～3 个小时吃一次奶的规律，这样妈妈的情绪也能平静下来。不要一个人独自苦恼，听听其他妈妈都有哪些好建议吧！

1~2个月

能够用眼睛跟随物体，除了哭声外，还会发出其他声音和身边的大人交流

手

一直紧握的手会稍微松开一点。开始屈伸手臂，还能有节奏地摇动。

表情

模糊不清的视野变得清晰可见，眼睛开始有了焦点。还不会"追视"，即用眼睛追着物体看，但能清楚地看到20 ~ 30cm 范围内的东西。

宝宝现在白天醒着的时间越来越长，但还要过些日子才能分清昼夜。有时还会日夜颠倒，经常在夜里哭闹，让大人颇为头痛。这时可以把宝宝抱起来走一走，或是抱到阳台上呼吸一下新鲜空气，好好哄一哄。

腿·腰

来回屈伸膝盖，活跃地动来动去，甚至全身都会动起来。这一时期宝宝还会慢慢地移动双脚，像在空中走路一样。

36

身体　颈部渐渐能够挺直

　　发育成长是从离头部较近的上半身开始的。虽然宝宝趴着时下颌还贴着床，但头部已经能够左右转动。这时宝宝还不能按照自己的意志活动身体，大多数动作仍属于原始反射。出生 1 个月后，宝宝渐渐地能用眼睛跟随移动的物体。

撑住两侧的腋部，宝宝的双脚就会开始移动

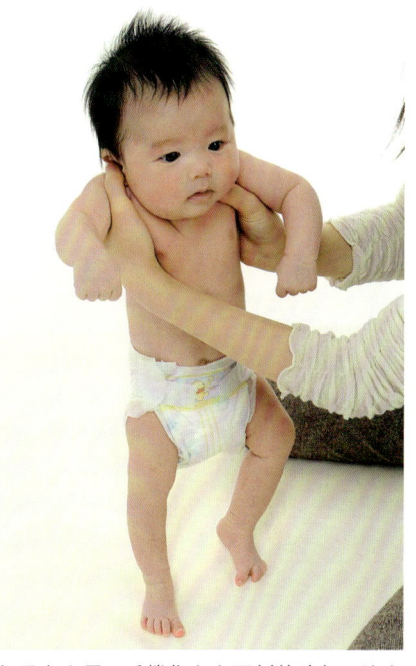

如果大人用双手撑住宝宝两侧的腋部，让宝宝的脚立在床上，并让他的身体向前倾，宝宝会做出行走的姿势。

趴着活动头部

宝宝的脖子还无法支撑起头部，但大脑中主管颈部运动的神经中枢已经发育成熟。所以，宝宝趴着时，能够改变脸的朝向，仰面躺着时也能向左右摆头。

把拳头伸向口中

大概 1 个月后，很多宝宝开始用嘴吮吸手指或拳头。刚开始时，只是偶尔吮一吮放到嘴边的手指，后来开始自己举起手来吮吸。

五感　开始追视，注视大人的脸

　　这一阶段，宝宝的五感还处于发育之中，但已经非常敏感。宝宝听到、看到的很多事物，都会刺激他的成长发育。宝宝已经能够追视移动的物体、注视附近的人脸，还会模仿表情。

注视大人的眼睛和嘴部

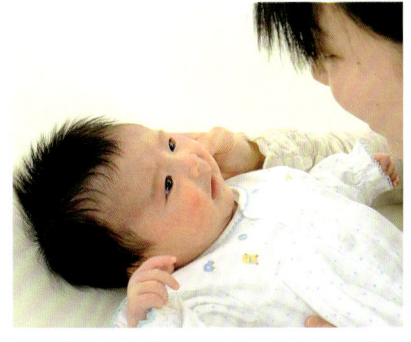

宝宝开始对人脸感兴趣后，当大人的脸在20～30cm 范围内时，宝宝会目不转睛地注视大人的眼睛和嘴部。

能在左右 50 度的范围内追视物体

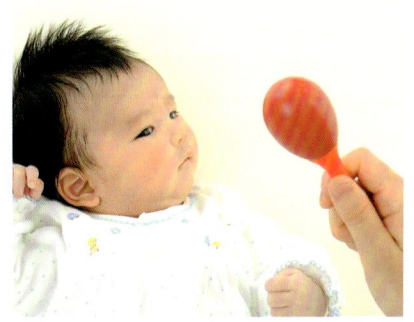

这一阶段，宝宝能够追视在眼前慢慢移动的物体，但仅限于以脸部为中心向左右偏转 50 度的范围内。

能把脸转向发出声音的方向

宝宝一出生就能对声音做出反应。这一阶段，宝宝的脖子能稍稍挺直，仰卧时，宝宝会把脸转向发出声音的一侧。

听到声音会非常高兴，自己也会发出声音

能够区分妈妈（护理者）和其他人的声音。妈妈和他说话就会非常高兴。宝宝不仅会用哭声来表达不高兴，想撒娇时还会发出声音呼唤妈妈。

一说话就不哭了

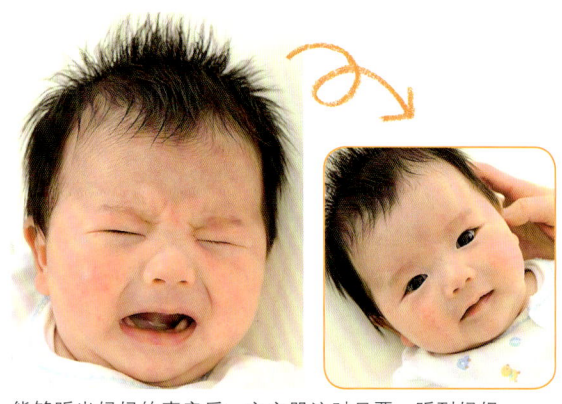

能够听出妈妈的声音后，宝宝哭泣时只要一听到妈妈的声音马上就不哭了，会朝着发出声音的方向望去。所以，宝宝哭闹时就跟他说话。

发出"啊""哦"等声音

啊

宝宝出生 1 个多月后，就能发出不同于哭声的"啊""哦"等声音，这是语言的基础。宝宝会发声后，就会开始模仿，不妨和宝宝一起做对话游戏吧！

模仿大人的表情

如果大人把脸贴近宝宝 20 ～ 30cm 的范围之内，伸出舌头或张大嘴，就会看到宝宝会模仿大人的表情。

怎样和这一阶段的宝宝交流

摸摸宝宝的手或脸，模仿宝宝发出的声音

从这一时期开始，宝宝会表现出不同的个性，有的宝宝爱撒娇、经常哭闹，有的好好吃奶、好好睡觉，是个乖宝宝。发现宝宝的个性后，大人要慢慢接受、习惯。此外，这一阶段的宝宝除了哭声，还开始发出其他声音。而且，大人模仿宝宝的声音时，宝宝也会做出回应。摸摸他的手或脸，抱起来轻轻摇晃，都会让宝宝非常开心。

育儿专栏 ❷

关于趴着睡和婴儿猝死综合征

　　婴儿猝死综合征是指健康的婴幼儿，在没有任何预兆的情况下突然死亡的一种疾病。在日本，每 2000 个宝宝中有 1 个因此死亡。目前死亡原因尚不清楚，但可能是由呼吸循环调节机能不健全引起的。而趴着睡很容易引发这种疾病，建议不要让宝宝趴着睡觉。宝宝趴着睡觉时，不但要使用较硬的床垫，大人也要在旁边留心观察。

Q 宝宝在睡觉或吃奶时，像肚子疼似的大哭。是肠道有问题吗？

A 宝宝不舒服时，给他揉一揉。

可能是肚子里面咕噜咕噜地响，让宝宝感觉不舒服。不仅吃完奶后容易肚子不舒服，对于排便次数较多的宝宝，肠道不分昼夜地蠕动，也会肚子疼。宝宝不舒服时，大人可以把手放在宝宝的肚子上，按照顺时针的方向揉一揉。一般情况下，这样揉了就不疼了。如果宝宝还是反复地哭闹，最好让医生看一看。

Q 宝宝吃完奶后不打嗝，可以强制性地让他打嗝吗？

A 可以轻轻地拍打宝宝的背部，或者让宝宝侧躺着。

想让宝宝打嗝，可以试试轻轻按摩或拍打他的背部。如果这样不行，让宝宝右侧躺着也很容易打嗝。如果这样还是不打嗝，也不吐奶，说明宝宝在喝奶粉或母乳时没有吸进空气，不需要拍嗝。不必太担心，可以先观察一下宝宝的反应。

Q 宝宝总是只向右侧偏头。感觉他的头型都睡歪了，需要治疗吗？

A 宝宝长大后就会不治而愈。

宝宝的头比较软，经常偏的一侧容易变平。变平的一侧比较平稳，所以睡觉时经常会往那一侧睡，这样一来头型就变歪了。头型一旦变得扁平就很难恢复，但一般随着宝宝慢慢长大，歪斜的程度也会变轻。过了1岁长出头发后，就不会那么明显了。不必过于紧张。

Q 宝宝洗澡时耳朵进水了。我担心会患上中耳炎。

A 水量不多的话，不会患上中耳炎。

中耳的前面是鼓膜，进入少量的水会被鼓膜截住，不会流到中耳里。而且，耳朵进水并不会引起中耳炎，只有当细菌从鼻腔或喉咙侵入中耳时，才会引发中耳炎。由于宝宝的鼻子和耳朵距离比较近，感冒时细菌很容易进入中耳。如果感冒时宝宝耳朵疼，就很可能患上了中耳炎，最好及时到医院就诊。

Q 宝宝的嘴里有奶白色渣滓。是不是感染病菌了？

A 如果用纱布擦不掉的话，可能是感染了念珠菌。

先用柔软的纱布擦拭，如果擦不掉，可能是鹅口疮，这是感染了念珠菌引发的一种疾病，真菌经常长在宝宝的口腔和牙龈上。健康的大人不会感染这种病菌，但免疫力低下的宝宝很容易感染，特别是出生1个月左右的宝宝。每次吃完奶后，给宝宝涂上抗菌剂，很快就会痊愈，不必担心。也可以去咨询一下医生。

Q 宝宝的手脚很凉，是体寒吗？

A 可能是室内温度低。如果宝宝在被窝里时手脚都很温暖，就没问题。

宝宝的手脚发凉是很常见的现象，可能是室内温度较低引起的。先检查一下室内温度是否适宜，对1个月大的婴儿来说，冬季室温应保持在20～22度。用被子盖住宝宝的双脚，如果摸起来暖暖的，就不用担心。不要因为冷就给宝宝戴手套，对宝宝来说，手脚是非常重要的感觉器官。

2～3个月

脖子渐渐能够挺直，注视自己的手，一哄逗就会笑

体型标准

男宝宝	身高 **55.0～63.8**cm	
	体重 **4.63～7.4**kg	
女宝宝	身高 **58.5～62.3**cm	
	体重 **4.44～6.81**kg	

表情

能看到明显的笑容。视觉、听觉发育得较为成熟，哄逗就很高兴！还会边笑边发出各种声音。

腿·腰

屈伸膝盖的力度逐渐增强，一哄逗就会高兴地来回屈伸膝盖，有的宝宝还会用整个身体表达高兴的情绪。

手

"手眼协调"是宝宝特有的动作，就是把自己的手放在面前，聚精会神地观察。这也可以视为宝宝最早对自己身体的认识。

宝宝渐渐能够区分昼夜，有些宝宝一晚上能睡 5～6 个小时，其中有的宝宝可以整晚不用喂奶。从这一阶段开始，要有意识地培养宝宝形成生活规律。早晨，拉开窗帘，让宝宝沐浴朝阳；白天，增加散步和玩耍的时间；晚上，按时关灯，在阴暗中哄宝宝入睡。此外，宝宝喝母乳或奶粉的技能更加熟练，每隔 4～5 小时吃一次奶即可。

身体

颈部能够挺直，活泼好动

宝宝的脖子渐渐能够挺直，不再摇摇晃晃的。趴着时会抬起头，而且，竖着抱时只要轻轻扶一下就可以。虽然全身的动作还比较笨拙，但活泼好动。这一阶段，原始反射随之渐渐消失。

竖着抱时撑住脖子即可

能握住手柄较细的拨浪鼓

还不会伸手够自己想要的东西，但把手柄较细又比较轻的拨浪鼓放在宝宝手里时，宝宝可以握着玩一会儿。

趴着时可以稍稍向上抬起头

宝宝的脖子能够挺直了，趴着时可以把头向上抬起，并坚持几秒钟。可以用手臂和肘部的力量支撑身体，渐渐拥有平衡感。

虽然宝宝的脖子还不能完全支撑起头部，但基本上不会摇摇晃晃了，立着抱时，从后面托住头部和颈部即可。

五感

视野更加宽阔，注视或吮吸手

宝宝的眼睛能够自由追视移动的物体，而且能够转动脖子，视野变得更加宽广。所以，宝宝能够按照自己的意识把脸转向发出声响的一侧，并加以确认。此外，宝宝开始关注自己的手，喜欢把自己的手伸到嘴里吮吸。

短时间内注视着自己的手

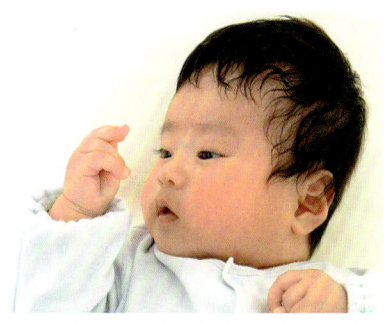

当宝宝的手碰巧停在眼前时，就会开始注视自己的手，像是在思考："这是什么？"但是，对这一阶段的宝宝来说，自己的手和玩具没什么区别。

舔食自己的拳头

之前只是偶尔舔食放在嘴里的手。现在，会把手往嘴里塞。用舔食来确认手的存在。

看向发出声音的人

宝宝的颈部渐渐能够挺直，能够自由改变脸的朝向，听到声音时，宝宝会把脸转向发出声音的一侧。对人的声音更加敏感，听到妈妈的声音时会把头转向妈妈的方位。

心理　越来越聪明，被大人哄逗时会很兴奋

脖子能够自由转动后，宝宝会按照自己的意志，看感兴趣的事物，所以智力也会快速发展。同时，宝宝的情感也会变得复杂起来。通常只要哄逗他就会笑，大人和他说话，他也会发出声音回应。但又经常莫名其妙地哭，而且次数越来越多。

哄逗时露出笑脸

看感兴趣的东西

虽然宝宝的视力还在发育中，但宝宝的脖子逐渐能够挺直，视野也变得开阔，会把头转向身边的好玩的东西，并一直注视。

发出声音回应大人

当大人和宝宝说话时，宝宝也会做出回应，朝大人的方向发出"啊""呜"的声音。如果大人接着说话，宝宝会再次做出回应。

和新生儿时期的笑容不同，现在宝宝表现出的是随着情感的发育而出现的"社会性微笑"。与宝宝四目相对哄逗宝宝时，他就会露出笑容。

育儿专栏 ③

找位主治医生

带宝宝去医院做 1 个月的健康检查时，不妨确定一位主治医生。能有一个对宝宝的日常状态非常了解的医生，父母也会更放心。最好选择自家附近医院的医生，这样当医生说情况比较紧急时，可以立刻到医院诊治。向其他妈妈们打听一下，把口碑比较好的医院列出来。如果一个医生能够仔细地给宝宝做检查、详细地说明病情、休息日也可以看病，那么他一定是位好医生。不过，找医生也要讲缘分，最好自己亲自去咨询一下，选择一位合适的医生！

怎样和这一阶段的宝宝交流

多和宝宝说话，培养彼此间的默契

宝宝变得越来越聪明，感兴趣的事物也越来越多，自主意识也更加强烈。想玩耍时，宝宝会发出"啊""呜"的声音来邀请身边的人，或者撒娇似的哭泣。为了培养宝宝的好奇心，大人的积极回应非常重要。在换尿布、喂奶时跟宝宝说话，或是用玩具逗宝宝，都是一种交流，要抓住所有可以交流的机会！

Q 我家的宝宝只要一抱起来他就非常高兴，只要他一哭闹就把他抱起来好吗？

A 把宝宝抱起来，给他安全感吧。

　　3个月的宝宝会因为尿布变湿而不高兴，当他饿了、困了、热了或冷了等生理性需求没得到满足和不高兴时，都会用哭泣来表达。所以，要先检查一下是不是这些原因引起的哭闹。当宝宝哭闹不止时，要毫不犹豫地把他抱在怀里。让宝宝知道只要他一哭就会被抱起来，可以培养他对大人的信赖感。不必担心这样会让他养成不好的习惯。

Q 我家的宝宝基本上不哭。是发育有问题吗？

A 哭不哭并不重要，要仔细观察宝宝的表情。

　　哭泣方式因人而异，有的宝宝经常哭，有的就不怎么哭。不能因为不经常哭，就认为宝宝的发育有问题。先检查一下宝宝会不会跟妈妈对视，四目相对地逗他时，如果他也嬉笑或注视妈妈的话，就说明宝宝的发育很正常。仔细观察宝宝的表情吧。

Q 用玩具在宝宝眼前晃来晃去时，他没什么反应，是看不见吗？

A 宝宝没有反应，可能是因为对玩具不感兴趣。

　　宝宝的视力还没有发育成熟，还不能熟练对焦。这一阶段的宝宝已经能在20~30cm的范围内对焦了，但也有例外。而且，如果宝宝对眼前的事物不感兴趣，就不会追视。对玩具没有反应，也许是因为不感兴趣、晃动的速度太快，或者仅仅是他的心情不太好。

Q 宝宝不经常眨眼，这样眼睛不会干涩吗？

A 眼睛表面不涩就没问题。

　　眨眼是为了防止角膜干燥，用适量的泪液覆盖眼睛表面。大人长时间不眨眼就会觉得很不舒服，发现宝宝眨眼次数较少时就会很担心。但是，眨眼的频率因人而异。仔细查看一下宝宝眼睛的情况，如果表面不干燥就不必担心。如果眼睛充血或有眼屎，要送往医院就诊。

Q 听说体型较大的孩子在翻身和其他方面发育比较慢，这是真的吗？

A 体重与发育速度没有关系。

　　宝宝体重较重并不会导致他脖子挺直和翻身推迟。而且，也没有数据显示体型越小的宝宝发育越快。无论体型大小，只要宝宝的身高和体重沿着生长曲线变化，有挺直脖子并对大人的声音做出反应等迹象，就没有问题。每个宝宝的发育进度都不同，只要一直有进步，父母就不必太担心。

Q 每天都会给宝宝洗头发，但头皮上还是有皮脂，怎样才能清除皮脂？

A 洗发前涂些婴儿润肤油会有不错的效果。

　　头皮上的痂皮状皮脂属于脂溢性皮炎。3个月大的宝宝，如果营养状况良好、皮脂分泌旺盛，脸部和头皮上就会出现这种皮炎。用洗发水清洗头发，皮脂就会脱落，不必强行剥掉。洗澡前1小时，在宝宝的头皮上涂一层婴儿润肤油可以软化皮脂。再用洗发水洗头发，效果会更好。7~10天便可以清除皮脂。

3～4个月

还差一步脖子就能完全挺直了，会对大人的声音做出回应，喜欢和大人对话

体型标准		
男宝宝	身高 **57.8 ~ 67.0** cm	
	体重 **5.31 ~ 8.36** kg	
女宝宝	身高 **57.1 ~ 64.3** cm	
	体重 **5.05 ~ 7.17** kg	

手

这一阶段，宝宝手的触感更加灵敏，能分辨出光滑、粗糙、柔软等感觉，也很喜欢这些感觉。有些宝宝能够根据手感选择自己喜欢的玩具。

表情

这个阶段的宝宝最萌最可爱，一逗就会开心地笑起来。但是，不高兴时也会大声哭闹，情绪越来越丰富。

腿·腰

腿还不能自由活动，但有些宝宝已经能够扭转下半身。虽然还不能翻身，但已经在为翻身做准备了。

白天醒着的时间变长，晚上也能长时间睡觉。已经形成规律的睡眠和起床时间后，吃奶的次数和量也趋于稳定。大部分情况下，吃奶的间隔保持在 3～4 小时，夜里也不用喂奶，妈妈的生活渐渐归于平静。宝宝的情绪变得非常丰富，有些宝宝一到黄昏就开始哭闹，这就是所谓的"肠痉挛"，虽然还不清楚具体是什么原因，但通常过段时间会消失，父母不必太担心。

身体　　可以自己活动双手

随着宝宝颈部的支撑力越来越强，竖着抱宝宝也变得更加轻松。宝宝趴着时，能用手腕在短时间内支撑住身体，向上抬起头。从头部开始的自由活动能力进一步强化。宝宝的手已经能按照自己的意识行动，比如用手拿着玩具摇晃。

紧握容易拿住的东西

宝宝还不能主动伸手去抓玩具，但接触到像玩偶的耳朵之类容易握住的东西时，就会紧紧地握住，并往嘴巴里塞。

摇晃能够拿起来的东西

把手柄较细、容易拿起来的拨浪鼓放在宝宝手上时，宝宝可以握住片刻。在这个阶段，最好给宝宝玩一些能够发出声音且容易握住的玩具。

趴着时可以向上抬起头

宝宝趴着时，可以用腕部和肘部支撑住身体，用力向上抬起头。这个阶段的宝宝已经能用脖子支撑起头部了，可以竖着抱了。

五感　　视野变得更宽，认识到自己身体的存在

随着脖子渐渐能够挺直，宝宝眼里的世界从之前的二维世界，变成了立体的三维世界。特别喜欢看或者舔自己的手，以此来认识自己的身体。宝宝看到和触摸到的东西多种多样，视力和手的触感也越来越发达。

能够看到距离较远的事物

在此之前，宝宝能够看清 20 ～ 30cm 范围内的物体。现在，他已经能够清楚地看到 30cm 之外的事物了。

目不转睛地看着自己的手

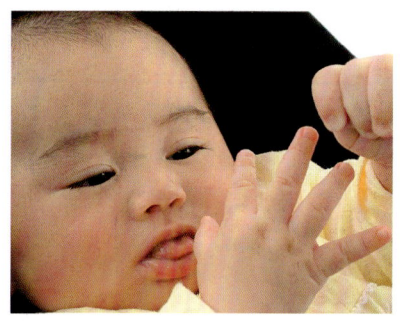

宝宝能够控制自己的手后，会把手举到面前，长时间地注视，开始有意识地认识自己的身体。

追视移动的人或物

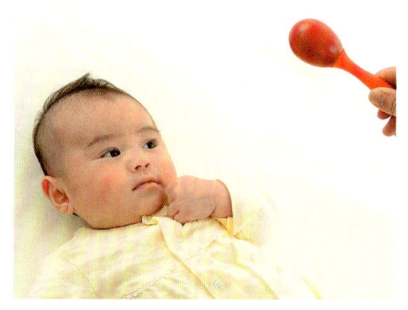

脖子能够自由转动后，宝宝会把脸转向发出声音的一侧，确认声源。而且，如果宝宝对视野范围内的人或物体感兴趣，就会开始追视。

心理　表现出明显的情绪和个性

开始关心周围的人和外面的世界，会目不转睛地注视自己喜欢的东西。自我意识越来越强烈，不高兴时大哭大闹，高兴了就会大笑。宝宝的个性渐渐显现出来，有的很爱笑，有的脾气很大，有的不爱表达情绪。

挠痒痒时会笑出声

一逗就会开心地笑。有些宝宝，一挠痒痒就会大笑。宝宝在挠痒痒的时候大笑，其实也是在表达自己开心的心情。

开始关心外面的世界

能区分出人和物、家人和外人。宝宝开始关心外面的世界，可以经常带他到外面走一走。

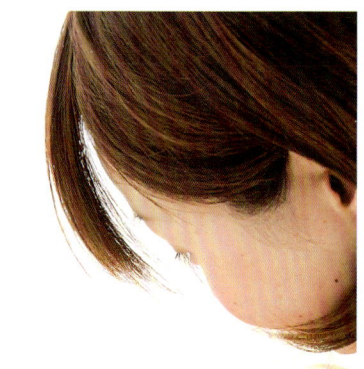

看到妈妈或爸爸的脸时，宝宝会发出"啊""呜"的声音，像是在说"我们做游戏吧"。这时，大人要接受宝宝的"邀请"，和他一起做游戏。

育儿专栏 ④

准备接种疫苗，标出大致的接种日期

在日本，宝宝出生 3 个月后，社区会发出接种疫苗的通知。每个社区的通知方法不同。疫苗不仅能够预防疾病，还能起到抑制疾病传染的作用，最重要的是要严格按照规定的次数进行接种。疫苗分为计划内疫苗和计划外疫苗，接种方法有集体接种和个人接种两种。集体接种是在固定的时间、地点进行，日本妈妈会把集体接种的时间在日历上标出来，以免忘记。

怎样和这一时期的宝宝交流

大人和他说话时会露出笑脸，喜欢对话

随着脖子和身体越来越结实，宝宝能做的动作也越来越多，比如环视四周，把头偏向发出声响的一侧等。宝宝已经能够认出爸爸和妈妈，逗他会露出笑容。而且，当他想让人来逗自己时，还会发出声音呼唤大人过来。但是，宝宝不高兴的次数也变多了，这是自我意识的一种表现。在培养个性的阶段，大人最好陪伴在宝宝身边。要积极回应宝宝的呼唤，更深入地与宝宝交流！

身心健康 Q&A

Q 宝宝的身体没有什么不适，但他哭闹得很厉害。是病了吗？

A 最好检查一下宝宝和平时有什么不一样。

据统计，出生3个月后的宝宝，平均每天累计哭泣时间为1小时。有的宝宝爱哭是性格使然，有的甚至会大哭大闹。但是，如果宝宝的哭泣和平时不一样，总是哭得很厉害又突然不哭了，就一定要去医院咨询一下。有时宝宝哭闹是由于衣服的标签贴在了皮肤上，或者尿布穿得不舒服，最好先检查一下，看看是不是这类问题。

Q 不管怎么逗，我家的宝宝都不怎么笑。会不会有什么问题？

A 如果体检时没什么问题，就不必担心。

出生3个月后的健康体检，主要是为了诊察宝宝身体和机能的发育状况。如果体检时一切正常，就不必担心发育方面的问题。当然，谁都想经常看到宝宝可爱的笑脸。而且，"笑容"是和他人交流的第一步。多和宝宝说说话，经常逗他，说不定宝宝就会经常笑了哦!

Q 我家的宝宝从正面逗他时他会笑，但偏离他的视线叫他时，他就没有反应。

A 让宝宝俯卧，从左右两边叫他试试看。

3个月大的宝宝力气还比较小，仰卧时从侧面叫他，他很难扭转脖子回应你。而宝宝俯卧时，会把脖子向上抬起，比较容易向左右转动，这时再试着叫叫他。如果这样宝宝还是没有反应，有可能是先天性听力障碍，最好去医院检查一下。

Q 怎样和宝宝亲近才是亲密育儿呢？

A 每天护理宝宝就是很好的亲密育儿法。

亲密育儿并不需要什么特殊的方法。每天给宝宝喂奶、换尿布，把他抱在怀里，给他洗澡，这些护理都是亲密育儿。在宝宝心情好的时候，碰触他的身体，和他做做游戏；在比较清闲的时候，一边和宝宝说话，一边用手抚摸他的头或肚子，都是亲密育儿的一部分。

Q 父母都是高度近视，会不会遗传给宝宝？

A 有时会遗传，但近一半以上的近视都是后天形成的。

高度近视有时会遗传给宝宝，但大多数的近视都是后天形成的，所以在日常生活中要注意预防近视。让宝宝从小养成不在光线昏暗处看电视、读书的习惯。在宝宝3岁时的体检中会检查视力，如果担心，不妨向医生咨询一下生活中的注意事项。

Q 宝宝的阴茎被包皮包着，是包茎吗？是不是早点治疗比较好？

A 对宝宝来说，被包皮包着是正常情况。

宝宝的阴茎和大人的不一样，经常被包皮包裹着，但用手把包皮剥开，龟头就会露出来一点。在婴儿阶段，包皮和龟头粘连在一起，随着年龄的增长，会自然分离，不必担心。但是，在包皮和龟头之间容易藏污纳垢。洗澡时要轻轻翻起包皮，用软布擦拭干净。

4～5个月

颈部基本上能够挺直，会伸手够想要的东西，无论什么东西都要舔一舔

体型标准		
男宝宝	身高 **60.6 ~ 69.5** cm	
	体重 **5.85 ~ 9.04** kg	
女宝宝	身高 **59.1 ~ 66.8** cm	
	体重 **5.53 ~ 7.76** kg	

表情

宝宝不仅有饿了、饱了、不高兴这些简单的情绪，还会表现出恐惧、不满、喜悦、悲伤等微妙的情感。听到爸爸或妈妈的声音就不哭了，表明宝宝信任爸爸和妈妈。

手

虽然手能够抓住东西，但要想灵活地使用手指，还需再过一段时间。看到自己想要的东西时会伸手去够。能用整个手掌抓住东西。

腿·腰

发育比较快的宝宝能同时把两只腿向上抬起，也能做扭腰、准备翻身等动作。喜欢屈伸腿动来动去。要注意这个阶段的宝宝会踢被子了。

宝宝的口水越来越多。现在吃辅食还比较早，但要开始做准备了。多让宝宝看看大人们吃东西的样子，或者试着让宝宝舒服地坐着。另外，陪养宝宝的生活规律也非常重要。让宝宝的生活有张有弛，才能顺利地开始吃辅食。宝宝的求知欲和好奇心越来越强，给他一些彩色的、有声响的玩具，就能刺激宝宝五感的发育。

身体　颈部能够挺直，下半身也能自由运动

到出生后第 4 个月月末，大部分宝宝的颈部都能够完全挺直，晚一些的宝宝到第 5 个月月末前后也能做到。靠近头部的部位最先具有运动能力，现在宝宝的腰部和腿部更加结实，运动能力也进一步提高。宝宝开始有意识地活动下半身，能够扭腰、踢腿，有的宝宝还能做出翻身的前期动作。

能一直抬着头

宝宝的脖子能够挺直后，无论处于什么姿势都能自由地转头。当大人握住宝宝的手腕向上拉起他时，如果宝宝向前伸头，就表明他的脖子已经完全挺直了。

被立起来时会踢腿

宝宝的运动能力继续向下半身发展，腿部有了力量，能够按照自己的意识活动。宝宝被支撑着立起来时，会踢动或弯曲双腿。

扭腰、两腿交叉

从这一时期开始，宝宝仰面平躺时，能抬起腰部、扭腰、交叉双腿，这些都是翻身的前期动作。

五感　追视范围扩大，什么东西都要舔一舔

这个阶段，宝宝的手更加灵活，什么东西都要抓起来舔一舔。对声音能做出明显的反应。而且，到 4 个月大时，能够用两只眼睛看东西（双眼视），能够立体地感觉出物体和自己之间的距离。追视的范围也扩大了，当物体在宝宝眼前慢慢移动时，宝宝会转动脖子一直追视。

通过舔舐来认识手中的东西

对想要的东西会自己伸手去够，抓住后会通过凝视或舔舐的方式来了解物体。

追视范围扩展至 180 度

2 个月左右的宝宝开始能够追视，现在，宝宝的追视范围更广了，差不多可以在 180 度的范围内追视。

向发出声音的方向转头

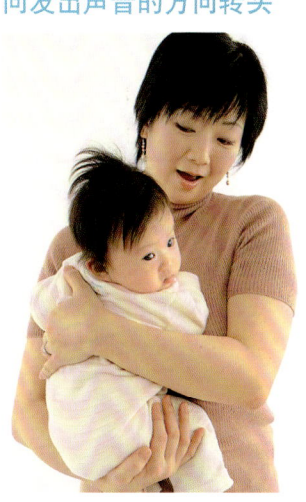

宝宝的脖子能够自由活动后，听到声音时，宝宝会把头转向发出声音的方向。即使是很微弱的响动，有些宝宝也会做出反应。

这个阶段的宝宝有强烈的求知欲，会伸手去够自己感兴趣的东西。情绪和表情也更加丰富，被逗时会笑出声，有时听到爸爸或妈妈的声音也会露出笑容，能明确地做出回应。同时，宝宝的个性差异也更加明显。

能分辨出妈妈的声音

伸手够想要的东西

遇到感兴趣的东西时，宝宝就会伸手去够，摸一摸或者拿起来塞到嘴里。已经能够判断出自己与物体之间的距离。

被逗时发出笑声

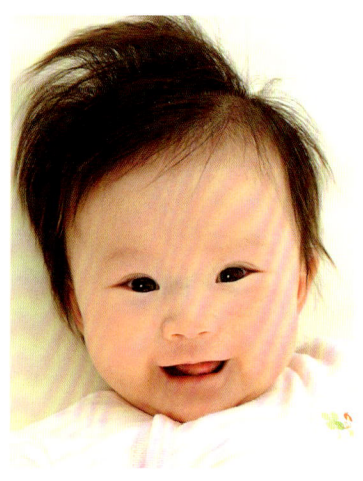

宝宝的情感变得非常丰富，高兴时会表现出来，有时还会笑出声来。

真的吗？　　是啊

爸爸妈妈经常在身边用温柔的语调和他说话的宝宝，能够分辨出爸爸妈妈的声音，并向发出声音的方向张望。

育儿专栏 ❺

出生 100 ～ 120 天后举行断奶仪式

　　断奶仪式是日本人祈祷宝宝一生不被食物所困、宝宝第一次吃食物的一种仪式。不过，这时的宝宝还能吃食物，所以只是模仿吃饭的形式。日本各地举行这一仪式的时间不同，大多数是在宝宝出生后的第 100 ～ 120 天举行。仪式形式多种多样，但一般餐桌上都备有饭碗、汤碗、碟子、茶碗和筷子，还要准备好红豆饭、盐烤鲷鱼和汤等。有的地方还有在餐桌上摆放 3 块小石头的风俗，以祈祷宝宝长出结实坚固的牙齿。

怎样和这一时期的宝宝交流

尽量积极配合宝宝满足宝宝的好奇心

　　这一阶段，宝宝的求知欲非常强烈，要积极地配合宝宝哦！看到宝宝对哪个玩具感兴趣时，要把玩具拿给他；或者带宝宝到户外散散步，看一看外面的景色，激发宝宝对大自然的兴趣。还要试着和宝宝聊各种各样的话题，比如天气和风景，也可以谈谈自己心里的想法，但不要故意编故事。吃奶、换尿布、聊天、洗澡，这些日常生活对现在的宝宝来说，都是一种激励。

Q 宝宝经常吮吸自己的手指，听说这样养成习惯会影响牙齿，我有些担心。

A 当宝宝对其他事情感兴趣时，自然就不会吮吸手指了。

从这一阶段开始，宝宝开始协调手和口的活动，吮吸手指就是这种协调的开端。在这一月龄吮吸手指是一种正常发育情况，不必担心。而且，即使宝宝长到3岁时还在吮吸手指，也不会对牙齿产生不好的影响。所以，现在不要阻止他，留心看护即可。等宝宝会爬了，或对其他事物感兴趣时，自然就不会吮吸手指了。

Q 宝宝现在就开始认生，我担心这样他没法去托儿所。

A 认生是宝宝成长的标志，慢慢宝宝就会习惯。

认生说明宝宝能够区分自己认识和不认识的人，这是成长的过程，要多加关注。宝宝刚到托儿所时，一定会因为没有熟人陪在身边而感到害怕，父母和宝宝都要过1~2个月才能适应。最好经常和托儿所的老师沟通，建立相互信赖的关系。

Q 宝宝一到晚上10点就开始大哭大闹。有什么好办法来解决婴儿夜啼？

A 检查一下室内环境是否舒适，是否适合宝宝入睡。

很遗憾，没有治疗夜啼的特效药，但多数情况下都会不治而愈。再检查一下生活环境对宝宝来说是否合适。是不是爸爸晚上回来太晚，把宝宝吵醒了？或者是房间太亮，让宝宝不能安静地入睡？这些原因都可能打乱宝宝的生活规律，从而引起夜啼。

Q 宝宝能自己翻身了，他经常趴着睡觉，这样会不会有猝死的危险？

A 最好让宝宝在硬一点的床垫上睡觉。

多数情况下，婴儿猝死综合征都发生在未满1岁的宝宝中，尤其是1~4个月的宝宝。一般认为，婴儿猝死综合征是由从睡眠时的呼吸状态无法正常转为醒来的身体状态时引起的，而趴着睡觉正是婴儿猝死综合征的隐患之一。如果宝宝自己翻身趴着睡，就不必整晚看护着宝宝。尽量用硬一点的床垫，也不要给宝宝穿得太厚，偶尔起身看一看宝宝就可以了。

Q 我家的宝宝不论白天黑夜，只要不抱着他，他就不睡觉，这种情况会一直持续下去吗？

A 虽然现在很麻烦，但总有一天宝宝会自己入睡的。

现在，宝宝一被抱起来就会心情很好，然后安心地入睡。虽然这样妈妈什么家务也做不了，而且会十分疲惫，但这只是暂时的。如果感觉特别累，可以试试用其他方法哄宝宝睡觉。例如陪宝宝一起睡，一边轻拍着他的身体，一边哼着安眠曲。多尝试几种方法，说不定就能找到宝宝喜欢的那一种。

Q 宝宝的脖子还是很软，头会晃来晃去，我担心是不是发育有问题，需不需要去医院看看？

A 这一阶段，的确有些宝宝的脖子还无法挺直，实在不放心可以去医院看看。

出生4个月后，有些宝宝的脖子还不能完全挺直。如果和之前相比，宝宝的脖子已经变得结实一些了，就再观察一段时间。每个宝宝的发育情况都不一样，所以不要着急，慢慢观察。但是，如果竖着抱宝宝时，宝宝脖子还是软软的，头也晃来晃去，可能是肌肉或神经出了问题，最好去医院检查一下。

5～6个月

能灵活地翻身，开始吃辅食，感受到越来越多的新鲜体验

体型标准		
男宝宝	身高 **62.6～71.4** cm	
	体重 **6.29～9.55** kg	
女宝宝	身高 **61.0～68.5** cm	
	体重 **5.9～8.25** kg	

表情

这一时期的宝宝已经能够识别人脸，看到爸爸或妈妈等熟悉的人时，会露出和见到陌生人时不一样的表情。

手

第一次没有够到的东西，会继续尝试。在反复的过程中，宝宝会渐渐理解方向和距离，并最终把物体抓到手里。宝宝抓够东西的欲望也越来越强烈。

腿·腰

腰部力量越来越强，几乎能够独自完成翻身动作。腿部力量也明显增强，把双手放在宝宝的腋下向上抱起他，让他的双脚立在床上时，会轻快地向上跳起。

在这个阶段，很多宝宝都开始吃辅食。刚开始时只吃1勺，然后一点一点增加。另外，对这一阶段的宝宝来说，户外游戏不可或缺。虽然宝宝还不能坐，不能按照自己的意愿做游戏，但妈妈可以带着宝宝坐在公园的长椅上，让宝宝观察这个新奇的世界。对宝宝来说，接触外面的世界是一种激励，也是一种很好地运动。

身体　　自己能灵活地翻身

　　宝宝的运动能力从颈部开始向腕部、腰部发展。宝宝仰卧时，能够随意地扭动腰部。像侧腰抬腿、抓着脚玩等使用腿部和腰部力量的游戏，宝宝会乐在其中。宝宝还能接着完成翻身动作。但是，还需再过一段时间，宝宝的腿才能自由活动。

能够慢慢地翻身

宝宝能够利用扭腰的反作用力慢慢翻转上半身。无论是从仰卧翻成俯卧，还是从俯卧翻成仰卧，宝宝都可以做到。

仰卧时抬起下半身

宝宝仰卧时可以稳住上半身，用背部和腰部支撑身体，抬起双腿。抬起下半身后，只要向侧面扭转身体，就可以完成翻身动作。

摆出起飞的姿势

俯卧时，宝宝用腹部支撑全身，手脚向上抬起，背部弯曲，摆出飞机起飞的姿势。大部分快学会翻身的宝宝都能够做出这种姿势。

五感　　吃辅食感知味道，伸手拿想要的东西

　　这一阶段最大的变化就是宝宝开始进食辅食。慢慢地让宝宝品尝各种食物和味道吧！吃不习惯的食物，宝宝会吐出来，不要着急，耐心地慢慢喂。另外，宝宝的意志渐趋明确，会伸手去拿自己想要的东西，或有意识地把东西握在手里。

伸手抓东西

之前，有些宝宝会伸手去拿自己想要的东西，但还不会抓取物体。现在，宝宝已经能够牢牢地把物体抓住。有些宝宝会翻身向自己想要的东西移动。

凝神对视

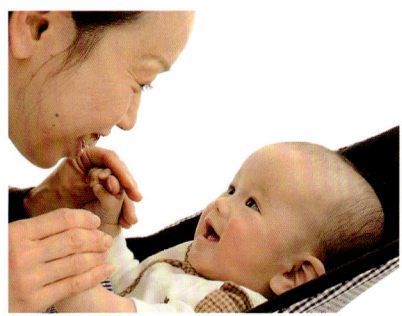

以前宝宝看到妈妈的脸时会有些心不在焉，现在当妈妈把脸移近时，宝宝会目不转睛地和妈妈对视。

添加辅食，培养味觉

刚开始吃辅食时，宝宝还不太习惯食物的味道和勺子的触感。但坚持一段时间后，宝宝就会习惯很多味道，顺利吃下辅食。

心理 能识别人脸，希望和他人交流

宝宝能够识别人脸后，能区分出家人和外人，发育较快的孩子还会出现认生。情感的成长也很明显，开始希望和他人交流。大多数情况下，宝宝被哄逗时会露出笑脸，所以，多和宝宝说说话吧！

听到自己的声音被模仿时，会再发出声音回应

大人模仿宝宝发出的声音，宝宝听到后就会慢慢理解自己发出的声音。

看镜子里的自己

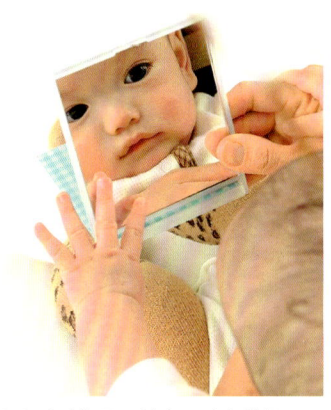

当宝宝看到镜子里的自己时会觉得不可思议，或是注视，或是对着镜子笑。但宝宝还未意识到镜子里的人就是他自己，要等到他1岁左右才能明白。

被哄逗时会开心地笑起来

只要有人逗他，宝宝就会开心地笑起来，越来越可爱。特别是当爸爸或妈妈逗他时，他会特别兴奋。

育儿专栏 6

第一次发烧，有的宝宝还会患上幼儿急疹

宝宝通过胎盘从妈妈那里获得免疫保护，但这种保护只能维持到出生后6个月左右。所以，很多宝宝从这一阶段开始生病。最常见的是幼儿急疹，即宝宝突然发烧，体温升到38～40℃，大约3天后体温下降，同时会长出粉色疹子的一种疾病。当宝宝突然全身无力、发高烧时，大人一定万分焦急。这时不要慌，及时去医院就诊即可。在发烧期间，要注意给宝宝补充水分。

怎样和这一时期的宝宝交流

及时回应宝宝的呼唤

这一时期，当宝宝希望有人来陪他玩耍时，就会大喊以引起他人的注意。这时大人应该放下手中的家务，及时回应宝宝的呼唤，这样能够加深亲子间的信赖。此外，宝宝越来越活泼好动，能够自由地翻身移动。这也意味着有发生意外的危险。所以，要加高婴儿床的围栏，不要让宝宝躺在沙发上，收拾好容易误食的东西，做好安全防范，以防万一。

Q 听说宝宝太早会爬和站立不利于成长发育，是真的吗？

A 比其他宝宝发育得稍早些没什么问题。

　　宝宝发育得慢会让人担心，发育得太快同样会让人不放心！并没有太早会爬和站立不利于成长发育的说法。其实，所谓的早也不过是提前1~2个月。宝宝会爬或站立都是因为他能够做到，没有必要阻止他。

Q 宝宝还不会一个人玩耍，怎样才能让他学会一个人玩耍呢？

A 找到宝宝喜欢的东西，给他创造独自玩耍的机会。

　　这一阶段的宝宝，受周围环境的刺激，经常会表现出高兴和不高兴的情绪。宝宝已经能看和触摸到各种事物，发现自己的兴趣，但还不会一个人玩耍。再过一段时间，宝宝就会拿着自己喜欢的玩具玩起来。寻找宝宝喜欢的玩具，并给他创造出独自玩耍的机会吧！

Q 宝宝从来都不咿呀学语，笑的时候也不发出声音，是不是发育比较迟缓？

A 如果宝宝能听见，哭泣时也能发出声音，就没问题。

　　宝宝出生2~3个月后，就可以发出"啊""呜"等声音，咿呀学语。虽然这是语言能力发育的基础，但不经常咿咿呀呀并不代表发育迟缓。如果宝宝能听到声音，能转向发出声音的一侧，并能哭出声来，就不必太担心。如果只是露出笑脸，没有发出笑声，也可能是性格原因。

Q 无论身边有什么东西，宝宝都往嘴里塞。我担心宝宝会误食异物，而且这样不太卫生。

A 不要把较小的物体放在宝宝周围，把宝宝可能会舔舐的东西清理干净。

　　宝宝会通过舔舐来认识手中的东西。宝宝在意很多事物，证明他的大脑正在发育成长。在一段时间内，宝宝会一直通过舔舐来认识事物，所以最好不要把容易吞下去的小物件放在宝宝能够得到的地方。至于卫生问题则不必太紧张。把宝宝可能会舔舐的东西细心擦好、洗好，保持清洁即可。

Q 宝宝到现在还不会翻身，会不会和经常抱着他有关系？

A 不是宝宝发育迟缓，但要多给宝宝提供活动身体的机会。

　　7个月大还不会翻身的宝宝并不罕见，不能因此认为宝宝发育迟缓。再过一段时间，宝宝自然就会翻身了，再等几天！宝宝经常被抱着，自己活动身体的机会就会变少，这样确实会延迟宝宝学会翻身的时间。尽量想办法多为宝宝提供一些自由活动身体的机会吧。

Q 有人说对眼就是斜视。这种情况会随着宝宝逐渐长大而自然痊愈吗？

A 咨询一下儿科医生，有必要的话进行眼科治疗。

　　斜视大概分为两类：看向前方时单眼或双眼向内侧偏的内斜视和向外偏的外斜视。婴儿两眼间距较宽，受婴儿特殊脸型的影响，眼睛有时看起来像内斜视，这被称为"假性内斜视"，并不是真正的斜视。患有斜视的宝宝，用带闪光灯的相机从正面给他照相时，闪光会偏离宝宝的黑眼球。担心的话可以去儿科咨询一下，看看有没有必要进行眼科治疗。

6 ~ 7个月

开始能坐起来，进入立体的三维世界！

体型标准		
男宝宝	身高 **64.0 ~ 73.0** cm	
	体重 **6.66 ~ 9.97** kg	
女宝宝	身高 **62.6 ~ 69.8** cm	
	体重 **6.23 ~ 8.67** kg	

手

不仅会用手拿东西，还能把拿在左手的东西转给右手。而且，知道用左手去拿左边的东西。宝宝开始能够区分左右。

表情

用表情传达信息，用自己的办法达到自己的目的，例如，想要妈妈时就会哭闹。

腿·腰

能在短时间内独自坐稳，腰部的力量越来越强。现在宝宝还不能坐很长时间，需要再过一段时间他才能挺直脊椎坐着。

现在，宝宝每天可以吃 2 次辅食，可以的话最好和宝宝一起用餐。一家人围坐在餐桌前，慢慢磨合彼此的生活习惯。可以从这一阶段开始形成生活规律，睡觉前给宝宝穿上睡衣，起床时再给他换上日常的衣服。最好白天让宝宝尽情地玩耍，晚上让他按时睡觉。让宝宝明白"每天要按照一定的规律生活"。健康的生活规律对宝宝的身心成长非常重要。

身体　通过翻身移动身体，用手撑住身体坐着

　　大多数宝宝都能灵活地翻身了，有的甚至还能自由地翻来翻去。这一阶段，很多宝宝还坐不稳，但有些宝宝可以把手放在身前，坚持坐一会儿，快倒时会用手撑住身体。另外，眼看手动的手眼协调能力也有很大进步。

可以用手撑着坐稳

来回翻身移动身体

宝宝能左右翻身，还能从俯卧翻身、仰卧翻身，活动更加自由。宝宝会通过多次翻身移动身体，向目标靠近。

这个阶段的宝宝还处于将两手撑在地板上的前倾姿势时期。再过不久，宝宝上半身的肌肉和神经发育成熟时，就能够坐住了。

取下盖在脸上的手绢

把手帕盖在宝宝的脸上，宝宝会自己用手取下来。然后看一看，把手帕捏在手中。这就是手眼协调。

五感　能听见微弱的声音，通过舔舐认识握在手里的物体

舔舐抓起的玩具

　　宝宝已经能区分出各种各样的声音和家人的声音。喜欢伸手去抓眼前的人或物，并反复这种探索行为。经常把抓到的东西塞到嘴里，通过舔舐来认识物体。会用左右手换着拿手中的东西，还会拿东西敲桌子。

注意到收音机发出的声音

宝宝对声音的反应很敏感，听到电视或收音机发出的声音时，会向发声一侧张望，或是一点一点地靠近，伸手去摸。

通过饮食丰富味觉

吃辅食1个月后，宝宝逐渐习惯了吃东西。最好喂他吃不同味道的食物，丰富他的味觉。

宝宝发现玩具后，会先用眼睛确认，然后伸手去够，他能准确地抓到并通过把玩具塞到嘴里来认识物体。

心理　　越来越觉得妈妈与众不同

　　宝宝清楚地认识到妈妈、爸爸，以及其他经常照顾自己的人非常特别，他也会用特殊的反应表达出这种感觉。而且，想要什么东西时，宝宝会发出声音告诉身边的人，还非常喜欢玩"躲猫猫"的游戏，与其他人的交流也增多了。

看到妈妈的脸就会笑

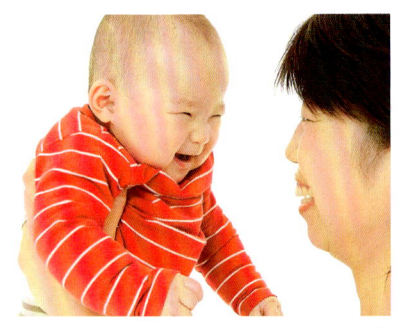

只要和妈妈对视，宝宝就会笑起来。被其他人抱着时，只要妈妈一伸手，宝宝就会高兴地向妈妈探身。

喜欢玩"躲猫猫"

妈妈把脸遮住时，宝宝会很不安，再看到妈妈把脸露出来时，就会放心地笑起来。宝宝很喜欢反复地玩这种游戏，能够培养宝宝的期待感和对妈妈的信赖感。

发出声音指示想要的东西

呜呜

宝宝的手已经能自由活动，所以会伸手去拿自己想要的东西。拿不到时，就会发出声音或哭泣来告诉大人。

育儿专栏 7

夜啼还会持续，要耐心照顾

　　这一阶段，很多父母都会被宝宝夜啼困扰。大部分宝宝夜啼的原因难以解释，但如果宝宝白天比较兴奋，晚上就会夜啼。据说，这一时期的宝宝的身心成长十分明显，每天都有新体验，所以容易夜啼。有的宝宝会整夜哭闹，有的只哭 10 分钟左右，哭闹方式也各不相同。治疗夜啼没有特效方法，不过可以把宝宝抱到阳台试一试，让他呼吸一下外面的空气，转换一下心情。总有一天会宝宝会不再夜啼，在此之前，如果妈妈感觉烦躁，就让家人帮着照顾一下！

怎样和这一时期的宝宝交流

观察宝宝的需求，主动带宝宝外出

　　除了生理需求外，当够不到自己想要的东西时，宝宝也会变得焦躁，会经常因为这种情绪性需求而哭闹。这时，最好尽量满足宝宝的需求。这一阶段是允许宝宝"任性"的阶段，也是宝宝通过自己移动身体，体验、学习的阶段。建议给宝宝玩一些能发出声响的或需要自己动手的玩具，多带宝宝外出，看看外面丰富多彩的世界。不过，发生误食的危险性大大提高，要多留心宝宝周围的环境。

58

Q 宝宝不习惯趴着，我担心这样下去宝宝不会爬。

A 想办法让宝宝能心情愉悦地趴着。

宝宝不喜欢趴着，一定有他的原因。试着和宝宝一起趴着，和他对视。妈妈笑着陪在身边会让宝宝很有安全感，也许这样就会渐渐习惯趴着。另外，很多时候宝宝的成长发育并不完全与育儿书说的一致，甚至有些宝宝直到会走之后才会爬。

Q 宝宝出生时就很重，我担心他会长得太胖。虽然医生说没事，但我还是有些担心。

A 只要宝宝按照自己的速度成长就不必担心。

既然医生已经说没事了，就不必再担心。只要宝宝的体重按照《母子健康手册》上的生长曲线增长，就表明宝宝的发育状况正常。没有必要担心宝宝出生时就很重，或者超过了平均体重。如果宝宝的体重突然猛增，可能是零食吃得太多了。最好在吃正餐的时候，让宝宝好好吃饭。

Q 宝宝总是偏向一个方向，体检时医生说是"斜颈"，这种情况能自愈吗？

A 如果是习惯性斜颈就能自愈。

斜颈分为肌性斜颈和习惯性斜颈。肌性斜颈是指颈部肌肉中有肿块且僵硬，歪斜的脖子无法向反方向倾斜。习惯性斜颈则是经常偏向同一方向形成的颈部倾斜。如果宝宝是习惯性斜颈，只要他能够翻身，就可以自愈。大多数肌性斜颈也可以自愈，但最好咨询一下儿科医生。

Q 宝宝非常喜欢玩"举高高"，但我担心会患上摇晃综合征。

A 不要猛烈地摇晃宝宝，在1岁之前，也不要把宝宝举得过高。

婴儿摇晃综合征是指大脑尚未发育成熟的婴幼儿被猛烈摇晃后，造成脑部损害。正常的哄逗不会造成摇晃综合征。但对于头部较重、颈部肌肉较弱的宝宝，最好不要剧烈地摇晃他。在1岁以前要多注意这一点。

Q 宝宝不会翻身，而且，抬起上半身又躺回来。这样没事吗？

A 如果宝宝一直发育正常，就不必担心。

如果有人扶着，宝宝能坐起来吗？能俯卧翻身吗？如果能完成6个月大的宝宝能做的其他动作，只是不会翻身，在发育方面就没有问题。宝宝会翻身的时间差异比较大，冬季穿得比较厚，不便于活动，也可能导致宝宝翻身较晚。此外，体型较大的宝宝，也会稍晚一些。

Q 女宝宝的阴部出现红肿，是不是生病了？

A 可能是尿布疹，也可能是念珠菌性皮炎。

最有可能是尿布疹。女宝宝阴部的褶皱较多，换尿布时，经常会因为没有擦干净而引发尿布疹。所以平时的护理非常重要，最好把褶皱部分轻轻拉开、擦干净。如果已经患上了尿布疹，用水清洗后擦干会很有效。如果依然红肿可能是念珠菌性皮炎。念珠菌性皮炎的治疗方法和尿布疹不一样，最好前往儿科就诊。

7~8个月

能够稳稳坐住，还会有"目的"地发出声音呼唤大人做某事

体型标准		
男宝宝	身高 **65.1 ~ 74.03** cm	
	体重 **6.91 ~ 10.26** kg	
女宝宝	身高 **63.9 ~ 71.0** cm	
	体重 **6.44 ~ 8.98** kg	

手

能用拇指和其他 4 根手指抓住较小的东西。渐渐会用两只手玩更多的玩具，还会搭积木。

表情

开始认生，除了妈妈、爸爸和其他亲近的人，见到陌生人就会开始哭闹，把脸藏到抱着自己的妈妈或爸爸的臂弯里。

当宝宝能挺直背部，独立坐着时，宝宝的视野就扩展到了上下左右四个方向。不必用手支撑身体，两只手便能自由活动，这样宝宝就可以用手去做其他事情。看到自己想要的东西时，有的宝宝会把腹部贴在地面上，慢慢向前挪动。好奇心是宝宝成长发育的原动力。

腿·腰

坐着时，能把腰挺直坐稳。腿部力量增强。把双手放在宝宝的腋下向上撑起宝宝，让宝宝两脚触碰地面时，宝宝的脚会用力踢地面。

身体　能够坐稳，蠕动爬行

之前坐不稳的宝宝，到现在都能坐稳了。而且，有些宝宝不用手撑着，也能挺直背部坐着。宝宝不仅会通过翻身向前移动，有的还开始把腹部贴在地板上，蠕动爬行。手指的活动能力进一步发展，能灵活地抓住物体。

不用手撑着也能坐稳

蠕动爬行

当面前有自己想要的东西时，有些宝宝会用腹部贴着地面，手向前伸，蠕动着向前爬行。有时手臂用力过大，还会向后退。

用拇指和其他 4 根手指抓东西

之前是手指向内弯曲按住物体，移近后再握住拿起。现在变成用拇指按住物体，弯曲其余 4 根手指，把东西抓起来。

有些宝宝可以挺直背部，手拿玩具稳稳坐住，有的还能就这样坐着转身。

五感　意识到与物体之间的距离，任何东西都要咬一咬

宝宝的立体视觉机能发育成熟，感觉到物体具有立体感，并意识到自己和物体间存在距离。这一阶段，宝宝渐渐具有平衡感。比起平时经常玩的会动或会发声的玩具，宝宝更喜欢探索日用品。开始长牙后，宝宝会感觉牙龈痒痒的，所以无论什么东西都要用牙龈咬一咬。

对日用品很感兴趣

会把钥匙、钥匙扣、勺子和鸡蛋等日用品握在手中，或者舔一舔，充分利用自己的五感来认识物品。

开始长牙，牙龈发痒

这一阶段的宝宝依然是通过舔舐来认识事物。宝宝开始长牙，牙龈会痒痒的，所以经常能看到一些宝宝把东西放在嘴里咬来咬去。

坐着伸手去抓东西

随着立体视觉机能的发育，宝宝已经能准确判断自己与物体间的距离。所以，宝宝坐着伸手去抓玩具时，能准确地抓到。

开始认生，模仿妈妈

通常，宝宝会和经常照顾自己的人建立起亲密关系。每个宝宝的情况不一样，但从这个时期开始很多宝宝表现出明显的认生，也从这一阶段开始夜啼。宝宝夜晚哭闹的确令人疲惫不堪，但过一段时间就会恢复正常。另外，有些宝宝已经开始模仿妈妈的声音和动作了。

非常认生

看到陌生人，宝宝或是不笑，或是惶恐地紧紧抱住妈妈。认生表明宝宝的情商和智商都有所成长，深深信赖着妈妈。

发出声音让大人帮忙拿想要的东西

很多宝宝在够不到自己想要的东西时，就会撒娇。不过在这一阶段，宝宝会发出声音让周围的人帮忙，有意识地提出要求。

开始夜啼

目前，婴儿夜啼的具体原因尚不明确，但有多种说法。如，宝宝开始有记忆力、在睡觉时做梦；宝宝开始有智商，白天发生的事刺激了宝宝。至于到什么时候宝宝才不会在晚上哭闹，会因人而异。

育儿专栏 8

**开始认生，
有时见到爸爸也会哭**

认生是宝宝区分妈妈、爸爸等身边的人和外人的一种表现，也是宝宝智力成长的表现。宝宝认生会让妈妈感觉很尴尬，但这是宝宝成长的一个重要过程，不要太介意。爸爸每天工作早出晚归，宝宝平时见不到爸爸，所以有些宝宝也会对爸爸认生，让爸爸很受打击。但过一段时间就会好的。爸爸们要尽量早点回家！

怎样和这一时期的宝宝交流

尽量让宝宝做自己感兴趣的事

遇到自己想做的事、想要的东西时，宝宝会发出声音，向身边的大人提出要求。当然，不可能满足宝宝所有的要求，但要尽量让宝宝做他感兴趣的事。如果必须要对宝宝说"不"，最好提前把东西移走，不要让他看到。这时的宝宝不仅会翻身，还会蠕动爬行，活动范围也变得更大，要更加注意防范宝宝误食异物。

Q 我听说使用学步车会影响宝宝腿部和骨骼的发育，这是真的吗？

A 学步车不会影响宝宝腰腿和脊椎的发育，但要防范发生事故。

学步车不会使宝宝的腿和腰变得脆弱，也不会使脊柱弯曲，但使用时要注意防范事故。当学步车被绊住时，宝宝容易连人带车一起摔倒，所以，万全的防护措施非常重要，最好在门厅和有台阶的地方安装栏杆。使用学步车时，大人一定要在旁边。这一阶段，宝宝需要的看护时间更长，大人要耐心！

Q 宝宝喜怒哀乐情绪的变化程度就是宝宝的性格吗？以后会不会改变？

A 现在无法预测宝宝将来的性格。

每个宝宝都有自己的个性。而性格不能用好坏来衡量。性格是宝宝的本性，但并不会一成不变。人在成长的过程中要学习很多东西，还是关注宝宝的成长吧！

Q 宝宝在家看不见我就会哭闹，而且我不陪着他，他就不肯睡午觉。

A 这是宝宝成长的表现，开始黏人。

宝宝开始黏人，说明他认识到妈妈非常特别。这一阶段妈妈会很累，宝宝非常需要妈妈的陪伴，其他人也帮不上忙。所以妈妈们最好先放下手里的家务，安抚宝宝。再过一段时间，宝宝就能独自玩耍了。

Q 宝宝越来越喜欢捣乱，比如咬电线之类的。应该用多强硬的语气和宝宝说"不可以"呢？

A 最重要的是为宝宝营造不被责骂的环境。

这一时期，宝宝的好奇心越来越强烈，被大人认为是捣乱的行为，其实只是宝宝想满足自己的好奇心。尽量为宝宝营造一个不被责骂的环境。想办法把危险等东西收起来，不要让宝宝拿到。宝宝越长越大，活动范围越来越广，发生意外的可能性也越来越高，所以要认真做好防范工作。一定要对宝宝说"不可以"时，要认真、坚定地告诉他。

Q 宝宝能坐了，但还不会翻身。医生说这样学会爬和站立的时间也会比较晚。

A "坐"是宝宝成长发育中非常重要的一个环节。

宝宝的肌肉还不结实，又有脂肪，所以身体会软软的。通常，宝宝的肌肉会逐渐长结实，不必担心。"爬"之所以对婴儿的成长很重要，是因为爬行可以促进婴儿肌肉和神经的发育。"坐"也是婴儿成长发育过程中非常重要的一个环节。既然8个月大的婴儿能坐，就不必太担心，不放心的话可以去儿科检查一下。

Q 宝宝晚上会哭闹，要吃完奶才肯睡觉。是不是应该停止夜里喂奶？

A 既然喂奶能让宝宝不哭，就可以继续喂。

如果喂奶能使宝宝停止哭闹，就可以在夜间喂奶。让宝宝停止夜啼的方法多种多样，最好根据宝宝的需求来决定。如果宝宝的体重增长过快，晚上可以试着用白开水来代替母乳。另外，如果宝宝一吃奶就停止哭闹，很可能是睡前没有吃饱，或者是乳汁分泌不足，可以再给宝宝喂些奶粉。

8～9个月

用适合自己的姿势爬行，在好奇心的驱使下到处探索

体型标准		
男宝宝	身高 **66.2 ～ 75.5** cm	
	体重 **7.15 ～ 10.49** kg	
女宝宝	身高 **65.2 ～ 72.1** cm	
	体重 **6.62 ～ 9.22** kg	

腿·腰

能从蠕动爬行的姿势直起上身坐起来。这是自由活动能力从头部开始向下半身发展的表现。大部分宝宝都会爬了。

表情

越来越认生，看不到妈妈就会害怕，有些宝宝还会哭着要妈妈。宝宝会爬后进入黏人的时期。

手

指尖更加灵活，抓东西的动作也越来越熟练。越来越多的宝宝都能用手抓取辅食。差不多可以开始练习使用勺子了。

宝宝的爬行动作更加像模像样，蠕动爬行的水平也有所提高。这一时期，大人最重要的任务就是保护宝宝的安全。千万不要有"宝宝还爬不到这里所以没关系"的想法。宝宝的智力已有显著的提高，能模模糊糊地理解大人说的话，比如宝宝听到大人说"吃饭啦"，就会爬到餐桌前。

身体　开始爬行，手指的发育越发成熟

这一阶段，大多数宝宝都能坐稳。能够坐稳就意味着宝宝的自由活动能力已发育到脊柱末端。"坐稳"是宝宝颈部挺直后，自由活动能力发育的第二个重要阶段。大部分宝宝在这时都能够爬行了，甚至有些宝宝能越过爬行阶段，直接扶着物体站起来。

用两只手拿杯子

爬行

宝宝的爬行姿势多种多样，有些宝宝仍然是蠕动爬行，有些宝宝用四肢爬行。无论哪种姿势，"想动""想去那儿"的欲望与熟练的爬行动作紧密相连。

换手拿东西

可以用右手拿起积木等较大的、容易拿起的东西，然后用两只手拿住，再换用左手拿住东西。

能坐稳的同时，手指也更加灵活，能用两只手拿住物体，还能用双手拿住水杯。

五感　听到呼唤就会转身，非常喜欢制造声响

听到有人喊自己的名字时，很多宝宝都会做出反应。求知欲越来越强烈，能爬着去寻找自己感兴趣的东西。喜欢能发出声响的东西，经常敲打物体，像演奏音乐一样高兴。能吃的辅食更加丰富，但也开始挑食。

听到有人叫自己就会转过身来

开始能听懂自己的名字。听到有人叫自己的名字时，就会转过身来，露出一副"有什么事"的表情。

喜欢制造声音

嘭
嘭

宝宝会用手拍打物体，用手里物品敲打桌子。很喜欢让物体发出声音，听到不同的声音时会很高兴。

能吃的食物更加丰富

宝宝能吃的食物更加丰富，能吃富含蛋白质的食物了。多在食物的软硬、大小、做法和味道上下功夫，帮助宝宝探索味觉！

心理　严重认生期。理解话语含义，记忆力增强

这一阶段是宝宝认生最严重的时期，每个宝宝的表现并不相同。宝宝能透彻地理解话语的含义，有想要的东西，就会自己伸手去拿。记忆力也进一步增强，拥有"短期记忆"，会寻找从眼前消失的东西。

寻找藏起来的玩具

"虽然看不见了，但还在那里"，宝宝开始拥有这种短期记忆，能找到用毛巾盖住的玩具。

伸手指自己想要的东西

听到大人说"不行"时会哭闹

能从大人的语气中体会出情绪。当大人以强硬的语气说"不行"时，宝宝就会哭起来。

和以前相比，看到自己想要的东西时，宝宝能更清楚地表达自己的意思，会做出伸手去够的姿势。

育儿专栏 **9**

宝宝开始不知疲倦地黏人，要给予他安全感

从开始认生起，宝宝就能区分出家人和外人，知道妈妈、爸爸是非常特别的人。现在，宝宝变得非常黏人。看不到自己深爱的妈妈或爸爸时，就会一边哭一边爬着去寻找。有些宝宝还会跟进厨房，让妈妈无论是做饭还是上厕所都很麻烦，无计可施。但是，这种情况只是暂时的。不妨在做家务时背着宝宝，在他哭闹时和他说说话，给他一些安全感。

怎样和这一时期的宝宝交流

打造出宝宝可以自由活动的场所，让宝宝放心玩耍

宝宝会爬了，活动范围变大了。宝宝的爬行速度也会变得更快，经常让父母大吃一惊。当然，发生事故的可能性也增加了。所以，在做好安全防范工作的同时，也要打造出一片宝宝可以自由活动的空间，尽量不要对宝宝说"不行"。这一阶段的宝宝渐渐开始理解话语的含义，开始积累用来表达的词汇。最好多和宝宝说说话，增加他的语言储备量。

Q 宝宝不愿意坐着，总想站起来蹦。不经常坐着没关系吗？

A 宝宝想站起来就说明他的腿部发育正常。

很多宝宝不愿意坐着玩，更愿意站起来，也许是因为对较高的地方更感兴趣，这也是宝宝的性格。宝宝双腿能跳跃，表明他的腿部肌肉和神经发育没问题。他只是现在不愿意坐着，而且在成长的过程中，他会自然地坐下来玩耍。所以，如果宝宝不喜欢坐着，喜欢扶着物体站起来行走，就随他去吧，不要太担心。

Q 宝宝睡相不好，睡觉时身子总是踢被子，我担心这样会感冒。

A 大部分是由于宝宝特有的翻身姿势造成的，可以想一些御寒的办法。

据说，人在睡觉时翻身，是在从非快速眼动转到快速眼动睡眠阶段，也就是从深度睡眠转到浅度睡眠。孩子睡觉时大部分时间都处于快速眼动睡眠，而且两种睡眠的交替周期较短，经常会动。像踢被子这样的行为也无法避免。宝宝刚入睡时身上会出汗，最好在他的背部放一块纱布，出汗后再把纱布取出，以防感冒。天冷时还可以给宝宝多穿一件衣服。

Q 宝宝情绪容易激动，只要不顺着他，他就会大声哭闹，真不知道该怎么办。

A 调整室内环境，想办法减轻宝宝哭闹的程度。

情绪容易激动，这是宝宝的性格。宝宝脾气暴躁并不是养育方法不正确造成的，不要自责。室内太热或太冷都会让宝宝不高兴。所以，宝宝哭闹时，最好先检查一下室内环境。不要以焦急烦躁的态度对待宝宝，否则反而会让宝宝哭得更厉害。最好把宝宝抱起来，安抚他，带他出去散散步，转换一下心情。

Q 父母都是夜生活型的，中午12点才会起床。一直继续这种生活方式，会不会影响宝宝？

A 考虑到宝宝今后的生活，最好选择正常的生活方式。

近10～20年，宝宝入睡的时间越来越晚，最主要的原因就是大人的生活方式。在爸爸回家较晚的家庭，宝宝睡的也比较晚。不管选择这种生活方式有什么样的原因，考虑到以后要让宝宝去托儿所、幼儿园，最好还是慢慢改成过正常的生活方式。而且，有报告显示，早睡早起有益于孩子的成长发育。

Q 宝宝特别不喜欢洗发水，每天晚上洗头时他都会大喊大叫。他会不会也不喜欢洗澡？

A 想办法让宝宝不再抵触洗发用品。

有不少宝宝讨厌用洗发水，但讨厌到大喊大叫的地步，应该还是有原因的。可能是不喜欢被摁住洗头发，也可能是热水溅到了脸上或洗发水流进了眼睛里。不过，如果是这种宝宝，完全可以顺利地使用洗发水。在宝宝玩玩具时，试着快速地用热水冲洗头发吧！

Q 晚上宝宝会醒来三四次，白天小睡的时间也很短，我担心他会睡眠不足。

A 如果宝宝心情好又有食欲，说明他睡眠充足，不必担心。

有些宝宝只睡一会儿也精力十足，也有些宝宝一直都在睡。到底宝宝应该睡多长时间，不能一概而论。如果宝宝在一天中能高高兴兴地玩耍，很有食欲，就没什么问题。但如果宝宝白天情绪不好，最好想办法让他白天尽情玩耍，晚上早点睡。另外，如果妈妈的情绪不稳定，也会影响到宝宝，让他难以入睡。所以，妈妈的心情也很重要。

9 ～ 10 个月

能从爬行姿势灵活地扶着物体站起来，越来越黏人

体型标准

男宝宝	身高	**67.3** ～ **75.6** cm	
	体重	**7.36** ～ **10.73** kg	
女宝宝	身高	**66.3** ～ **73.3** cm	
	体重	**6.78** ～ **9.42** kg	

表情

这一阶段的宝宝充满了好奇心。在探索的过程中，会表现出吃惊、兴奋等丰富的情感，表情多变。

手

手指更加灵活，能用拇指和食指捏起饼干等较小的东西。不过，误食纽扣之类的异物的危险也大大增加，要多加注意。

腿·腰

宝宝逐渐拥有对下半身的控制能力，能以"小熊爬"姿势，即用脚掌撑住地面、抬高腰部的姿势向前爬，还能扶着物体站起来。

宝宝能够自由爬行后，求知欲也越来越强烈。对语言的理解能力进一步增强，听到"不行"时，就会缩回已经伸出来的手。所以，当宝宝做的事情有危险时，最好用语言来教育他。随着语言理解力的增强，有的宝宝开始喜欢看绘本。建议让他看一些色彩丰富的绘本。让宝宝在心里积累更多的词汇。

身体

扶着物体站立，控制手部活动

大部分的宝宝都已经能随心所欲地爬行了。无论什么地方，只要感兴趣，就会爬过去。宝宝的下半身和腿部也能自由活动了，有的宝宝能扶着物体从坐姿变成站姿。从手部活动开始，宝宝的动作不再那么笨拙，能顺利完成一些精细动作。

互击物体

扶着物体站立

刚开始时，宝宝会用手扶着家具，利用手臂的力量站起来。这时宝宝踮着脚站立还站不稳，但渐渐地会学会用脚掌支撑住整个身体的重量。

用四肢到处爬行

大部分宝宝都能用四肢爬行，其中一些宝宝还会伸直膝盖、抬高臀部，以"小熊爬"的姿势爬行。

之前，宝宝总是用手里的东西去敲击其他物体发出声响。现在，宝宝对手的控制力增强了，会用两只手握住物体，相互敲击发出声响。

五感

手指更加灵活，有些宝宝还会跟随节奏晃动

手指的机能进一步成熟，以前是张开手掌大把地抓东西，现在可以用指尖捏起较小的东西。吃辅食时，总想自己拿勺子或用手抓东西吃，喜欢自己动手。此外，宝宝对声音越来越敏感，很多宝宝一听到音乐，就开始跟着节奏摇摆身体。

吮吸手指

在感觉害怕时，为了平复心情，有的宝宝会吮吸手指，并逐渐养成了这种习惯。有的大人比较介意，但大多数宝宝以后会自然地恢复正常。

伴着节奏摇摆身体

很多宝宝非常喜欢音乐。在这一阶段，宝宝听到音乐不仅心情愉悦，还会伴着有节奏感的曲子或欢乐的音乐摇摆身体。

用手抓东西吃

这一阶段的宝宝总想自我挑战。与大人喂食相比，更想自己动手吃东西。在保证卫生的前提下，让宝宝自己动手吃东西吧！

心理　　黏人，用声音、手或手指表达意愿

　　这一阶段，宝宝不仅认生，还特别黏人。一看不到妈妈就会哭起来。已经能理解简单的话语，为了向大人表达自己的意思，有的宝宝还会发出声音，或者用手、手指指示。看到别人的动作时，宝宝会模仿，会非常关注周围的人。

指向想看的东西

遇到想看一看的东西时，宝宝会通过发出声音或用手、手指指示的方式来让大人明白他的意思。宝宝和妈妈看向同一物体被称为"视觉分享式注意"。这是宝宝掌握语言的基础。

模仿大人说"拜拜"等

拜拜

宝宝会仔细观察大人的行为，有的宝宝还会模仿"拜拜""拍手"等动作。

越来越黏人

宝宝变得更黏人，看不到妈妈就会哭泣或追寻妈妈的身影。宝宝拥有强烈的好奇心，也进入非常不安的时期，所以最好温柔亲切地对待宝宝。

育儿专栏 ⑩

容易患上感冒等病症

　　这一时期的宝宝成长发育非常快，不仅会爬、能扶着物体站起来，还有着非常旺盛的好奇心，特别喜欢到外面玩耍。为了满足宝宝的好奇心，更多地激励宝宝，最好经常带着他外出。但同时，宝宝患上感冒等疾病的危险也会增加。今后还会染上各种各样的流行性疾病，但每次生病都会让宝宝变得更强壮。感冒也是非常重要的经历，但有时会变得很严重。所以，在感冒高发期，不要带宝宝去人多的地方，要做好必要的预防措施。

怎样和这一时期的宝宝交流

尊重宝宝的意愿，
让宝宝体验各种游戏

　　这时的宝宝能快速爬行、扶着物体站立，活动范围越来越大，有时还会让人大吃一惊。一定要注意收拾好房间，例如，把宝宝可能会误食的东西收好，给抽屉上锁等。这一阶段，宝宝特别喜欢玩猜测大人意图的游戏。东西从桌子上掉下来，看到大人帮忙捡起来时，宝宝会非常高兴。其实，这并不是宝宝故意捣乱，而是看到大人对自己的行为有回应而感到高兴。宝宝还特别喜欢玩"送给我了""你拿着吧"这种"互换"游戏。

Q 宝宝不模仿"拜拜"等动作，我担心他是不是发育迟缓。

A 到时间宝宝自然会开始模仿，不要担心。

宝宝模仿大人挥手"拜拜""啪啪"拍手等简单的动作，是心理发育的一种表现。但不能因为宝宝不模仿，就认为他发育迟缓。虽然妈妈尽力想让宝宝模仿自己的动作，但也许宝宝只是不感兴趣。不要太着急，轻松愉快地和宝宝相处，静候宝宝自发地模仿吧！

Q 宝宝的头发很少，我有点担心。听说把头发全部剪掉就会长得浓密。这是真的吗？

A 不必全部剪掉，到 2 岁左右头发就会变多。

每个人头发的生长方式都不同，如果完全不长头发，那就有问题，不是这种情况就不必担心。把头发全部剪掉就会长得浓密的说法并没有根据。最好不要为了长出头发而把宝宝现在的头发全部剪掉。要检查一下宝宝是不是营养不良，如果不是，那么到 2 岁左右，关于头发的烦恼自然就会消除。

Q 宝宝一天中会发呆好几次。虽然喊他时会回头，但我担心这样会不会大脑有什么问题？

A 如果拍宝宝的肩膀时宝宝有反应，就不必担心。

如果大脑异常，很可能是"癫痫"。但你的宝宝可能只是一种小毛病。如果患了癫痫，宝宝在发呆时眼睛会固定不动，黑眼珠会向上翻或向左右偏斜。而且，在他发呆时，拍他的肩膀或和他说话，都没有反应。如果和宝宝说话时他会转身，那就不是癫痫。如果宝宝经常发呆，最好找专家咨询一下。

Q 宝宝黏着爸爸却不黏我。是不是把我当外人了？

A 也许是因为对妈妈非常信赖，所以才不黏着。

对宝宝来说，妈妈当然是很特别的人。不黏着妈妈并不是因为讨厌妈妈，要自信。也许是因为妈妈经常陪在宝宝身边，所以只要能听到妈妈的声音，宝宝就能安心。而爸爸白天外出不在家，会让宝宝很想念爸爸，所以才会黏着爸爸。宝宝发育很正常，放心吧！

Q 宝宝早晨的小便是茶色的，还有异味，是不是生病了？

A 不是生病了，而是说明宝宝的肾脏在工作。

人体血液中的废物经过肾小球的过滤作用后会形成原尿。之后，肾小管会从原尿中吸收走人体所需的成分，浓缩尿液。在新生儿期，这种浓缩尿液的机能尚不成熟，所以宝宝的小便颜色很淡。经过长时间的睡眠后尿出深色尿液，说明宝宝肾脏的机能很正常。如果宝宝无精打采，出现浮肿，就要去儿科就诊。

Q 我不会给宝宝清理耳朵，要不要去医院请医生帮忙？

A 如果有很难清理掉的耳垢，可以去医院看一看。

给宝宝清理耳朵，每周 2 ~ 3 次就可以了。洗完澡后用棉棒轻轻地清理即可。但要注意，如果耳垢堵塞特别严重，宝宝听不清声音，就会使宝宝对声音反应迟钝。如果宝宝耳朵里的耳垢很难清理掉，最好让医生用专用耳朵清洁工具取出耳垢，但没有必要为了清理耳朵定期去医院。

10~11个月

不仅能扶着物体站稳，还开始扶着物体走路；能做的事情越来越多，自我主张也越来越强烈

体型标准	
男宝宝	身高 68.4 ~ 77.8 cm
	体重 7.56 ~ 10.95 kg
女宝宝	身高 67.4 ~ 74.5 cm
	体重 6.96 ~ 9.64 kg

宝宝不仅开始理解大人的语言，自己也会表达"语言"。比如，指向想要的东西，把手里的东西送给别人，吃完后把碗递过去表示"还要"等。宝宝想表达的内容很多，只是还不会用语言表达出来。大人一定要把宝宝的想法转换成语言，询问宝宝"想玩球吧""还想吃吗"等，这样宝宝才能明白语言的含义。

表情

宝宝的自我主张越来越强烈，自己想做的事被限制时，会生气或哭闹，一定要按自己的意愿行事。表情越来越丰富，也更加可爱。

手

指尖更加灵活，能拿起较小的垃圾、按电视开关。经常昨天还不会的事情，今天就会了。所以，大人最好时时刻刻都关注宝宝。

腿·腰

能敏捷地扶着物体行走。有的宝宝能独自站住，并能走两三步。宝宝开始走路的时间都不一样，即使宝宝还不会走，也不必担心。

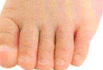

身体　　开始扶着物体走路，会爬着上楼梯

从扶着物体站立成长到可以用双手支撑上半身，移动双脚，扶着物体行走。宝宝在爬行方面有更大的进步，能爬楼梯、越过障碍物，速度更快，力量更强。指尖也更加灵活，能用食指和拇指捏起较小的东西。

用2根手指捏住东西

指尖更加灵活，能用食指和拇指把物体捏起来。

扶着物体行走

从扶着物体站立成长到扶着物体行走。强烈的好奇心和想抓的欲望，是宝宝行动的动力。

上楼梯

爬行动作更加灵活，腰腿更加结实后，宝宝就能上下楼梯。为了安全起见，最好在楼梯处装一道门。

五感　　视野开阔，模仿说话

从躺着到能坐起来，再到站立，宝宝的视野逐渐变高、变广。宝宝依然会通过把物体塞到嘴里来认识物体，但也会模仿大人说话。经常对周围的事物表现出强烈的好奇心，吃饭时很难集中注意力，没吃完就走开了。

不吃完就走开

宝宝的情感变得更加复杂，情绪变化不定，同一件事情还没做完就放弃了。吃辅食时，如果对周围的事物感兴趣，就会中途走开。

任何东西都抓起来往嘴里塞

对感兴趣的东西，宝宝会用手拿起来，塞到嘴里确认的"学习"仍在继续。宝宝的手指更加发达，可以拿起特别小的东西，所以要小心宝宝误食异物。

模仿大人发出的声音

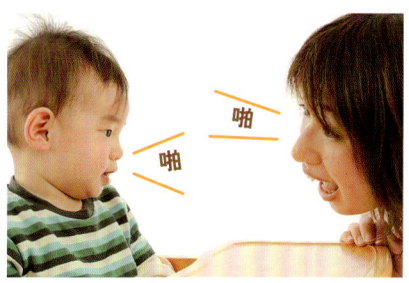

啪　啪

宝宝开始模仿大人说话，能发出"啪——""嘛——啊"等声音。还能发出更多听起来包含有一定意义的声音。

表现出明显的不情愿，任何事物都要确认

宝宝的手更加灵活，对很多事物都充满了好奇心。有些宝宝特别爱捣乱，偏偏要打开装有危险物品的箱子，还把里面的东西拽出来。不想让宝宝打开的抽屉或柜子要锁好。宝宝的自我意识越来越强，不高兴时还会用哭闹来抵抗，让大人们非常头痛。

拿抽屉里的东西

宝宝会不假思索地把抽屉里的东西拽出来。宝宝特别喜欢往外拿东西，所以，要把危险物品放在宝宝拿不到的地方。

专心自己玩

宝宝看着很安静，其实他正在捣乱的情况越来越多。有时宝宝一个人也能玩得不亦乐乎。

不顺心就哭闹不休

宝宝的自我意识更加强烈，自己想做的事情被阻止时，就会哭闹不休，激烈地反抗。对这种情况冷处理即可。

育儿专栏 ⑪

慎重选择第一双鞋

直到 18 岁左右，人的脚才会发育成熟。刚出生的宝宝，脚部的骨头只是排列在一起，而且都是非常软的软骨。随着成长发育，脚骨变得越来越硬，直到 18 岁左右才完成骨化。宝宝的脚比较软，即使是不合脚的鞋子也能穿进去，但这会阻碍宝宝脚部的正常发育。所以，给宝宝选择鞋子是一件非常重要的事情。买第一双鞋时，最好亲自去店里购买，咨询售货员，为宝宝选一双合脚的鞋。

怎样和这一时期的宝宝交流

不要忽视宝宝发出的信号，要多和宝宝说说话

有的宝宝已经能说出"爸爸""妈妈"这样简单的词语。不过，每个宝宝会说话的时间都不一样，所以，即使宝宝现在还不会说话，也不必担心。大人要多关注宝宝感兴趣的事物，把宝宝的动作、表情和心情用语言表达出来。此外，也可以看着宝宝的脸，慢慢地和他说一些容易理解的话语。还可以和宝宝一起玩一些满足他的好奇心的游戏。

Q 宝宝会爬来爬去，让我根本不敢做别的事情，真想让宝宝坐着静静地玩。

A 把有危险的东西收起来，让宝宝随便爬吧！

有些宝宝看到感兴趣的东西就会爬过去。作为大人，要一直看着宝宝确实很辛苦，但培养宝宝的好奇心也非常重要。把有危险的东西收起来，整理出一片安全的空间，让宝宝自由地爬吧！宝宝爬累后给他玩具，或许他就会坐下来玩了！

Q 宝宝一点儿也不认生，是不是智力发育有问题？

A 有不认生的宝宝，每个宝宝认生的程度都不一样。

一般来说，宝宝从 6～7 个月大时开始认生，这是宝宝能区分重要的人和其他人的表现。因此，有的妈妈就会担心不认生的宝宝在精神方面的发育有问题。其实，如果家里经常来客人，宝宝就有机会接触很多人。在这种情况下，有些宝宝就不认生，或者只有一点点认生。如果宝宝不笑，也不与他人对视，要去儿科咨询一下医生。

Q 宝宝还不会坐和爬，是哪里不正常吗？

A 最好去做一下体检，检查一下整体的发育情况。

也许确实是发育比较迟缓。但问题是，宝宝真的不会坐吗？一说到"坐"，很多人想到的是挺直脊背，稳稳坐着的姿态。其实，坐还包括身体微微向前倾，用手撑住身体的姿势。如果宝宝能这样坐着，那他的发育很正常。每个宝宝的发育状况都不同，可以在做 9～10 个月的体检时咨询一下医生。

Q 宝宝不太会用吸管和带手柄的杯子。有没有什么好办法，教一教宝宝？

A 先让宝宝用杯子练习啜饮，然后再用吸管。

先让宝宝练习用杯子啜饮。大人可以拿着杯子，稍稍倾斜，把饮品一点一点地倒入宝宝口中。等到宝宝能自己啜饮时，再改为拿着杯子，让宝宝明白需要把杯子倾斜一下才能喝到。最初，宝宝可能只是把吸管衔在嘴里，大人可以从侧面轻轻地挤压果汁盒，帮助宝宝喝到果汁。

Q 跟宝宝做"给你给我"这种互换游戏时，宝宝都不跟着学。会不会有什么问题？

A 妈妈要多跟宝宝说说话，边和宝宝做游戏边观察宝宝的状态。

这一阶段的宝宝会开始模仿大人。作为心理发育标准，体检时，医生也会检查宝宝是否会模仿。不过，有些宝宝不模仿只是不感兴趣，还有些则是不喜欢模仿。不要强制性地教宝宝模仿，在日常生活中经常和宝宝说"给我吧""拍拍手"，并和宝宝一起做游戏即可。如果宝宝过了 1 岁还不会做这样的游戏，最好去儿科咨询一下。

Q 宝宝经常摔倒，容易碰到头，这样会不会影响大脑或智力的发育？

A 宝宝摔倒后情绪还很正常的话，就没问题。

宝宝摔倒时，还不会像大人那样用手撑住，所以经常会碰到头部。但因此摔成重伤的很少见。如果宝宝只是摔倒后大哭，过一会儿就忘得一干二净，又变得非常高兴，就不必担心。但如果宝宝摔倒后不怎么动，一直发呆，喊他的名字也没反应，就要注意了。一旦宝宝出现呕吐、抽泣、脸色发青的症状，要立即送往医院急救。

11个月～1岁

进一步理解语言的含义，学着说话；有的宝宝能
独自站立，开始走路

体型标准		
男宝宝	身高 **69.5** ～ **78.9** cm	
	体重 **7.73** ～ **11.18** kg	
女宝宝	身高 **68.5** ～ **75.6** cm	
	体重 **7.14** ～ **9.85** kg	

这一阶段，宝宝的语言理解能力进一步增强。虽然还是嘟嘟囔囔地说一些父母听不懂的话，但仔细听就会发现宝宝说的多数是"b""p""m"这样由发辅音拼成的词语。这一时期，宝宝最容易说的就是"爸爸""妈妈"，以及一些家人经常说的词语。

表情

听到"拜拜"时，宝宝也会摆摆手；听到"给我吧"时，宝宝会把玩具递到别人手里，很喜欢和别人交流。

手

指尖的力量很大。一些容易开启的瓶子，宝宝能开启或盖上瓶盖。此外，还能熟练地把勺子送到嘴里。

腿·腰

大多数宝宝都会爬或者扶着物体走几步。有时会往沙发上爬，有时还会跨过障碍物，所以有发生意外事故的危险，大人要更加细心地看护。

身体　能够独自站立，手指相当灵活

大多数宝宝到了1岁都能灵活地爬行，还能上下椅子等。有的宝宝在扶着物体走路时，能把手移开，独自站立几秒钟。手指已经能做一些更加细致的活动，像按开关，抓取和堆叠东西。

能独自站立数秒钟

宝宝能够扶着物体熟练地走动后，虽然有些摇摇晃晃，但也能独自站立一会儿。发育较快的宝宝能独自行走。

按按钮，旋转按钮

宝宝的手指越来越灵活，对手指按得动的开关非常感兴趣。特别喜欢用手指按下去，再按回来。

堆起2块积木

手指非常灵活，喜欢开启或盖上容器的盖子、用手把勺子里的食物送入嘴里等，还会把2块积木叠在一起。

五感　能听到远处的声音并模仿

较远的事物还不能进入宝宝的视野中，宝宝也不清楚自己面对的究竟是什么。但是，宝宝的听力非常好，会模仿大人说话，能配合音乐节奏兴奋地摇摆身体。宝宝的语言理解能力进一步提高，越来越多的孩子能说出"饭饭"这样具有一定含义的只言片语。

模仿大人说话

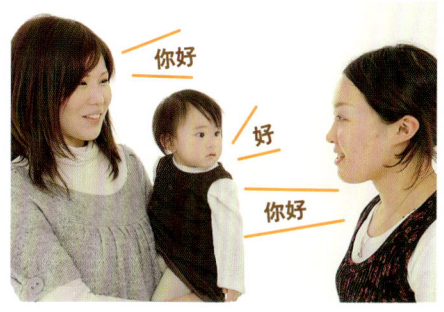

你好

好

你好

越来越多的宝宝都能说出一两句具有一定含义的话语，听出声音的差异，并能模仿大人的语言和语调。而且，被问到"爸爸在哪里？"时，宝宝会直接看向爸爸的方向。

看不见远处的物体

这时的宝宝还不太关注较远的事物，看不见远离身边的物体。如果妈妈指向远方，宝宝会看向妈妈的手指。

选择一双不妨碍足部感知的鞋

刚开始行走时，宝宝会蹭着地走，最好选择鞋底和地面摩擦较小的鞋子。鞋底较软的鞋子更易感知地面，给宝宝选一双大小合适的鞋子吧！

　　　　　把记忆和动作联系起来，记忆力提高

　　经常和宝宝做"给我吧""你拿着"的互换游戏，慢慢地宝宝就会把语言和动作联系起来。宝宝的记忆力提高了，对玩得很开心的游戏，会期待"再玩一次"。只要摆出同样的动作，宝宝就会变得非常高兴。宝宝仍然热衷于模仿大人说话，有时还会一边听大人们说话，一边认真地观察大人们的口型。

能对"给你"等话语做出回应

玩互换游戏时，妈妈伸出手说"给我吧"，宝宝就会把手里的物品递给妈妈。还会记住物品摆放的位置。

被从后面追赶时，兴奋地逃跑

大人边喊"等一等"边追赶宝宝，如果这个游戏给宝宝留下了愉快的记忆，下次只要一喊"等一等"，宝宝就知道自己会被追赶，会充满期待地逃跑。

喜欢模仿大人说话

语言能力逐日进步。虽然还不能清晰地说出话来，但能明白大人说的话是什么意思。无论大人说什么，宝宝都会努力地模仿。

育儿专栏 12

按照当地的风俗庆祝宝宝的生日

　　日本没有庆祝生日的习俗，只有在宝宝1周岁生日时，会召集亲朋好友，为宝宝举行一场盛大的生日聚会。在聚会上，会让宝宝先背着"诞生饼"走路，再让宝宝踩在诞生饼上，为宝宝的健康成长和未来生活祈福。男宝宝面前要摆上算盘、笔、砚台，女宝宝的面前摆上尺子、针、线，让宝宝抓周，以此预示未来。当然，每个地方都保留着各地的风俗。最近，越来越多的家庭选择与爷爷奶奶、外公外婆聚餐，向亲近的人发送宝宝1周岁照片的方式庆祝宝宝的生日。

怎样和这一时期的宝宝交流

反复和宝宝说话，
培养宝宝的语言表达能力

　　当宝宝开始意识到语言也有意义时，就能进一步理解大人的话语。有的宝宝能说出"妈妈"等具有一定意义的话语。和宝宝说话时，最好多重复几遍，像"嘟-嘟-""真好吃、真好吃"等，更容易让宝宝理解。宝宝能扶着物体行走后，他的手就能够到桌子上的东西。所以，不仅是地板上，所有危险物品都不应出现在宝宝视线高度的范围内。最好重新检查一下家中的安全状况。

Q 宝宝一颗牙都没长，什么时候才能长牙？

A 每个宝宝长牙的时间和方式都不一样，在 1 岁之前要仔细观察。

大多数宝宝在出生 5 ~ 8 个月后就开始长牙，到 1 岁左右，宝宝会上下各长出 4 颗牙。但这只是大致的情况。每个宝宝长牙的时间和方式都不一样。如果宝宝到现在还没长牙，但等到 1 岁时，萌出了 1 颗牙的话，就不用担心了。摸一摸宝宝的牙床，如果感觉有较硬的东西，就可以放心了。如果还是很担心的话，可以去儿科咨询一下。

Q 每个玩具宝宝玩的时间都不长，他会不会是个没有耐性的人？

A 证明宝宝的好奇心很强。还有其他的东西让他感兴趣。

即使是 2 ~ 3 岁的宝宝也会不断玩不同的玩具，兴趣多变，所以不能专注地玩同一个玩具没什么问题。而且，宝宝的好奇心旺盛，对很多东西都感兴趣，是一件非常好的事情。但要考虑一下给宝宝的玩具是否符合他的发育状况和兴趣。从现在开始，观察宝宝对什么东西感兴趣，最好和宝宝一起玩玩具，向他展示更多的游戏。

Q 据说人体是在夜间分泌生长激素的，如果宝宝熬夜，会不会成长比较迟缓？

A 最好让宝宝早睡早起，培养良好的生活习惯。

生长激素在晚上 11 ~ 12 点分泌，但入睡 1 个小时仍未进入深度睡眠的话，也不会分泌。所以，最晚也要在晚上 10 点左右哄宝宝入睡。早上 8 点左右起床，让宝宝在上午活动身体，这很重要。如果宝宝熬夜，睡到中午才起床，就无法养成固定的生活规律。为了宝宝的成长，最好让他养成早睡早起的好习惯。

Q 宝宝从多大开始练习刷牙比较好？

A 1 岁左右即可。如果使用橡胶牙刷，还可以更早一些。

宝宝长到 1 岁左右后，可以吃的食物种类多了，这时就可以培养宝宝刷牙的习惯了。可以让宝宝用橡胶制的婴儿专用牙刷练习刷牙。也可以在宝宝还没长牙时就让他练习刷牙，但要注意不要让他对刷牙产生逆反。无论较早还是较晚开始练习刷牙，刚开始时，宝宝都不喜欢刷牙。好好想想怎样教宝宝刷牙吧！

Q 怎样教育宝宝"不能做让别人讨厌的事"？

A 妈妈不要太生气，要看着宝宝的眼睛，耐心地和他讲道理。

当宝宝掐、打、咬其他小朋友时，妈妈不要太生气。最好每次都耐心地和宝宝说明"不能掐人""不能打人"。即使宝宝不理解大人在说什么，但从大人的表情和语气中也能慢慢明白"不能这样做"。不要放弃，每次都要耐心地教育宝宝。

Q 宝宝一有想要的东西就会歇斯底里地哭闹。是不是因为缺少关爱？

A 每个宝宝表达自我主张的方式都不一样，大人可以用语言回应。

因为还不能用语言交流，所以不少宝宝都会这样。受性格的影响，每个宝宝表达自我主张的方式都不同，在成长中还会受到父母的影响。同时，父母能否认真捕捉宝宝发出的信号，也会影响到宝宝。总之，这不是因为缺少关爱。看到宝宝快要哭出来时，大人可以询问他"是不是想要○○"。

1岁~1岁3个月

大部分宝宝都会走了，会说的话迅速增多

体型标准		
男宝宝	身高	**70.4 ~ 82.1**㎝
	体重	**7.89 ~ 11.95**㎏
女宝宝	身高	**69.5 ~ 79.1**㎝
	体重	**7.39 ~ 10.51**㎏

手

指尖的力量越来越大，手指的操控能力也有所提高。能拧开水龙头，能用手指按钮，还能用蜡笔画点状图案。

表情

情感越来越复杂，会耍赖，也会害羞，流露出来的情感几乎与大人一样。有的宝宝会非常喜欢某个家人之外的特定的人，比如邻居家的叔叔。

腿·腰

这一阶段，越来越多的宝宝开始行走。有的宝宝会迈大步向前走，有的则轻轻地迈出几步就蹲下。对宝宝来说，第一步就是一种冒险。

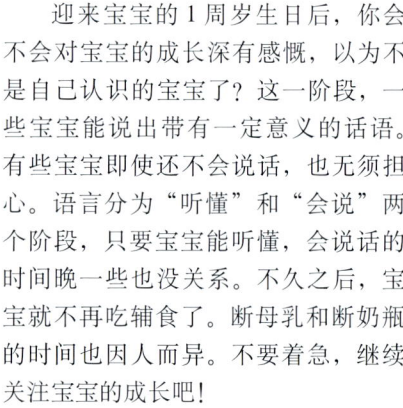

迎来宝宝的1周岁生日后，你会不会对宝宝的成长深有感慨，以为不是自己认识的宝宝了？这一阶段，一些宝宝能说出带有一定意义的话语。有些宝宝即使还不会说话，也无须担心。语言分为"听懂"和"会说"两个阶段，只要宝宝能听懂，会说话的时间晚一些也没关系。不久之后，宝宝就不再吃辅食了。断母乳和断奶瓶的时间也因人而异。不要着急，继续关注宝宝的成长吧！

身体　能一个人行走，向幼儿体型成长

过了 1 岁后，宝宝的体重增速变缓，体型开始脱离婴儿气，变得越来越像幼儿。很多能站立的宝宝，从这一阶段开始能独立行走。有些宝宝虽然具备行走的条件，但由于性格比较谨慎，开始行走的时间会比较晚。

开始独自行走

刚学会走路的宝宝，为了保持身体平衡，会把手臂向上抬起，摇摇晃晃地向前走。但他们进步很快，过不了多久就能笔直地向前走。

用蜡笔乱画

刚开始时，宝宝会拿着蜡笔在纸上"咚咚"敲打，手向左右移动画线条，很高兴。

拿着东西站起来

孩子的腰腿长结实后，开始具有平衡感，即使独自站立也很平稳。还能用两只手拿着东西站立或下蹲。

五感　视野更加开阔，通过亲身体验了解外界

宝宝能扶着物体站立、独自行走后，视点变高了，视野也迅速扩大。随着户外体验越来越多，也越来越了解外界。发现自己知道的事物时，就会指出来告诉大人。

通过亲身体验认识外界

外出时，宝宝会通过看、摸、闻了解外部世界，亲身体验非常重要。

指出自己知道的事物

在绘本中看到自己知道的事物时，就会指出来告诉大人。比如问宝宝"小狗在哪儿"，宝宝就会准确地指出来。

认识三原色以外的颜色

在 1 岁之前，孩子能看到的颜色有红、蓝、黄等，现在还能意识到三原色之外的其他颜色。

　　能说出更多带有一定意义的话语，会模仿着使用日常用品

在此之前，宝宝咿呀学语，经常反复说些没有任何含义的话。现在，他慢慢地能说出更多像"吃饭"这类带有一定意义的语句。有的宝宝会仔细观察大人的动作，学着使用日常用品，比如模仿大人把电话贴在耳朵上说话。看到大人回应自己，宝宝会非常高兴，如果受到表扬，就会反复做同样的事。

能说出有意义的话语

饭饭！

从"啊——"等咿呀语声，到能说出"他他"等意义不明确的话语，再到现在能说出"饭饭"这样带有一定意义的话语。

反复做受到表扬的行为

自己的行为受到表扬后，为了再次受到表扬，宝宝会反复做同样的事。无论宝宝做多少次，大人最好都和宝宝互动。

模仿大人使用日常用品

对大人做的事情非常感兴趣，认真观察后，能准确地模仿着使用日常用品。比如拿起电话说"喂"等。

育儿专栏 ⑬

不好对付的"不"，大人一着急反而事倍功半

宝宝长到 1 岁左右，最让妈妈们头疼的就是宝宝的"不"！宝宝的情绪变化快，昨天还做的事情今天就不愿意做了；或者是明明自己做不到的事，偏要自己做，不让做就大哭大闹……真让人疲惫不堪。但这是宝宝自我意识的萌芽，是宝宝心理成长过程中必不可少的阶段。如果大人着急，情况反而更糟。一定要先弄清楚孩子为什么不愿意。把危险物品收起来，营造出不用跟宝宝说"不行"的环境。如果这样还不行，最好想办法把宝宝带到其他地方，换个环境。

怎样和这一时期的宝宝交流

营造丰富的语言环境，带宝宝外出积累经验

多为宝宝营造能说话、热闹的环境。慢慢地和宝宝说话，把宝宝感兴趣的东西转换成语言说出来。而且，宝宝会走后，对外部世界更感兴趣。所以，尽量多带宝宝出去散散步，或者去公园玩一玩，多接触自然和其他人吧！同时，这一阶段也是宝宝自我主张比较强烈的时期。尽量让宝宝做自己想做的事，满足他的要求，培养孩子的自信心。

Q 宝宝经常黏着妈妈，什么时候他才能和别的孩子一起玩？（1岁）

A 宝宝要到3~4岁才会和其他小朋友一起玩耍。

这一阶段的宝宝想待在妈妈身边很正常。如果不让宝宝跟着妈妈，强行把他拉走，不利于建立母子关系，还可能导致宝宝情绪不稳定。现在最重要的是建立亲子间的信赖关系。到3~4岁时，宝宝才会和其他小朋友一起玩耍。在2岁之前，还是让宝宝尽情地享受爸爸妈妈的宠爱吧！

Q 宝宝喜欢一个人玩，虽然不需要大人帮忙，但父母跟宝宝一起玩会是不是更好？（1岁）

A 也许宝宝很想和父母一起玩。

宝宝从小就会观察父母的表情，猜测父母的心情。也许宝宝很想和父母一起玩，但看到父母很忙碌，就忍了下来。培养宝宝独立玩耍很重要，但宝宝也需要大人的关心。如果有时间，最好邀请宝宝一起做游戏。重要的是，可以在和大人玩耍的过程中教育孩子。

Q 宝宝经常使用左手，是左撇子吗？什么时候才能确定利手？（1岁）

A 利手要到4岁以后才能确定。不需要矫正。

孩子是左撇子还是右撇子，在出生时就已经确定了，只不过一开始两只手都会用。但慢慢地就会经常用一只手，到4岁以后才能完全确定下来。所以，不能因为宝宝现在经常用左手，就认为他是左撇子。即使确定了利手，也不必强行矫正。

Q 宝宝会说很多话，但还不会独立行走。（1岁2个月）

A 看看宝宝的语言、运动能力的发育是否与月龄相符。

语言和运动能力的发育不完全平行。通常宝宝在10个月~1岁3个月时能够独立行走，所以先不要担心。对宝宝来说，独立行走需要勇气，一些性格比较谨慎的宝宝学会走路的时间较晚。如果宝宝长到1岁6个月时还不会独立行走，就要到儿科咨询一下医生。

Q 宝宝总是扔玩具，让我不知怎么办好，能跟宝宝说"不行"吗？（1岁2个月）

A 在比较危险的情况下要严厉地对宝宝说"不行"。

特意把玩具拿到妈妈面前再扔掉这种行为，是宝宝在享受"扔"的快乐，也许他只是想被表扬。认真观察宝宝扔的玩具种类和场所，在比较危险或会损坏玩具的情况下，要严厉地对宝宝说"不行"。

Q 宝宝经常活动，食欲也很好，体重增加却很缓慢。虽然也在生长曲线的范围内，但我还是有些担心。（1岁2个月）

A 体重增长进入了比较缓慢的时期，不必担心。

体重在生长曲线范围内，有些起伏但整体上看在增长就没关系。宝宝长到1岁左右，生长曲线的增幅就会变缓。这一阶段，宝宝吃得多，但也在爬行、走路，运动量非常大，所以体重增速会减缓。宝宝的体型开始渐渐地从胖乎乎的婴儿体型向结实的幼儿体型转变。

1岁3个月~1岁6个月

独立行走的能力更强，表现出来的情感更复杂、细致

体型标准

男宝宝	身高 **73.3 ~ 85.1** cm
	体重 **8.32 ~ 12.65** kg
女宝宝	身高 **72.3 ~ 82.3** cm
	体重 **7.82 ~ 11.29** kg

表情

黏人和认生暂时告一段落。开始对年龄相仿的其他宝宝感兴趣，但还不会友好地共同玩耍，这就需要大人的帮助。

手

会搭积木、会用蜡笔乱画，手部活动能力迅速提高。到1岁6个月左右，会做抛球的动作。

总体上，宝宝已经具备了基本的运动能力，接下来就是掌握节奏的时期。宝宝总是动来动去，不肯安静下来，一会儿走，一会儿跑，有时还蹦蹦跳跳，令人疲惫不堪。但这也说明宝宝逐渐意识到可以通过这些方式使用自己的身体。这一阶段，宝宝非常喜欢绘本，虽然只是翻阅书页，还不能理解书中的内容，但可以积累一些有节奏的语言。所以，多给宝宝讲讲故事吧！

腿·腰

到1岁6个月时，大多数宝宝都能够独立行走，而且还特别擅长攀爬。这一阶段大人最好陪伴宝宝，让他在宽阔的地方尽情地玩耍。

能平稳地独立行走，会用手操作

　　独立行走能力进一步提高，有时还会小跑。宝宝运动能力的巨大进步，不仅表现在行走方面，还表现在会爬台阶，能做需要运动全身的游戏。多带宝宝去公园等开阔的地方，让宝宝尽情地活动身体。宝宝的手指更加灵活，会翻图画书、撕纸等。总之，这一阶段就让宝宝做他想做的事吧！

擅长独立行走　　　　　**玩球**　　　　　　　　　**握住勺子吃饭**

开始独立行走后，行走的能力越来越强。能够把手放下平稳地快速行走或小跑，还会后退。

玩球时把球抱起来，再扔出去，还会追赶滚动的球。

虽然宝宝现在只会握住勺子或叉子，但总想自己动手吃饭。手腕可以灵活地转动，吃饭时不会洒。

五感 注视较远的事物，能区分不同的声音

　　这时宝宝的视力虽然不及大人，但和 1 岁左右时相比，已经能够清楚地看见较远的物体。能够区分出只有细微差别的声音，比如人的声音和电视里发出的声音等。对周围的好奇心比以前更强烈，一些宝宝在吃饭时很难集中注意力，还关注着周围的其他事物。

望向大人指的方向　　　**区分不同的声音**　　　　**表现出喜好**

到这一阶段，宝宝能看到稍远一些的物体，也能清楚地看到大人指的物体。

不仅能区分大声、小声，还能区分出生物体发出的声音和机械发出的声音。听到门铃响就会走向门；听到电话铃响就想去接电话。

与吃饭相比，宝宝对周围的事物更感兴趣。会边吃边玩，甚至会把饭撒得到处都是，也会挑食、不按时吃饭。但过一段时间就会恢复正常。

心理 流露出复杂的情感，用语言和家庭成员以外的人交流

情感变得越来越复杂，会高兴、会生气、还会耍赖。为了吸引大人的注意，宝宝会肆意地宣泄自己的情绪，经常让大人不知所措。宝宝会说的话变多了之后，能和家庭成员以外的人交流，好奇心开始向外发展。会通过模仿大人，有意识地培养生活习惯。

不高兴时大发脾气

遇到自己不喜欢的事，或者不能如愿地做自己想做的事时，宝宝就会通过哭闹表现自己的主张。有些宝宝还会扔东西，或者缠着妈妈。

通过模仿培养生活习惯

孩子会通过模仿大人，掌握礼仪，培养生活习惯。如果宝宝想学刷牙，就把牙刷给他，并向他展示刷牙的过程。

与家庭成员之外的人交流

宝宝的认生暂告一段落。会说话后，外人和他说话时，宝宝都会做出回应。

育儿专栏 14

再次怀孕!
关注大宝宝的心情

有的家庭想要2个或更多孩子，却为孩子之间应相差几岁而烦恼。如果相差2岁，那在第一个宝宝1岁半前后，妈妈会再次怀孕。妈妈怀孕了，宝宝会觉得很奇怪，出现一些异常的反应，甚至退步。例如，本来已经很顺利地不用尿布了，现在又要用；已经不再黏人了，现在又开始黏人。一般认为，这是因为宝宝内心不安，想通过这些行为确认一下妈妈是否关心自己。虽然怀孕会身体不舒服，但妈妈仍要注意观察宝宝的情绪，给予他足够的关怀，消除他内心的不安。

怎样和这一时期的宝宝交流

教育宝宝遵守规则和礼仪

从这一阶段开始，宝宝与其他宝宝接触的机会增多，所以有必要教宝宝遵守一些规则。首先，非常重要的一点是，大人要用语言或行动为宝宝树立榜样。像早晚问候、刷牙、洗手等日常生活习惯，如果宝宝想模仿学习，就教他。这一时期，最好是通过游戏的方式教宝宝掌握礼仪。宝宝外出接触同龄宝宝的机会增多，也要教他学会遵守游戏规则。

Q 宝宝翻身、爬、走路都挺早的，就是说话很晚。（1岁3个月）

A 可能因为看电视的时间过长，而且和他说话的人很少。

　　人的运动能力和语言能力并不是平行发育的。如果宝宝能听到声音，明白大人话语的意思，暂时不必担心。但是，要想一想，是不是宝宝看电视的时间太长了？而且，大人和宝宝说的话太少，也会导致宝宝说话较晚。最好关掉电视，多和他说说话。

Q 宝宝不喜欢刷牙，能不能强制性地让宝宝刷牙？（1岁5个月）

A 宝宝不喜欢刷牙的话，可以用纱布擦。

　　谁的嘴里有异物都会觉得讨厌，当然也会讨厌牙刷。但为了预防蛀牙，保持口腔清洁非常重要。如果宝宝非常讨厌用牙刷，这一时期可以用纱布擦一擦。为了让宝宝习惯用牙刷，刚开始要像做游戏一样，也可以给他用儿童专用的橡胶牙刷试一试。

Q 宝宝现在半夜会突然大哭。（1岁5个月）

A 这属于夜惊，进入幼儿期的宝宝经常会出现这种情况。

　　夜惊就是睡眠中突然大哭，进入幼儿期的宝宝经常会出现这种状况，有些宝宝不满2岁就开始夜惊。有时，白天遇到比较兴奋的事，宝宝会夜惊，但大多数夜惊原因不明。与夜啼不同，夜惊发生在深度睡眠过程中。大部分宝宝会随着成长慢慢恢复正常。如果宝宝的症状比较严重，最好到医院检查一下。

Q 宝宝看绘本时，只看1页就不看了。（1岁5个月）

A 可能是绘本太无趣了，不要强迫宝宝看书。

　　或许宝宝对活动、户外的事物等更感兴趣，也可能是绘本的内容不适合这个月龄的宝宝。而且，市场上流行的绘本不一定符合宝宝的兴趣。大人担心宝宝做事没耐性，其实这只是说明宝宝的兴趣比较多。这一阶段的特征之一就是宝宝的兴趣瞬息万变。

Q 宝宝做了坏事我就会打他的手，这样惩罚宝宝好不好？（1岁4个月）

A 最好用严厉的表情和语气让宝宝明白他做错了。

　　一般认为，打骂并不是教育宝宝的好方法。宝宝觉得父母能保护自己，所以非常信赖父母。如果宝宝被父母打了，就会觉得自己的一切都会被父母拒绝。宝宝做错了，大人可以用严厉的表情和声音教育他"不要这样做"。

Q 宝宝睡觉时不仅要陪着睡，还要吃奶，否则就不肯睡。这要持续到什么时候？（1岁5个月）

A 先从停止白天喂奶开始。

　　对宝宝来说，感受着妈妈的体温、吃着母乳入睡，是世界上最幸福的事。对忙碌的妈妈来说，这也是放松心情的一种方式。所以，现在最好不要突然停止陪宝宝睡觉和喂奶。但为了防止孩子营养不良，最好尽快停止白天喂奶。如果白天不吃奶了，渐渐地宝宝晚上也不会执意要吃奶。至于陪宝宝睡觉，可以一直持续下去。

1岁6个月~2岁

更加灵活地做现在会做的事情，对话时能说出两个词语

手

手指更加灵活，但要到8岁左右，孩子的神经传递速度才会达到成年人的水平。自己想做的事会慢吞吞地去做，要坚持让宝宝自己动手。

表情

看电视或听到自己喜欢的歌曲时，会随着节奏摆动身体。有时会笑出声，有时还会露出认真聆听的表情。会和别人聊天，对大人的模仿也更加准确。

腿·腰

大多数宝宝都会走路了。会跑、会从高处往下跳、会单腿站立，活泼好动。上楼梯时也不必用手扶着。

到这一阶段，"婴儿"这个称呼有些不合适了。宝宝已经能独立行走了，开始从吃辅食转为吃幼儿餐，尿布也可以逐渐退场了。这是从婴儿成长到幼儿的过渡期。宝宝的语言能力显著提高。发育较快的宝宝能说出两个词，并和他人交流。发育较慢的宝宝，只要能说出一个词就不必担心。宝宝已经积累了大量的词汇，总有一天会说出很多话来，让你大吃一惊。

身体 运动能力和手指活动能力增强

到这一阶段，大多数宝宝都能够独自行走。运动能力方面，以前能做的事情，现在更加熟练了，还会有各种各样的变化。手指的活动能力发展变缓。

堆起 4 块积木

手指的活动还比较生硬，不能灵活地掌握力度和方向。但会抛球，能堆起 4 块积木。

会快走或小跑

早就会走的宝宝，现在能快走或小跑了。有的还会横着走、单腿站立、上楼梯。

从台阶上跳下来

宝宝走路的方式更加多样，能做各种各样的活动。有的还能从台阶上往下跳。

五感 视力进一步发育，能辨认形状

直到上小学，宝宝的视力才会达到成人水平。但和以前相比，宝宝能看到更远的事物。能辨认出圆形、三角形等比较简单的形状，也能玩拼图游戏。越来越多的宝宝能欣赏音乐，还喜欢跟着唱。

唱歌跳舞

还不太会说话，但听到自己喜欢的歌曲时，就会跟着唱起来，或者伴着节奏手舞足蹈。

望向远方

长到 2 岁左右，宝宝会像大人一样向远方看。大人用手指着远处时，宝宝也会顺着大人的手望向远处，并伸出自己的手指一指。

会玩形状简单的拼图游戏

能区分出圆形、三角形、方形等基本形状。在大人的帮助下，会玩区分形状的大拼图。

会使用工具给大人帮忙

宝宝会说的词越来越多，有些宝宝能连着说出两个词。这一阶段，宝宝依然喜欢模仿大人，而且因为有了记忆力，模仿会更准确。使用工具也比以前更正确。这样慢慢地就会玩模仿游戏，大人有时会不耐烦，但最好让孩子模仿。

能说出两个词语

这是什么？

孩子在观察大人的行为时也会思考相应的词语。到 2 岁左右，能说"有，狗狗、这儿"、"爸爸，公司"这样两个词组成的语言。

模仿大人并帮忙

宝宝手部的活动能力很强，会使用工具后就非常喜欢用。有时非常喜欢帮大人打扫。

对其他孩子感兴趣

一直沉浸在自己世界里的宝宝，现在开始慢慢地对其他孩子感兴趣了。最好经常带宝宝去公园等能与其他宝宝一起玩的场所游玩。

育儿专栏 ⑮

在大人的帮助下和其他孩子玩耍

过了 1 岁半，宝宝的运动量也增加了，不再满足于只在家里玩，经常要到外面玩。在儿童游乐园、公园中遇到同龄孩子的机会也大大增加。经常会听到父母说自家宝宝"不能和其他小朋友一起好好玩耍"。其实，宝宝对其他孩子很有兴趣，会靠近他们，多数是因为争抢玩具才不能好好相处。当然，对于这个阶段的宝宝来说，这很正常。要到 4 岁左右，宝宝才能学会和小朋友一起玩耍。在此之前，需要大人介入，帮助孩子们一起好好玩。

怎样和这一阶段的宝宝交流

创造积累经验的环境，调动宝宝的积极性

想要增加宝宝的经验，就要创造环境调动他的积极性。比如，带宝宝去儿童游乐园或公园，让他活动身体。尽量不要对宝宝说"很危险，不能这样"，而要带宝宝去一个安全、能够尽情玩耍的场所。带宝宝外出时会遇到其他小朋友，这会让宝宝充满运动和交流的欲望。另外，当宝宝努力做成事情时，要不吝赞扬，以提高宝宝的积极性。

Q 宝宝1岁开始会走路，可现在一跑就会摔倒。（1岁7个月）

A 摔倒是宝宝在努力学会保持身体平衡的表现。

这一阶段的宝宝还不太会跑，经常会摔倒。到3岁左右，宝宝会沿着"之"字形路线跑，但也经常摔倒。这是成长过程中的正常现象，不必担心。在这个过程中，宝宝能学会如何保护自己不会摔伤。在安全的范围内让宝宝尽情地玩耍吧。譬如有草坪的公园里，就可以让宝宝自由自在地玩耍！

Q 宝宝能用蜡笔乱涂乱画，但只会握着蜡笔。（1岁10个月）

A 习惯之后就能正确拿笔了。

很多人认为，如果宝宝现在会乱涂乱画，那么可能很快就会发展到下一阶段——熟练用笔。但现在在这一时期，宝宝只会握笔也很正常。熟练之后，宝宝就会掌握拿笔的姿势。要再过一段时间，大概到4岁左右，宝宝才会用3根手指拿住铅笔或蜡笔，之后才会熟练地使用。

Q 宝宝早晨起床时，会脸朝下趴着，把脸憋得通红，还用身体往被子上蹭。（1岁8个月）

A 可能是宝宝心情比较好吧。

宝宝的自慰行为和吸吮手指一样是一种习惯。偶尔这样做只是觉得很舒服，没必要大惊小怪。不要严厉地责骂宝宝，最好和他说说话，转移他的注意力。随着宝宝渐渐长大，活动范围也会变大，感兴趣的东西越来越多，就不会再这样了，不要太担心。

Q 被其他小朋友抢了玩具或被责备几句，宝宝就会立刻放声大哭。（1岁9个月）

A 要留心发现宝宝的优点，多多表扬他。

每个宝宝的性格都不一样，有的很少生气，有的非常爱生气，有的很爱哭。无论哪种性格的宝宝都拥有很多优点。大人往往只注意到孩子的缺点，但也要注意发现孩子的优点，有意识地表扬孩子。孩子被表扬后会充满自信，渐渐地也就不经常哭了。

Q 宝宝能听明白别人在说什么，自己却不肯主动说话。（1岁11个月）

A 试着创造环境让宝宝开口说话。

有的宝宝爱说话，有的不爱，这是性格使然，不要强迫他说话。当周围的大人们都主动说话时，宝宝自己也很想说话，要尽量为宝宝营造出这样的环境。如果宝宝经常在家里看电视，或者只跟父母玩，他说话就会比较晚。创造机会，让宝宝接触更多的人吧。

Q 外出时我手里拿了很多东西，宝宝却要我抱，该怎么办？（2岁）

A 也许宝宝是希望得到更多的关心。

当父母把注意力从宝宝身上转移到其他事情上时，宝宝可能会比较敏感。这时宝宝就很想与父母亲近。不妨跟宝宝说"走到前面的长椅就抱你，再坚持一会儿"，等走到有长椅的地方后，再抱一抱宝宝。知道大人听懂了自己的要求后，宝宝会变得格外听话。

个体差异导致发育时间有早有晚
成长发育的过程

　　宝宝的成长发育，在什么时间会做什么，通常都有大致对应的月龄。如果听说"5 个月左右的婴儿会翻身"，而自己的宝宝到 5 个月大还不会翻身时，大人就会担心。但是，大多数宝宝都不会完全按照月龄的相应进度发育，而是按照自己的速度成长。有的发育较快，有的较慢。父母不要忽喜忽忧，要用长远的眼光看待孩子的发育状况。

 翻身

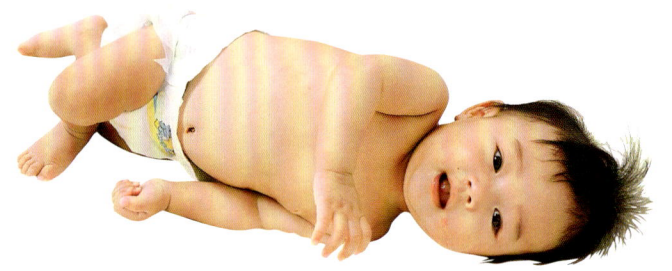

宝宝最初的移动方法，也有不翻身的宝宝

　　宝宝的颈部能挺直后，腰部渐渐也能像手臂和腿部那样自由活动，这时宝宝就能翻身了。从仰卧姿势开始，扭转身体，最后到能用腹部蠕动爬行，才算完成整个翻身过程。想靠近或抓住感兴趣的物品，与宝宝的翻身动作紧密联系在一起。而且，动作熟练后，宝宝会自己移动身体。但有的宝宝不喜欢趴着，会越过翻身环节，直接学习坐着。

会翻身的大致月龄

较早	平均	较晚
4个月左右	**5~6**个月	**7**个月~

出现以下情况时需要就诊

除了翻身，其他方面的发育晚了 3 个月以上

宝宝很晚才会翻身，或者不会翻身都没关系，但如果宝宝在其他方面的发育比标准月龄晚了 3 个月以上，就需要去医院就诊。

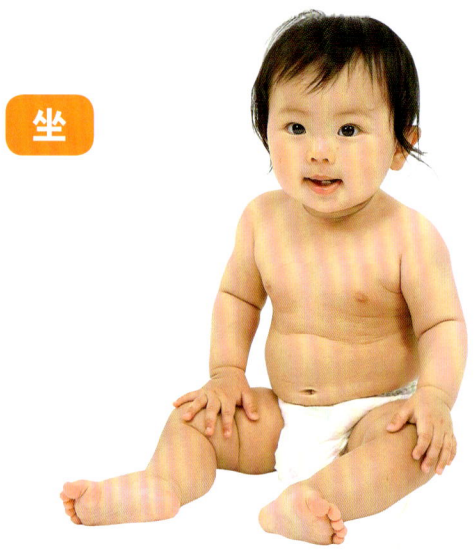 **坐**

继颈部挺直后，成长过程中又一重要阶段

　　运动能力的发育首先从颈部开始，通过手臂向腰部发展。能够坐住说明宝宝已经能控制上半身的活动，平衡感进一步增强。颈部挺直较晚的宝宝，能坐的时间也比较晚。刚开始时，宝宝用两手撑住身体，微微向前倾斜，慢慢地能挺直背部坐稳。最后，宝宝能够坐着用两只手拿东西，向侧面或后面转身。

能坐住的大致月龄

较早	平均	较晚
5个月左右	**6~8**个月	**9**个月~

出现以下情况时需要就诊

9 个月大时，不用手支撑就坐不住

9 个月大时，即使用手支撑着身体也坐不稳，也无须担心，只要宝宝能自己坐住就可以。但如果大人不扶着宝宝就会侧倒，就要去神经科检查一下。

爬行

姿态各不相同，不爬也没关系

宝宝能够控制手臂和腿部的活动，交替屈伸腿部后，就会开始爬行。宝宝开始爬不仅是成长发育的结果，还是"想活动"这一欲望的驱使。爬行的姿势多种多样，个别孩子不爬也没关系。

会爬行的大致月龄

较早	平均	较晚
6个月左右	**7~9**个月	**11**个月~

出现以下情况时需要就诊

以下列姿势爬行 3 个月以上

当宝宝向后爬、坐着爬，并持续 3 个月以上时，最好去医院检查一下。

扶着物体站立·独自站立

说明腿部能够自由活动，也能够掌握身体平衡

运动能力的发育从离头部最近的颈部开始，经过背部、腰部到脚。用手扶着家具站立，脚掌握重心、支撑身体，再用手保持身体平衡。有些宝宝不喜欢让脚后跟着地，所以会站立的时间也比较晚。当宝宝的平衡感进一步增强，更想活动时，就会开始扶着东西走。当宝宝的平衡感更强，下半身更有力时，就会开始独自站立。

扶着物体站立　　独自站立

会扶着物体站立的大致月龄

较早	平均	较晚
7个月左右	**10**个月	**1**岁**1**个月~

会独自站立的大致月龄

较早	平均	较晚
10个月左右	**1**岁**1**个月	**1**岁**2**个月~

出现以下情况时需要就诊

脚掌不着地，一直用脚尖站立

宝宝过了 1 岁还不会扶着物体站立，到 1 岁 3 个月时仍然不会站立，或者扶着物体站立时经常脚尖着地，就要去神经科看一下。

走

什么时候能熟练走路，每个宝宝差异很大

孩子会站立后，如果能交替活动双腿转移重心，接下来就能走路了。刚开始时，宝宝会抬起双手保持身体平衡，交替迈出双腿。慢慢地，放下双手宝宝也能走得很平稳。每个宝宝对腿部运动的控制能力和平衡感的发育有很大差异，所以会走路的时间也相差较大。

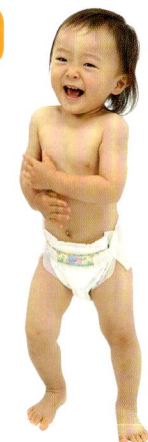

开始行走的大致月龄

较早	平均	较晚
11个月左右	**1**岁**2**个月	**1**岁**5**个月~

出现以下情况时需要就诊

过了 1 岁 6 个月还不会走

每个人会走的时间差异比较大。小心谨慎的宝宝会走的时间比较晚。但到 1 岁 6 个月还不会走的话，最好带宝宝去做一次体检，向医生咨询一下。

什么时候可以带宝宝外出？

宝宝可以外出后，大人无论去哪里都想带着宝宝。但不要觉得宝宝的脖子能挺直了，去哪儿都没问题。还有很多婴幼儿不能去的地方。所以，放慢脚步，享受游玩的乐趣吧！

在游泳池里玩耍

在家中只要宝宝能够坐稳即可

如果在家中的橡胶游泳池里玩耍，唯一的条件就是宝宝要能够坐稳。较早的宝宝大概在 7 个月左右就可以在游泳池里玩耍了。水位要保持在宝宝腰部以下，并且大人不能离开。去公共的婴儿专用游泳池时，最好穿上防水纸尿裤。

去人多的地方

3 个月~　时间较短

做完 3 个月的体检后，可以带着宝宝短时间外出，比如外出购物等。尽量不要去烟火晚会这种人多又很吵闹的地方。在流行性感冒多发的季节，也要避开人流密集的地方。

海水浴

会走之后

宝宝会走后才可以进行海水浴。宝宝在海边玩耍容易被海浪卷走，所以大人要看好。海边的紫外线比较强，宝宝的肌肤又非常娇嫩，即使暴露在太阳下的时间很短，也有重度晒伤的危险。最好在早晚进行短时间的海水浴，避免日晒。

过夜旅行

6 个月~　注意休息

乘车时要注意休息和补充水分。乘坐公交车时，最好坐在专用座席上。坐火车最好选择卧铺。总之，做好让宝宝舒服乘车的准备。泡温泉时，最好脱掉尿布。

乘坐飞机

1 岁~　注意气压的变化

建议宝宝到 1 岁以后，再乘坐飞机外出旅行。但在 1 岁以内，宝宝也可以坐飞机回老家。因为在飞机上可以活动的空间有限，要准备好会用到的东西。

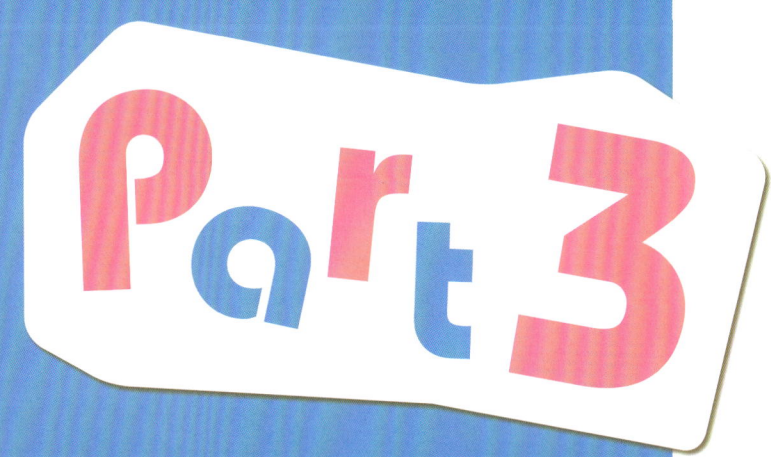

从喂奶到断奶

母乳喂养·配方奶喂养

母乳和奶粉的基础知识

很多人都想用母乳喂养，但宝宝出生后，妈妈们却对母乳喂养感到非常困惑。妈妈是第一次喂奶，宝宝是第一次吃奶，刚开始彼此都很陌生，笨手笨脚。不要着急，放松心情，坚持就好。在宝宝不会吸奶或者母乳状况不佳时，可以给宝宝喂奶粉，不必内疚。下面来了解一下关于母乳和奶粉的基础知识。

了解母乳

母乳可增强宝宝的免疫力，提高宝宝抵抗疾病的能力。母乳喂养也有利于妈妈产后及早恢复体型。所以，母乳喂养对妈妈、对宝宝都是最好的。

母乳的成分接近血液，初乳中含有免疫物质

母乳的成分和血液相接近。不仅是乳房周围的血液，全身的血液都会流进乳腺细胞，从而分泌母乳。母乳的成分与血液类似，富含宝宝大脑发育所需的乳糖、脂肪、维生素和矿物质。妈妈在产后 1～2 周内分泌的

乳汁被称为"初乳"，颜色微黄，富含免疫物质。

乳汁存储在输乳管中，宝宝吮吸乳房时促使输乳管膨胀，流出乳汁

乳头上有 10～12 个孔可以分泌出乳汁。这些小孔通过输乳管与乳房中的乳腺小叶相连。宝宝吮吸乳房时，会使妈妈的脑下垂体受到刺激，分泌催乳素和催产素等激素，乳腺小叶就会分泌出乳汁，并像水流一样涌入输乳管。乳汁聚集在距离乳头约 1cm 的输乳管内，使输乳管膨胀，宝宝用嘴一吸就可以轻松吸出乳汁。

母乳中有宝宝喜欢的味道

宝宝喜欢微甜、清淡的母乳。如果妈妈食用过多含糖量高、刺激性的食物，就会影响母乳的味道。当宝宝不喜欢这种味道时，就会咬或拉乳头。另外，酒精和尼古丁等成分也会渗入母乳中。偶尔摄入少量酒精时，需要隔一段时间才能给宝宝喂奶。

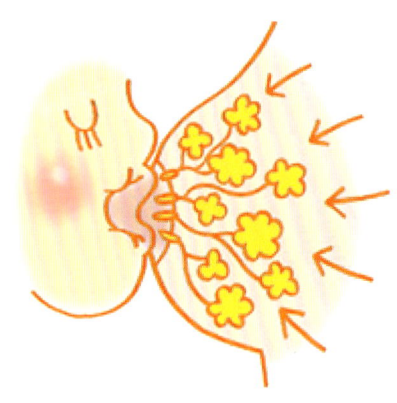

吸烟则有百害而无一利。处于吸烟环境中的宝宝患上婴儿猝死综合征的危险会增加，所以爸爸和妈妈最好戒烟。

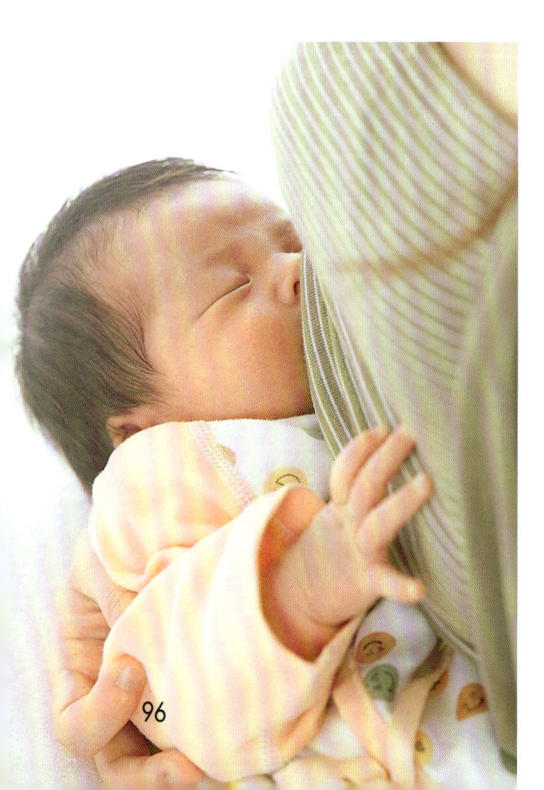

怎样才能获得优质母乳

要想有优质的母乳，就必须保证妈妈的饮食和精神状态良好。在日常生活中，妈妈要意识到，产后不仅要照顾好自己的身体，还要为宝宝提供优质的食物。

1 好饮食，好母乳

要想分泌优质母乳，有几个必要条件。其中最重要的就是妈妈的饮食，直接影响母乳的质量和营养价值。哺乳动物的宝宝通过母乳获得成长所需的营养。母乳来自妈妈的血液，所以妈妈的饮食非常重要。不必摄入特殊的食物，用健康的食材，注意均衡饮食即可。

2 保持血液循环通畅，注意保暖

优质母乳 80% 取决于妈妈的饮食，另外的 20% 则与妈妈血液循环有关。妈妈最好做做操，泡泡澡，让身体暖和起来，保持血液循环通畅。手脚冰凉和肩膀酸痛的人尤其要注意。肩膀酸痛会影响母乳分泌，反过来，输乳管堵塞也会引起肩膀酸痛。注意以肩膀为中心，保持全身血液循环通畅。

3 及早治疗乳房疾病

乳腺炎是乳腺发炎引起的，可能引发高烧。不必担心含有杂菌的母乳会对宝宝不利，宝宝的肠道不会吸收杂菌，杂菌会随大便排出体外。但情况恶化后，母乳无法及时排出，各种杂菌就会迅速繁殖，陷入恶性循环。所以，一定要及早治疗。

以下事项也要注意

● 不可饮食过量

尽量少喝冷饮料和冰淇淋。也不要食用平时不吃的和刺激性的食物，否则可能引起身体不适。注意不要吃得太多。

● 减少摄入易过敏的食物

据说，妈妈摄入过多容易引发过敏的食物，会影响吃母乳的宝宝。即使非常爱吃乳制品、鸡蛋和豆制品，也最好控制在正常范围内。近年来，芝麻和小麦的过敏性也有所增加，最好控制摄入量。

● 内衣不要太紧

内衣不合身或过紧，会影响淋巴液和血液的流动。乳腺自怀孕初期便开始发育，如果内衣过紧，可能引起乳汁不通。最好选择不带钢圈、宽松的内衣。

● 不要有压力

妈妈感觉疲惫或有压力时，身体会发凉，影响乳汁分泌。有时乳汁分泌正常，只因为周围的人说"下奶不太正常"就出现了停乳现象。只要有母乳分泌，即使量少也没关系，不要紧张。

奶粉的营养

与母乳喂养相比，配方奶喂养并不差。近年来，配方奶的营养越来越接近母乳，便于携带。没有母乳或母乳不足时，可以用配方奶来代替。而且，爸爸也可以给宝宝喂奶。

配方奶与母乳不同，但不必太紧张

母乳中含有帮助宝宝抵抗疾病的免疫成分，配方奶中没有。这并不意味着配方奶喂养的宝宝就会经常生病。不要太紧张。

配方奶根据体质和阶段有多种选择

配方奶富含宝宝成长所需的营养成分，而且配比均衡。此外，还有特别供患有牛奶蛋白过敏症和乳糖不耐症的宝宝食用的配方奶，以及在进食辅食后期，用于补充营养的补养型配方奶。

只用配方奶喂养宝宝完全没问题

无论是母乳喂养还是配方奶喂养，宝宝的成长过程都没有太大差异，将来也不会有什么不同。就像只用配方奶喂养宝宝并不会引起营养不良，安心地用配方奶喂养宝宝吧！

母乳喂养的方法

　　宝宝的吮吸能力和妈妈分泌母乳的状况都是因人而异的。刚开始给宝宝哺乳时会遇到很多麻烦，比如没有乳汁、妈妈不会喂、宝宝不吃奶、不知道奶水够不够等。但只要重复几次，宝宝和妈妈都会慢慢熟练起来。等到母乳正常分泌、宝宝吃奶量增加时，就会逐渐形成规律。

喂奶前

　　在给宝宝喂奶前，需要一些准备工作。为了让宝宝心情愉悦地吃奶，要先给他换好尿布；妈妈要洗手，这样喂奶时更卫生。为了让宝宝轻松吮吸出乳汁，要先用拇指和食指夹住乳晕，慢慢向外挤，再让宝宝衔住乳头。

1 换下脏尿布

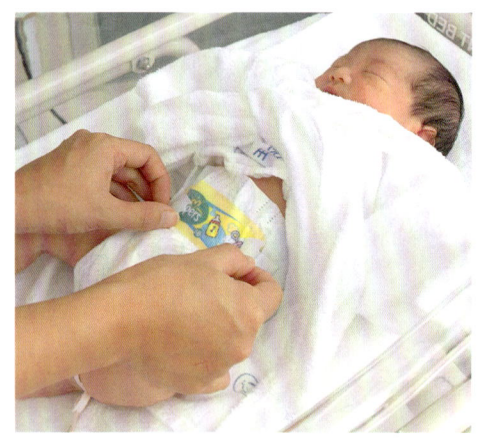

给宝宝喂奶前要先检查一下尿布。为了让宝宝能心情愉快地吃奶，要先处理好宝宝的大小便，清理干净宝宝的臀部。很多宝宝还会在吃奶时排便，所以，最好在宝宝吃完奶后再检查一次。

2 为了预防感染，妈妈要洗手

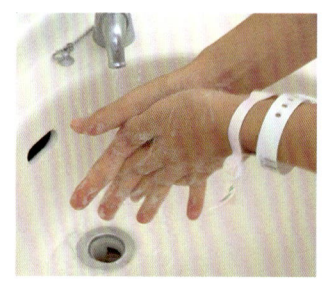

用香皂把手洗干净。手心、指缝、手腕等处都要仔细洗，然后用流动的水冲洗。洗好后用干净的毛巾把手擦干。

> **要 点**
>
> **用消毒棉擦拭乳头**
>
> 喂奶前，妈妈要用消毒棉轻轻擦拭乳头周围，拭去污渍。有些妇产医院认为可以不擦拭乳头，但要拭去乳头上的衣服纤维碎屑。

备用物品

纱布手帕

哺乳枕

毛巾

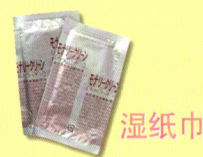

湿纸巾

　　宝宝吃奶时，有时会呛奶或吐奶，所以最好把纱布或毛巾垫在宝宝的下巴下面。哺乳枕可以减轻妈妈手臂的负担，用起来十分方便。

各种喂奶姿势

横着抱

妈妈用腋部夹住宝宝偏向妈妈一侧的手臂，这样就可以紧贴着宝宝的身体了。妈妈要用一只手托起宝宝的臀部，用另一只手压住乳房，以防止塞住宝宝的鼻子。

立着抱

让宝宝的双腿自然叉开，骑在妈妈的大腿上。用一只手托住宝宝的颈部，另一只手像横着抱那样按住乳房。注意要让宝宝从下方衔住乳头。

橄榄球式抱法

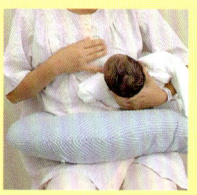

当乳房外侧或内侧发胀，乳头受伤、扁平时，适合用这种姿势给宝宝喂奶。用哺乳枕调节高度，把手从宝宝的腋下穿过来，支撑住宝宝的颈部。

⌐开始/

1 轻按宝宝的嘴角刺激食欲

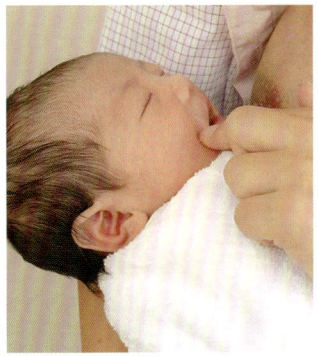

把宝宝抱在胸前。当宝宝刚睡醒心情不好时，或只是哭闹不肯吃奶时，可以用手指按宝宝的嘴角，刺激他的食欲。

2 把宝宝的嘴凑近乳头

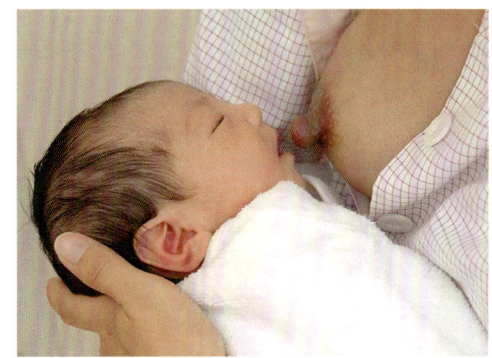

闻到母乳的味道时，宝宝会受到刺激并开始吃奶。把乳头凑近宝宝嘴边，就会看到宝宝主动吃奶。

3 让宝宝含到乳晕

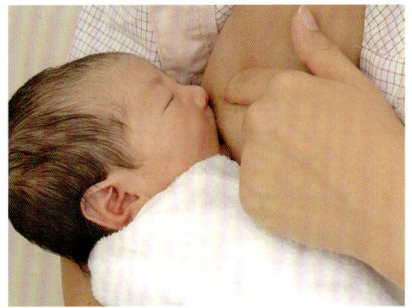

在给宝宝喂奶时，不要让他只含着乳头，要含得更深一些，直到乳晕部位。只含乳头容易导致宝宝咬破乳头。

要 点

吃奶时宝宝的嘴像"鸭嘴"

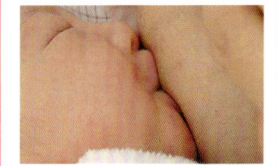

当宝宝的嘴含到乳晕时，上唇会向上翻起，看起来像鸭嘴。这时如果宝宝的嘴向内卷起，就要用手指把他的上唇翻出来。

4 用手轻按宝宝下颚，就可以拿出乳头

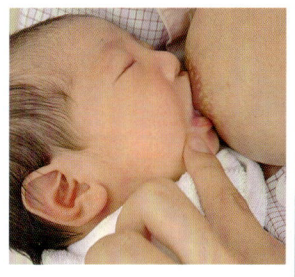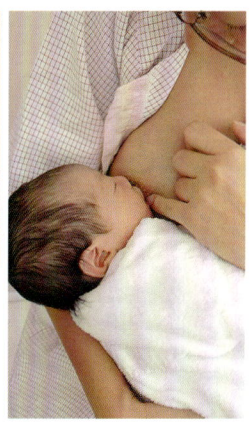

想让宝宝停止吃奶时，用手指向下轻按他的下颚即可。宝宝吸得很紧时，可以轻轻地将手指插入宝宝的一侧嘴角，待空气进入后就能够轻松拿出乳头了。

5 吃完奶后给宝宝拍嗝

趴在肩膀上

坐在大腿上

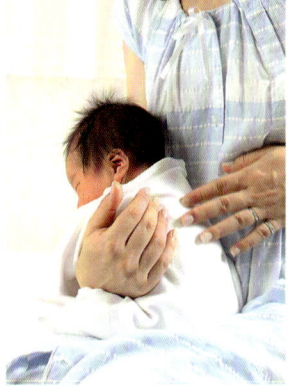

刚出生的宝宝还不太会吃奶，吃奶时经常连空气一起吸入。拍嗝是为了让宝宝排出空气。让宝宝把头靠在妈妈肩膀上，用手从下往上抚摸宝宝的背部，或者让宝宝坐在妈妈的大腿上，轻轻地用手拍打宝宝的背部。

要 点

● 不是每次吃奶都要拍嗝。

● 打不出嗝时，让宝宝侧卧。

● 多次严重呕吐时，要去医院检查。

如果宝宝吃完奶拍嗝片刻后仍不打嗝，可以让他侧躺。因为过一会儿宝宝可能会吐奶，为了避免堵塞气管，最好让他侧身躺下。

母乳喂养遇到问题怎么办？

忽视乳房问题，有可能引发高烧，甚至无法给宝宝喂奶，所以及时治疗很关键。对母乳喂养的妈妈来说，如果能有一位可以经常咨询母乳问题的医生，会更放心些。

常见问题的处理方法

泌乳状况不佳时会出现问题，泌乳过多时也容易遇到问题。再加上宝宝还不太会吃奶，容易弄伤妈妈的乳头。差不多每个妈妈都会遇到乳房问题。这时，最好及时向医生求助，及早治疗。

1 乳房胀痛！

大部分母乳喂养的妈妈都会有这种经历

产后，激素的剧烈变化使流向乳房的血液量增多，如果乳汁不能顺畅排出，就会出现胀痛。严重时还会引起发烧，甚至引发乳腺炎。缓解胀痛最好的办法就是让宝宝吃奶。频繁地喂宝宝吃奶。此外，还可以用凉水浸湿毛巾，拧干后敷在乳房上，缓解胀痛。如果乳房依然胀痛，最好向医生咨询一下。

2 乳头破裂

看看宝宝怎样含乳头

宝宝含着乳头时容易遇到这种问题。再检查一下宝宝的吃奶方式，让宝宝含到乳晕。乳头涂马油或凡士林，喂奶前轻轻擦掉就可以了。疼得厉害时，可以用吸奶器把乳汁吸出来，再用奶瓶喂宝宝，让乳头休息一段时间。如果乳头向外渗血，血量不多时可以继续喂奶。

3 乳房不胀

热敷乳房，调节饮食

乳房不胀但泌乳状况不佳时，一个有效的方法是用热毛巾敷乳房，还要少吃脂肪含量较高的食物。不过，每个人乳房发胀的感觉不一样，有些妈妈觉得乳房没有胀起，却能分泌乳汁。如果宝宝吃完奶后没有立刻哭着还要吃奶，大小便次数没有减少，体重正常增加，表明乳汁充足。

4 乳腺炎

高烧或乳房很疼时，应该去医院检查

乳汁分泌正常和脂肪、糖分摄取量较多的妈妈容易出现这一症状。有时乳头受伤感染也会引起乳腺炎。乳房会变得硬邦邦的，并伴有红肿和阵痛。当发烧或疼痛难忍时，要及时治疗。可以吃些抗生素，也可以在化脓时用刀切开化脓部位或用针排出积液。在这期间，要在医生的指导下给宝宝喂奶。

5 乳房堵塞

换一种喂奶姿势，并频繁喂奶

当母乳分泌正常，宝宝却不能熟练吃奶，以及在输乳管口没有完全打开时，部分乳腺和输乳管会被乳汁堵塞，感觉像有个肿块一样。如果放任自流，就有可能发展成乳腺炎，要尽早治疗。经常以同一姿势给宝宝喂奶容易引起乳房堵塞，最好换个姿势，勤给宝宝喂奶。请医生做乳房按摩也非常有效。

乳头·乳房类型

了解自己的乳头类型，必要时做相应的护理

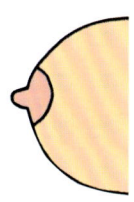

标准乳房

乳头的长度或直径大于8mm为标准乳房。此类乳房只需做松软乳头的护理。

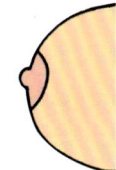

短小或扁平乳头

乳头的长度或直径小于5mm，或者前端扁平的乳头，不方便直接给宝宝喂奶。

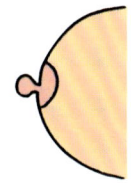

巨大乳头

乳头的长度或直径大于2.5cm时，宝宝吮吸比较困难，最好向医生咨询一下。

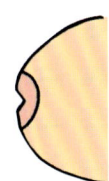

乳头凹陷

即乳头凹陷在乳晕里。宝宝吮吸起来比较困难，最好用乳头吸引器来护理。

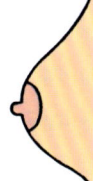

小乳房

小乳房虽然不影响喂奶，但容易发生输乳管堵塞，要多加留意。

乳房下垂

虽然不影响给宝宝喂奶，但乳房中剩余的乳汁很容易溢出，把乳汁挤出来更好。

怎样使用吸奶器？

因恢复工作或乳房出现问题，不方便直接给宝宝喂奶时，可以把乳汁挤出来给宝宝喝，或者先把乳汁冷冻起来，需要时再解冻。挤乳汁时，既可以用手挤，也可以使用吸奶器。用手挤一定要保证清洁卫生，要按照医生的指导进行。吸奶器分为手动型（如图）和电动型，选择自己方便使用的即可。

配方奶的冲调和喂养方法

　　每次给宝宝喂配方奶时，都要用热水冲调。不能事先冲好，再加热给宝宝喝，也不能让宝宝喝上次剩下的奶。要严格按照规定的用量量取奶粉和热水，冷却到适宜的温度后再给宝宝喝。

奶粉的冲调方法

　　冲奶粉时要注意按标准量取奶粉和水。宝宝既不喜欢太烫的，也不喜欢太凉的。最简便的方法是，提先把温度适宜的热水倒入保温瓶中保存。

1 热水冷却至适宜温度后，倒入饮用量的 1/3

要 点

冲奶粉前要洗净、消毒奶瓶、奶嘴

奶瓶和奶嘴使用前必须洗净、消毒。消毒方法主要有使用消毒液消毒和微波炉消毒两种。此外，冲奶粉前还要把手洗干净。

把煮沸的热水冷却到 50℃～60℃，取饮用量的 1/3 左右，倒入干净的奶瓶中。

2 正确量取奶粉

最好用奶粉附带的勺子盛取奶粉，并用奶粉盒的盖子刮平，准确量出奶粉量，放入奶瓶中。

3 晃动奶瓶，使奶粉溶解

在热水中放入奶粉后，轻轻摇晃奶瓶，使奶粉溶解。晃动时不要上下晃，要水平画圆晃动，以防起泡。

4 倒入足量的热水

奶粉全部溶解后，倒入足量的热水。如果起泡，要以泡沫最低处的刻度为准。

5 盖上奶嘴和瓶盖，继续晃动

奶嘴洗净、消毒后盖到奶瓶上并拧紧，然后盖上瓶盖，晃动奶瓶，使奶粉和热水充分混合。注意不要上下晃动，要按水平方向晃动。

6 冷却到适宜温度

如果奶粉冲好后还比较烫，可以用自来水冲洗冷却奶瓶，冷却到体温即可。注意不要冷却过度。

7 滴在手腕内侧试试温度

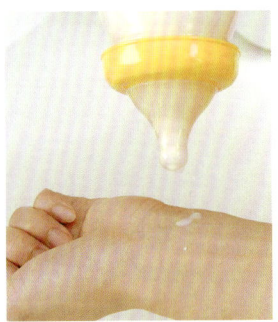

在手腕内侧滴几滴奶，试试温度。适宜的温度为37℃，妈妈感觉滴在手腕内侧的奶微温即可。

8 喂奶时注视婴儿的眼睛

冲好奶粉后，最好注视着宝宝的眼睛给他喂奶，让宝宝安静地喝奶。注意要让宝宝深深衔住奶嘴，喝完后要给宝宝拍嗝。

要 点

注意奶瓶的角度

用奶瓶给宝宝喂奶时，如果平放奶瓶，宝宝很容易吸进空气，所以一定要倾斜奶瓶。角度保持在奶嘴中充满奶。即使奶瓶中剩的奶量很少时，也要保持奶瓶倾斜。

奶瓶的清洗和储存

用洗涤剂彻底清洗

准备一个清洗奶瓶的专用刷。在奶瓶中倒入清水，把洗涤剂涂在刷子上，用刷子彻底清洗奶瓶。可以用洗餐具的洗涤剂，或者洗奶瓶专用的洗涤剂。

认真清洗奶嘴

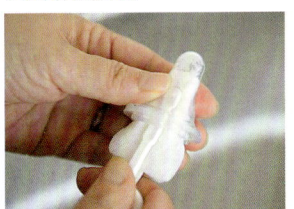

奶嘴也要用洗涤剂清洗干净。先检查一下奶嘴前端是否残留有奶粉。使用奶嘴专用刷，可以轻松地刷到奶嘴顶端。

冲洗掉洗涤剂

清洗完奶瓶、奶嘴和瓶盖后，要用自来水冲洗干净，以防残留有洗涤剂。

消毒

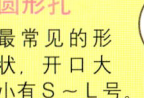

最好准备一个奶瓶专用的煮锅。把奶瓶放在足量的沸水中煮几分钟，进行消毒。为了防止手上的细菌再次污染到奶瓶，用奶瓶夹把奶瓶取出。

消毒液消毒／使用市售的消毒液消毒。

微波炉消毒／使用专用器具，用微波炉消毒。

清洗后储存

把奶瓶放在沥水篮中沥干水后，用干净的布擦干，放在专门储存奶瓶的地方。

可以买一个奶瓶专用的消毒收纳盒，奶瓶用消毒液或微波炉消毒后，就可以储存在里面。

奶嘴小知识

开口的形状

品牌不同，奶嘴开口的形状也不一样，主要有3种形状。

圆形孔

最常见的形状，开口大小有S～L号。

十字形孔

吮吸力度的变化会导致出奶量也有所变化。也可以用来喝果汁。

Y形孔

比圆形孔的出奶量更大，所以在宝宝2～3个月大，习惯使用奶瓶后，可以这种奶嘴。

材质

硅胶

硅胶奶嘴无味无臭，经久耐用，但容易有异味，易变色。

橡胶

比硅胶奶嘴更柔软，弹性也更大。但有点橡胶的味道。

关于断奶

"断奶"并没有特定的时间，在"宝宝已经吃得很满足，妈妈也十分满足，可以不再吃奶了"时才断奶。所以，什么时候断奶都可以，但哺乳最好不要影响宝宝的正常饮食。

断奶的信号

宝宝和妈妈都会发出断奶信号，"宝宝吃够了""妈妈喂够了"时，就可以开始断奶了。

宝宝发出的信号

断奶要以宝宝能从母乳之外的其他食物获得营养和水分为前提。如果宝宝每天能好好进食 3 顿辅食，会使用杯子或吸管，就可以断奶了。宝宝只吃母乳，不吃辅食时，也可以考虑断奶。因为宝宝到 1 岁左右，母乳的营养成分就无法满足他的成长所需了，容易引起健康问题。

可以考虑断奶的项目

☐ 会用杯子或吸管喝水

☐ 不想吃母乳

☐ 已满 1 岁

☐ 每天能好好进食 3 顿辅食

☐ 只吃奶不吃辅食

☐ 吃奶时总咬乳房

妈妈的信号

1 妈妈恢复工作

当妈妈重返职场，喂奶影响了妈妈的日常生活和工作时，可以考虑断奶。

2 夜间喂奶很疲惫

夜间频繁喂奶会使妈妈无法消解一天的疲惫。为了以最好的精神状态照顾宝宝，可以考虑断奶。

3 生病吃药

当妈妈需要长期服用会影响宝宝成长发育的药物，如调节血压和激素类药物时，最好在医生的指导下给宝宝断奶。

4 没有母乳

如果宝宝月龄较小，通过调整妈妈仍可以分泌出母乳。但当宝宝较大，下奶情况不佳时，可以断奶。

5 再次怀孕

宝宝吮吸乳头时会刺激妈妈分泌激素，引起宫缩，可能会导致流产或早产。哺乳期中再次怀孕后要断奶。

配方奶喂养的宝宝如何断奶？

会用杯子喝奶或牛奶时即可断奶

与母乳喂养相比，配方奶喂养对妈妈的生活影响较小，所以持续的时间相较更长，不少宝宝过了 1 岁半还在用奶瓶喝奶。不给宝宝断奶会让宝宝不愿丢弃奶瓶，所以要在恰当的时机断奶。当宝宝可以使用除奶瓶外的其他容器喝，或喝其他饮品时，就可以考虑断奶了。

断奶的过程

断奶方法多种多样，要根据宝宝的性格来定。①不要设定一个很长的时间来断奶；②认真地告诉宝宝要断奶；③逐渐减少喂奶量。方法不同，断奶时间也不同。

1 制定断奶计划

首先要确定实行步骤4的日期，即"3天不喂奶"的开始时间。在这3天内，需要家人积极配合，所以要与家人商量后再决定正式断奶的日期。然后从这3天倒推断奶计划开始的日期。

2 逐渐缩短喂奶时间

如果之前每次喂奶时间是10分钟，那么这次缩短到8分钟，第二天再缩短到6分钟。这样，宝宝的吃奶量自然就会减少。乳汁的分泌也会逐渐减少。

3 逐渐减少喂奶次数

如果缩短吃奶时间后，宝宝不哭闹、状态很正常，可以开始减少喂奶次数。白天比夜间更容易减少喂奶次数。当宝宝想吃奶而哭闹时，可以让他吃一些点心，或者哄一哄他，转移注意力。

4 下定决心，3天内不喂奶

这是决定断奶成功与否的关键时刻！虽然有的宝宝会一直哭闹着要吃奶，但大多数在3天后就放弃了，成功断奶。看到宝宝哭闹，妈妈一定很难受，但千万要忍住。

5 妈妈的身体护理

过了这3天，母乳的任务就完成了。挤出这3天积蓄的乳汁，5天~7天后，再挤一次。这样反复3~4次后，妈妈和宝宝就都成功"断奶"了。

断奶 成功！

要 点

不要恐吓宝宝来断奶

为了阻止宝宝吃奶，有些妈妈会在乳房上涂辣椒水或画上恐怖的图案。这种恐吓宝宝的断奶方法，除非迫不得已，最好不要使用。

断奶后妈妈的生活

宝宝顺利地断奶并不意味着整个断奶过程完全结束。妈妈的身体还在分泌乳汁，所以要护理好妈妈的身体，也不要忘了抚慰宝宝。

运动和洗澡

乳汁分泌量多的人要适当控制

乳汁分泌逐渐减少的人，只要在第一天不泡澡就可以。但乳汁分泌量多的人就要控制运动和泡澡，因为这两种行为都会促进血液循环。可以选择淋浴。

内衣

暂时不要穿紧身内衣

断奶后，有的妈妈会穿紧身内衣塑形。但在乳汁分泌期穿较紧的内衣很容易引发乳腺炎。在乳汁停止分泌之前，最好不要穿紧身内衣。

护理乳房

比断奶时更难受

完全断奶的3天中，妈妈要在大脑中形成"从今以后都不需要乳汁了"的意识。如果因为乳房胀痛挤出过多的乳汁，身体就会再次分泌乳汁。所以，挤乳汁时，最好轻柔一些。

饮食

不要吃高热量、高脂肪的食物

即使断奶了，乳汁也不会突然停止分泌。高热量、高脂肪的食物，很容易堵塞输乳管，引发乳腺炎。而且，过多摄入水分也会影响乳汁分泌，饮水量也要控制。

抚慰宝宝

断奶后要用其他方式填补宝宝内心的空虚

妈妈的乳房不仅是宝宝的营养来源，也给宝宝带来了安全感。断奶后的宝宝更需要安全感。最好多和宝宝说说话，一起做做游戏，多陪伴宝宝。

母乳·配方奶
疑问解答 Q&A

担心　由于无法目测母乳的多少，很多妈妈都会担心奶水不足。可以从 3 个方面判断奶水是否充足：①宝宝每天小便 6 ~ 7 次，大便 1 ~ 3 次；②宝宝露出心满意足的表情；③宝宝的体重正常增长。

Q 我担心奶水不足，宝宝不够吃。

A 通过宝宝体重的增长可以确定奶水是否充足。

有时乳房不胀，但下奶正常。妈妈不要太紧张。可以通过宝宝体重的增长来判断母乳是否够吃。如果在宝宝 0 ~ 1 个月时，宝宝的体重每天增长 20 ~ 25g，就说明母乳完全可以满足宝宝的成长需要。

Q 每天给宝宝喂多少次奶、每次喂多少最好呢？

A 新生儿阶段，最好少量多次。

新生儿的胃还比较小，每次吃奶的量很有限，所以要勤喂奶。一个体重 3000g 的宝宝，每天需要 450ml 的奶，新生儿每次只能喝 60ml，照此计算，每天要喂 7 次以上。

Q 不知道配方奶每次要冲多少才够吃。

A 注意观察宝宝的体重和每天吃奶的量。

用配方奶喂养的宝宝，要注意观察两点。首先是体重。新生儿的体重每天增长 30 ~ 40g，1 个月内增长 1kg 的话，就不必担心。其次是吃奶量。出生 1 个月后，宝宝大概每次要喝 100ml，每天共喝 800ml 的奶。一般情况下，宝宝情绪正常，就不用太担心。

Q 按奶粉罐上标示的量的 2 倍给宝宝喝，可以吗？

A 宝宝 3 个月后，能喝多少就可以喂多少。

奶粉罐上标示的量只是大致的估量。每个宝宝的食量都不一样，想吃才是最重要的。出生 3 个月后，只要宝宝想吃就可以喂他。暂时不必担心宝宝肥胖的问题。

乳房问题

母乳喂养的妈妈经常会遇到乳房问题，很少有人什么问题都没有。感觉到乳房疼痛或有肿块时，不要强忍着，最好尽快找医生检查一下。

Q 产后1个月，下奶情况不好。

A 注意休息和放松心情，继续让宝宝吮吸乳房。

有些妈妈产后1个月下奶情况一直很好，但渐渐地越来越差，到3个月左右就没有奶水了。这可能是因为环境变化或压力过大导致乳汁暂停分泌。要注意休息，放松心情。如果宝宝哭闹，可以继续让他吮吸乳房。

Q 每次喂奶前一定要护理乳头吗?

A 擦干净乳头上的乳汁和衣服纤维碎屑即可。

母乳具有杀菌作用，所以事先把残留在乳头上的乳汁和衣服上的纤维碎屑擦净即可。用消毒液护理乳头，容易使消毒液进入宝宝嘴里，最好不要使用消毒液。

Q 感觉乳房胀痛。

A 只要宝宝想吃奶，可以频繁地喂奶。

喂奶时，不一定要间隔固定的时间。只要宝宝想吃奶，就可以喂。特别在宝宝刚出生不久时，勤给宝宝喂奶可以预防并逐渐消除乳房胀痛。

Q 经常喂奶的一侧有肿块。

A 试着变换一下抱宝宝的姿势。

当输乳管的一部分不完全通畅时，就可能有乳汁残留下来，形成肿块。一直以同一种姿势喂奶，会使乳汁总是从部分输乳管中流出。不妨换个姿势给宝宝喂奶，让宝宝从各个方向吮吸，或许情况会有所改善。

Q 宝宝把乳头咬得很疼，继续喂奶情况更严重?

A 可能是宝宝衔乳太浅，看看宝宝是怎样衔乳的。

宝宝衔乳较浅就容易咬到乳头。让宝宝衔到乳晕部位有助于治疗伤口。平时可以在乳头上涂些马油或凡士林，喂奶前用湿纸巾擦净即可。还可以在喂奶时戴上乳头保护罩。

断奶及其他

断奶对宝宝和妈妈来说都是一种考验，也可能断奶失败。这时，可以过一段时间再挑战。并不是"现在必须断奶"，不要把断奶看得太重。

Q 我怀孕了，想给宝宝断奶，可以做乳房按摩吗？

A 没有必要按摩。

如果断奶没有引起乳腺炎，就不必做按摩。如果乳汁分泌过多，引起乳房强烈胀痛，不要问没有经验的人，最好向护士或妇产科的专家咨询一下。

Q 听说不断奶宝宝就会长蛀牙，是真的吗？

A 母乳的成分不易引起蛀牙。

和其他甜食不同，母乳不易引起蛀牙。即使晚上给宝宝喂奶，也不必担心他会长蛀牙。但如果宝宝已经长牙了，在喂完奶后最好用纱布给他擦擦牙，养成保持牙齿清洁的好习惯。

Q 宝宝吃饱了就咬乳头。

A 宝宝吃饱了就要马上停止喂奶。

开始长牙后，宝宝会觉得痒痒的，所以会咬乳头。多数情况下，宝宝吃奶时是吃饱了才会咬乳头。所以，觉得宝宝差不多吃饱了，最好在被咬前迅速地把乳头移开。

Q 宝宝4个月大，但他不喜欢用奶瓶，也不喜欢喝配方奶。

A 体重有所增长的话，说明他摄入足量的配方奶。

如果宝宝的摄入量减少了，但体重仍在沿着生长曲线增长，就说明他已经摄入了足够的配方奶。不喜欢用奶瓶可能是奶嘴或者出口大小有问题。当宝宝用力吮吸也无法喝到奶时，他可能会哭闹。

以轻松愉快的心态循序渐进

添加辅食，
享受吃饭的乐趣

什么是辅食？

宝宝出生后，一直通过母乳或奶粉获取营养。但等到宝宝颈部能够挺直时，就要准备添加辅食了。在吃辅食期间，让宝宝品尝各种食物，最终让宝宝从饮食中吸收必要的营养和能量，所以，辅食也是一个练习阶段。

从母乳、奶粉到固体食物

辅食是一生"饮食生活"的开端

对宝宝来说，母乳和奶粉是最有营养的食品。但随着逐渐长大，只吃母乳或奶粉无法让宝宝获得足够的营养。

但是，一直都在吃奶的宝宝，不能突然就和大人吃一样的食物。所以，辅食就是最佳选择，从液体逐渐向固体转变，非常适合宝宝的消化能力和咀嚼能力。

吃辅食的阶段也是宝宝适应各种食材、练习咀嚼各种食物的时期。

因为这是一生"饮食生活"的开端，所以最好能让宝宝享受到吃饭的乐趣！

宝宝的身体尚未发育成熟，不能跟大人吃同样的食物

宝宝的身体还没有完全发育成熟。例如，在宝宝1岁之前，把从口中进入胃里的食物运送到肠道中的功能（蠕动功能），还不到大人的一半。而且，消化酶的分泌不足，免疫机能不健全，肠道内的细菌群也没有完全形成。即使是少量的病原菌也可能引起宝宝食物中毒。再加上大人食用的食物都含有大量盐分，会加重宝宝的肾脏负担。

直到到8岁左右，孩子的消化功能才能达到成人水平。在此之前，最好让孩子吃与他身体发育、咀嚼能力和消化器官发育相符的食物。

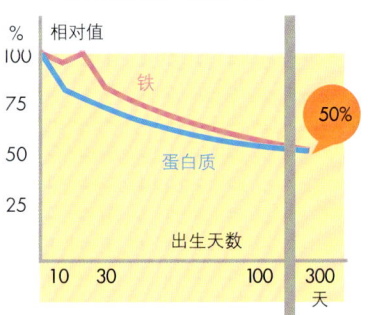

母乳中逐渐减少的营养成分

母乳中的蛋白质和铁，随着出生天数的递增而减少。但宝宝日益长大，吮吸能力逐渐增强，吸食的母乳量也随之增加。所以，6个月前，宝宝都能从母乳中吸收到足够的营养。

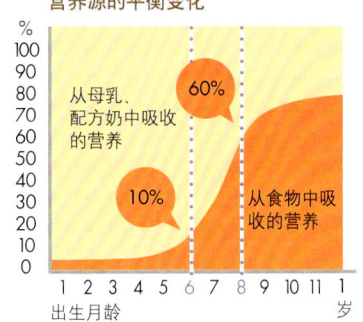

母乳·配方奶 VS 辅食营养源的平衡变化

吃辅食初期，宝宝从辅食中摄取的营养非常少。到6个月左右，宝宝从辅食中摄取的营养占10% ～ 20%。9个月左右，宝宝从辅食中摄取的营养达到60%。

宝宝的身体	
● 消化酶分泌不足	
● 免疫机能不健全	不能和大人吃一样的食物
● 身体的各种机能都不健全	**需要吃辅食**
● 肠内细菌不足	

不能和大人吃一样的食物 需要吃辅食 ▶▶ **8岁以后** 跟大人吃同样的食物

开始 → 结束

不可不知的 **7** 大要点

1 享受吃饭的乐趣

辅食开启了宝宝的饮食生活。最好能让宝宝感受到"吃"是一件快乐的事。不要让孩子觉得吃饭是任务或者受苦，最好让宝宝放松心情，愉悦地进餐。

2 食物一定要加热

婴幼儿对细菌的抵抗力比较弱，为了防止食物中毒，食物一定要加热。加热还可以降低宝宝过敏的风险。蠕嚼期以后，宝宝可以吃番茄、酸奶、水果时，可以不加热，但要注意卫生，每次少量喂食。

3 喂宝宝新的食物和高蛋白食物时要谨慎

宝宝食欲好，大人会非常高兴，一不留意就会喂宝宝吃很多东西，但对第一次吃的食物还是要谨慎些。特别是高蛋白食物，不仅会增加宝宝的肾脏负担，还可能引起食物过敏。宝宝第一次吃的食物，最好先喂 1 勺让宝宝尝一尝。

4 不加调料，清淡饮食

宝宝的肾脏功能尚未发育成熟，和大人吃一样的食物，会加重宝宝的肾脏负担。不要加盐，保持口味清淡。即使宝宝在不断成长，也只能放一点点盐。这一时期，要让宝宝品尝食材天然的味道。

5 按时吃辅食

确定了用餐时间后，尽量按时用餐。让宝宝养成在每天同一时间进餐的习惯后，身体也会随之进入摄取食物的状态。按时吃饭还有助于养成规律的入睡、起床等生活习惯。

6 根据宝宝的食欲确定喂食量

在各个阶段，宝宝的食量都有一个大致的范围，只是每个人的食欲有差别。所以，给宝宝吃多少要根据宝宝的食欲来定。刚开始吃辅食时，宝宝食量是逐渐增长的。要注意，无论在哪个阶段，都不要给孩子喂食过量的蛋白质。

7 注意营养要均衡

辅食的食谱如下：①提供能量的食物（米饭、面包、面条等），②富含维生素、矿物质的食物（蔬菜、海藻类、水果等），③富含蛋白质的食物（蛋、鱼、肉、豆腐等）。大人要掌握好各种营养的平衡，但不必追求绝对均衡。

婴幼儿食品的基础知识

婴幼儿食用的"速食食品"安全标准非常高，在卫生和味道方面也十分严格。所以，不必为做辅食而发愁，可以借助婴幼儿的"速食食品"。这些食品不仅形状各异，素材也很丰富，有炖菜、汤、南瓜泥等。很多人都会参照这些食品的形状和味道，试着自己给宝宝做辅食！

辅食期的 4 个阶段

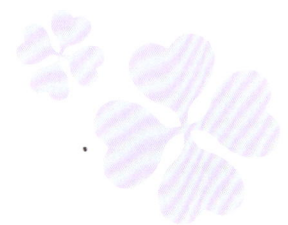

以婴幼儿口腔的变化，可以将辅食分为 4 个阶段：吞咽期、蠕嚼期、细嚼期、咀嚼期。

吞咽期　　5 ~ 6 个月

让宝宝习惯辅食的味道和口感

宝宝第一次吃非液体的食物，会感到不知所措，所以要慢慢地、小心地喂宝宝。这一阶段的目标是让宝宝习惯吃辅食和吞咽食物。可以把食物捣成糊状，每两周增加一点喂食量，并加些蔬菜泥和其他容易消化吸收又富含蛋白质的食物，捣成糊状喂给宝宝。

宝宝的舌头只会前后运动，直接吞咽食物。把食物捣成顺滑、黏稠的糊状，用勺子刮，能留下痕迹的程度比较合适。

1日1次 ➡ 1日2次

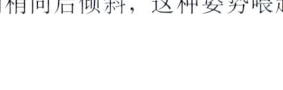

刚开始添加辅食时，1 天 1 次，1 个月后可以每天 2 次。把勺子轻轻地放在宝宝下唇中间，待宝宝闭合上唇，把食物含到嘴里后再抽出勺子。当食物溢出或宝宝向外吐时，用勺子接住食物，耐心地再喂给宝宝。喂婴儿吃辅食时，可以让婴儿坐在妈妈的大腿上，并使婴儿身体稍稍向后倾斜，这种姿势喂起来更方便！

【本阶段适宜食物】

富含能量的食物 / 米粥、山芋、土豆等
富含维生素和矿物质的食物 / 南瓜、胡萝卜、洋葱、茄子、卷心菜、菠菜、苹果等
富含蛋白质的食物 / 沙丁鱼干、鲷鱼、豆腐等

蠕嚼期　　7 ~ 8 个月

可以吃的蛋白质类食物增多

咽不下去的块状食物，宝宝会用舌头弄碎后再咽下，最好把食物做成宝宝能用舌头轻松弄碎的硬度。这一阶段，宝宝可食用的蛋白质类食物有所增加，要把鸡胸肉、乳制品、鸡蛋等列入食谱。用蔬菜和米煮粥时，要煮得软一些，最好适当地勾一勾芡，这样营养更加均衡。

宝宝的舌头不仅能够前后运动，还能上下活动，能弄碎较软的块状食物。最好把食物制成软硬和豆腐类似的程度。

1日2次

让宝宝养成每天进食两次辅食的习惯。把较浅的勺子放轻轻地放在宝宝的下唇上，待宝宝闭合上唇把食物含入嘴里，用舌头弄碎并咽下后，再喂下一勺。因为宝宝要用舌头把食物弄碎，所以吃饭的姿势要方便下颌和舌头用力，最好让婴儿坐在脚能踩到地面的椅子上。

【本阶段适宜食物】

在吞咽期食物的基础上，添加以下食物：
富含能量的食物 / 面条等
富含维生素和矿物质的食物 / 秋葵、青椒、烤干的紫菜等
富含蛋白质的食物 / 蛋黄、整蛋（8 个月以后）、鱼、鸡胸肉、原味酸奶等

- 每天按时吃辅食。
- 吃新食物时先喂 1 勺，再逐渐增加喂食量。
- 如果宝宝吃完辅食还想喝母乳或奶粉，可以让他喝。
- 不要加调料，婴儿食品要清淡。让宝宝品尝食材天然的味道。
- 让宝宝吃低脂肪的食物。蛋白质的摄取量也要符合各个阶段的需求。

细嚼期　9～11个月

预防缺铁，规律进餐

宝宝身体所需的营养有 60% 要从辅食中获取。这一阶段，宝宝容易缺"铁"。鸡肝和红肉中含有丰富的铁，最好经常让宝宝吃这类食物。在这一时期，宝宝渐渐会用牙龈咬食物，能吃比蠕嚼期稍大、稍硬的食物，但要注意，太硬的食物反而会让宝宝养成把食物整个吞下的习惯。

宝宝的舌头能够前后、上下、左右活动，会用牙龈咬碎舌头弄不碎的食物。食物的硬度以类似香蕉的软硬程度为宜。可以试着让宝宝吃一些小块或薄片食物。

1 日 3 餐

这一阶段宝宝差不多可以每天吃 3 次辅食。把大人们吃的菜分出一些，味道调得清淡些，让宝宝享受和家人一起吃饭的快乐。这一阶段，宝宝总想自己动手吃饭，最好准备些容易抓起的食物，适当地允许宝宝自己动手。让宝宝坐在桌前，身体稍稍前倾就可以够到桌上的食物。

【本阶段适宜食物】

在蠕嚼期食物的基础上，添加以下食物：
富含能量的食物 / 意大利面、面粉类食物等
富含维生素和矿物质的食物 / 裙带菜、海藻、琼脂类食物、韭菜、菌类等
富含蛋白质的食物 / 青背鱼、鸡腿肉、瘦牛肉、瘦猪肉等

咀嚼期　1岁～1岁6个月

吃各种食物，练习咀嚼

宝宝的臼齿还没有长全，还不能像大人一样吃东西。给宝宝吃大人的饭菜时，要做得稍软、清淡些。最好让宝宝品尝各种口感的食物，练习咀嚼。如果宝宝 1 日 3 餐都能用牙龈咀嚼食物，就不用再吃辅食了。奶瓶也可以试着换成杯子。

宝宝的舌头能自由活动。把食物制成与丸子相近的软硬程度，宝宝能用牙龈嚼即可。不妨做一些容易拿起的手指食物，让宝宝练习自己吃饭。

1 日 3 餐

这一阶段可以让宝宝吃煎炸食物、炒菜等，但每次不能吃太多。虽然让宝宝自己动手吃饭会弄脏衣服和桌子，但最好还是让他自由享用。让宝宝坐在椅子上，两脚着地，并调节桌子的高度，使宝宝的胳膊肘能支在桌子上，这样更便于宝宝自己动手吃饭。

【本阶段适宜食物】

在细嚼期食物的基础上，添入以下食物：
富含能量的食物 / 米饭、清淡的馅饼等
富含维生素和矿物质的食物 / 混合蔬菜、鳄梨等
富含蛋白质的食物 / 汉堡包、丸子（混合在一起的牛、猪肉也可以）、煎豆腐等

主要食物的硬度·大小一览表

各阶段

刚开始给宝宝添加的辅食应该是糊状的。到辅食期即将结束时，就可以给宝宝吃硬度与丸子相近的食物了。宝宝能吃辅食的确令人高兴，但不要急着给宝宝吃更硬、更大的食物，要循序渐进，慢慢变化。在这一阶段，让宝宝养成咀嚼食物的好习惯，才是受用一生的宝贵财富。

	5～6个月 吞咽期	这一阶段的食物中没有颗粒物，呈糊状。到后期可以增加食物浓度。以米粥为例，前半阶段米和水的比例为1：10，后半段为1：7。	约7～8个月 蠕嚼期	食物的硬度与柔软的豆腐相近。小白菜、鱼等富含膳食纤维的食物和比较干散的食物，可以勾一勾芡，吃起来更方便。
大米				
胡萝卜				
小白菜				
豆腐				
鱼肉				

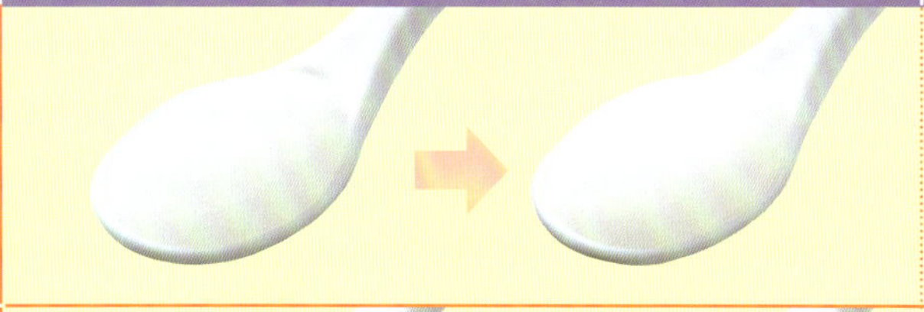

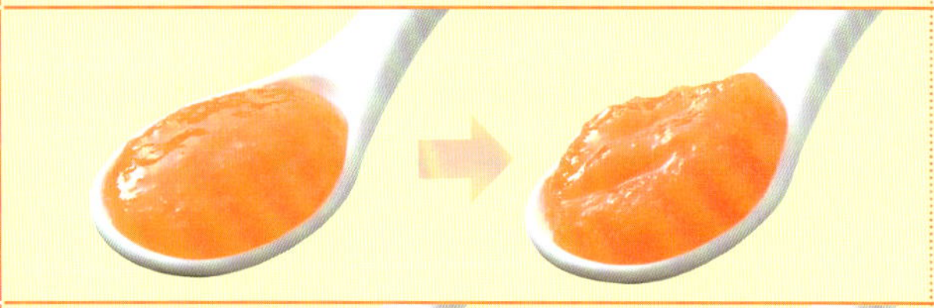

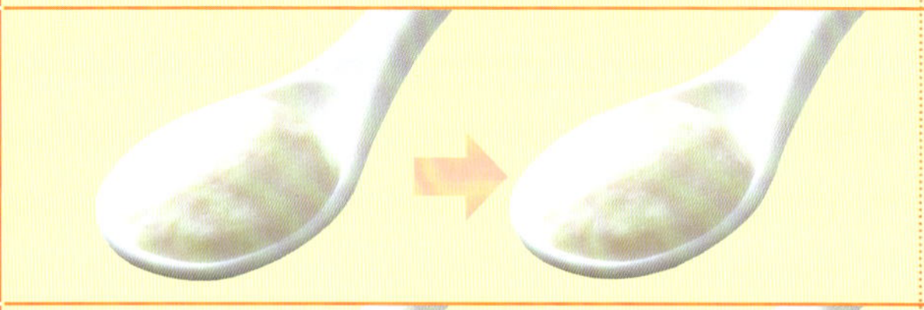

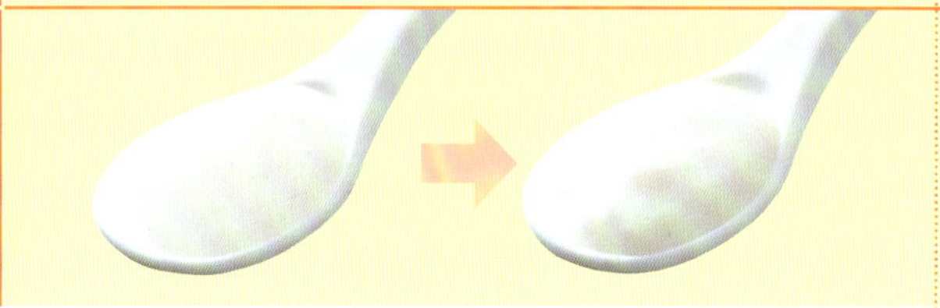

糊状→需要嚼碎的固态。
细微的进步

从图中可以看到，从吞咽期的前半段到咀嚼期的后半段，食物的形态完全不同。在这期间，形态的变化非常细微、逐渐推进。因为宝宝能吃，就不分大小和软硬，喂宝宝吃不合月龄的食物，可能会让宝宝养成将食物整个吞下的习惯，也可能因为没有细细咀嚼和品尝到某种食物的味道而讨厌这种食物。

谨慎喂食鸡蛋。各个阶段宝宝能吃的最大分量为

鸡蛋含有丰富的优质蛋白质，但很可能引起过敏，所以很多父母都会觉得鸡蛋很可怕。下图是宝宝各个阶段每餐能吃的鸡蛋的最大分量，供参考。一开始时最好只喂宝宝吃1勺蛋黄，如果添加蛋黄几天内宝宝没出现拉肚子、身体发痒等不良反应，就可以每餐喂2勺，然后再观察几天，逐渐增加喂食量。最好不要擅自增加鸡蛋的进食量。

蠕嚼期前半段	蠕嚼期后半段	细嚼期	咀嚼期前半段	咀嚼期后半段
1个煮鸡蛋蛋黄	1/3个煮鸡蛋	半个煮鸡蛋	半个煮鸡蛋	2/3个煮鸡蛋

9～11个月 **细嚼期**	这一阶段，宝宝能用牙龈咬碎食物，所以把胡萝卜等煮软，不用捣碎，切成宝宝一口吞不下去的块状即可。	1岁～1岁6个月 **咀嚼期**	食物的硬度和大小控制在宝宝用牙龈咬动的程度即可。像小白菜这种膳食纤维较多的食物，不可能完全切碎，可以勾芡，吃起来更方便。

基本加工方法

一些烹饪技巧可能做成人的饭菜时用不到，但做辅食时却非常有用。下面就来学习一些必备的基本辅食加工方法！

过筛

用网眼较细的工具滤筛食物、去除渣滓，使食物变得顺滑的一种加工方法。图中是将煮软的土豆过筛。此外，南瓜、胡萝卜、芜菁等也很容易过筛。过筛后加汤稀释，是绝佳的吞咽期食品。

将上图中的土豆用筛网过筛后的效果。比捣碎的更细腻。

也可以用茶叶篦子或笊篱代替滤网。

研磨

富含膳食纤维的食物口感不佳，干巴巴的，但研碎后吃起来还不错。把食物放在研钵中，用研磨棒把食物的膳食纤维磨碎，使食物变得顺滑。图中是在研磨煮好的鱼肉。

研磨后的鱼肉。配合辅食的不同阶段，将食物研磨至合适的状态即可。

可以购买专用的辅食研钵和研磨棒，迷你型号的研磨工具用来研磨少量的辅食再方便不过了。

勾芡

勾芡可以使富含膳食纤维的食物更顺滑、更易于下咽。通常是在热腾腾的食物中加入水溶淀粉，使食物变得黏稠、顺滑。利用淀粉的这种特性，可以把黏稠的淀粉浇在食物上。所谓的"浇汁菜"，就是在汤中放入淀粉勾芡，然后浇在食材上。

稀释淀粉
将淀粉和水以 1:2 的比例混合并搅拌均匀。

倒入煮沸的锅中
把稀释后的淀粉倒入锅中。要一边观察菜肴的状态，一边徐徐倒入。

勾芡后的状态
不停地搅拌混合，待勾好芡后关火。

也可以用微波炉加热
在 50ml 的水中加入 1 小勺的水溶淀粉，放入微波炉中加热 10 ～ 30 秒。

浇在食材上
把勾好芡的汤汁浇在食物上。

调成浇汁菜
淀粉溶解在汤汁里后，浇汁菜就大功告成了。

粥的做法　10 倍粥

　　粥是最常见的辅食。"10 倍粥"就是用 1 份米兑 10 份的水煮成的粥。从 10 倍粥开始，到 7 倍粥 → 5 倍粥 → 软饭，硬度逐渐变化。用煮好的米饭做成的粥味道也不错，要想省事的话，也可以用米饭来煮粥。

要　点

多做些冷冻起来

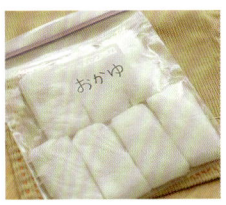

宝宝每顿饭的食量很小，每次都煮粥很麻烦。为了方便起见，可以多煮些粥，然后分成可一次吃完的小份，用保鲜膜包好，放入冰箱中冷冻起来。冷冻的粥最好在 1 周内吃完。

用米煮粥

准备材料
1 大勺米兑 150ml 的水，大概可以煮出 125ml 的粥。

把米放在水中浸泡片刻
淘好米后把米浸泡在水中。图为 2 大勺米兑 300ml 的水。

大火煮沸
盖上锅盖用大火煮沸。开锅后容易溢出，要多留心。

小火煮 40 分钟
煮沸后转成小火。为了防止外溢，要把锅盖稍稍打开。

关火焖
盖好锅盖，焖 10 分钟左右。

研磨
把米粥盛入研钵中，磨至黏稠顺滑、看不到米粒即可。

用米饭煮粥

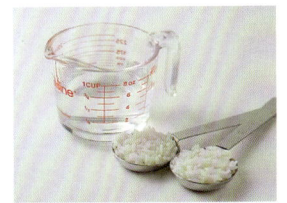

准备材料
2 大勺米饭兑 150ml 水。

把米饭放入水中
把米饭和水倒入锅中。

蒸煮
这一步与用米煮粥相同。转小火后，再煮 20 分钟左右。

关火
小火煮 20 分钟后再焖 10 分钟即可成为图中的煮好的米粥。

第一次品尝的味道，宝宝爱吃吗？

吞咽期 **5~6个月**

1 当宝宝开始对爸爸妈妈的食物感兴趣时，就可以给他添加辅食了。这一阶段最重要的目标是，让宝宝习惯除母乳和奶粉以外的味道。

宝宝从出生以来就一直吃母乳或奶粉，把除此之外的食物放入嘴里并咽下，会让宝宝感到害怕。这一阶段的重点是，让宝宝习惯除母乳和奶粉之外的味道。

宝宝5~6个月大时，就可以开始添加辅食了。如果宝宝颈部能够挺直，扶着可以坐稳，且对大人的饭菜感兴趣时，就可以在他身体状况比较好的时候开始添加辅食。记住不要心急，要循序渐进。

2 在吞咽期要特别注意增加分量的方法。对宝宝第一次吃的食物，一定要先喂1勺，观察宝宝的状态后再逐渐增加进食量。

	第1周								第2周						第3周
	第1天	2	3	4	5	6	7	8	9	10	11	12	13	14	第15天
富含能量的食物（例：研磨好的10倍粥）	START▶								逐渐增加分量 →						
富含维生素和矿物质的食物（例：过筛后的南瓜）					START▶								逐渐增加分量 →		
富含蛋白质的食物（例：磨碎的豆腐）										START▶					逐渐增加分量 →

※1勺是指量勺的1小勺（5ml）。如果使用喂辅食用的小勺计量，则为几勺。

添加辅食的基本原则是，不要着急，逐渐增加。在吞咽期，很多食材宝宝都吃不习惯，在喂时需要格外用心。给宝宝引入新的食物时，不要喂太多，1小勺即可。在增加分量的同时，还要观察宝宝是否爱吃，吃完后皮肤和大便是否有变化。可以参照左图，逐渐增加食物的分量。

3 习惯米粥和蔬菜后再开始引入豆腐和白色鱼肉等富含蛋白质的食物

蛋白质对肌肉等的发育非常重要，但有些食物容易引起食物过敏。这一阶段宝宝可以食用的富含蛋白质的食物有豆腐、鱼肉（如鲷鱼等。注意，鳕鱼容易引起过敏，最好到"蠕嚼期"再引入）等。等宝宝习惯了黏稠的米粥和蔬菜等富含能量、维生素、矿物质的食物后，再少量引入富含蛋白质的食物。而鸡蛋、肉和乳制品等，最好过一段时间再添加。

4 把食物做成糊状。
1个月后宝宝吃习惯了，再稍微增加黏稠度，每天吃2次

　　这一阶段，宝宝的舌头只会前后运动，还不会弄碎食物。所以把粥研磨，用汤汁稀释磨碎的蔬菜或豆腐等，把食物调成黏稠的糊状。刚开始时先喂1小勺粥，待宝宝吃习惯后再引入蔬菜。之后再加入富含蛋白质的食物，并逐渐增加分量。每隔1个月逐渐增加引入的食物，养成吃辅食的习惯后，每天吃2次，并稍稍提高黏稠度。

5 基本原则是不加调料。
食物一定要加热后再喂给宝宝

　　宝宝的肠胃和肾脏功能还没有发育完全，盐和油都会增加内脏的负担。当然，并不是所有的辅食都不能加调料，只要确保清淡就好。可以参考右表，少量使用调料，最好让宝宝品尝食材天然的味道。

　　此外，为了杀菌和预防过敏，食物一定要加热后再给宝宝。香蕉等水果也要加热、脱敏（去除易过敏的部分）后，才能放心地喂给宝宝。

（吞咽期·每餐调料用量表）

盐	×	不要用
白糖	0～1/3 小勺	优质白糖。尽量不要用。
酱油	×	不要用
味噌	×	不要用
油	0～1/4 小勺	植物油。宝宝6个月后再用。
黄油	1/4 小勺	最好用无盐黄油
蛋黄酱	×	不要用

6 吃完辅食后，如果宝宝想喝母乳或奶粉，
就可以喂给他吃

　　在添加辅食的开始阶段，宝宝除了要从食物中摄取营养，更重要的是习惯各种食物的味道。吃完辅食后，只要宝宝想喝母乳或奶粉，就可以喂。在这一时期，不必担心因为喝母乳而不吃辅食。随着辅食的进食量逐渐增加，母乳或配方奶的摄入量自然就会减少。对于爱喝配方奶而不喜欢吃辅食的孩子，可以把食物过筛后用奶粉冲调。

向蠕嚼期过渡

爱吃辅食

能够顺利吃下水分较少的糊状食物

主食和零食合起来，每次能吃半碗（婴儿专用碗）

可以吃的食物越来越多
蠕嚼期 **7**~**8**个月

1 能用舌头弄碎食物，慢慢地用勺子吃饭

制定每天给宝宝吃辅食的时间表，并逐渐增加引入食物的种类。宝宝会用舌头和上颚弄碎食物后，吃到又小又软的块状食物时，就会在嘴里弄碎后再咽下去。这样一来，宝宝有了想吃更多食物的欲望，就会慢慢学会用勺子吃东西了。确定宝宝把食物弄碎并咽下去后，再喂第二勺。

2 差不多可以吃鸡蛋了。从少量煮熟的蛋黄开始

蛋黄一定要煮熟后再捣碎、稀释。前半段的最大食用量为1个蛋黄。

在蠕嚼期的前半段，只能给宝宝吃煮熟的蛋黄。直接吃蛋黄干巴巴的，可以加水或汤调一调，或者拌到粥里吃。不要把生蛋黄拌到粥里喂宝宝，即使加热也会有蛋白混杂在其中。从1小勺蛋黄开始，逐渐增加分量。当宝宝能吃下一整个蛋黄后，就可以开始喂宝宝吃少量的蛋白。这一阶段最大食用量为1/3个鸡蛋。

3 饮食依然要保持清淡

和吞咽期一样，这一阶段的食物仍然要十分清淡，让宝宝品尝各种食物天然的味道。吞咽期的食物不加盐，从这一时期可以开始加盐。但母乳中也含有盐分，所以用量一定要非常少。用盐时不能超过右表中的量。用生鸡蛋做成的蛋黄酱，一定要加热后才能给宝宝吃。

（蠕嚼期·每餐调料用量表）

盐	0.1g	母乳中含有盐分，控制用量
白糖	2/3~5/6小勺	很多食物中都含有糖分，控制用量
酱油	0.7ml	与盐和味噌一起使用时，少量使用
味噌	0.8g	从后半段开始使用，极少量
油	1/2小勺	最好用橄榄油
黄油	1/2小勺	不用油和蛋黄酱时的添加量
蛋黄酱	2~2.5g	加热后食用。不用其他油脂时的添加量

向细嚼期过渡

把香蕉切成薄片喂给宝宝吃，宝宝会做出用牙龈咬香蕉的动作

吃豆腐等软的块状食物时，会用嘴嚼碎再咽下

主食和零食合起来每餐差不多能吃1碗（婴儿专用碗）

细嚼期 9~11个月

1 每日3餐，练习咀嚼

这一时期，宝宝的舌头不仅会前后、上下活动，也会左右动。上颚弄不碎的食物，就会用舌头把食物弄到左右两侧，用牙龈咬碎后咽下。吃软的食物时，宝宝会咀嚼，一侧的腮部鼓起，嘴唇也跟着来回动。慢慢改变食物的硬度和大小，让宝宝练习咀嚼。让宝宝每天都享用1日3餐，与家人一起围坐在餐桌前，感受用餐的乐趣。

动物肝脏、虾米、纳豆、小松菜和海藻类都是富含铁元素的食物。此外，还有瘦肉、红色鱼肉(鲣鱼、金枪鱼)、豆腐等。

2 容易缺铁，要有意识地通过饮食补铁

到这一阶段，母乳中的铁含量锐减。有些人认为宝宝还在喝母乳，营养足够，所以很放心，但其实有些宝宝会贫血。最好有意识地让宝宝多吃些富含铁的食物。做菜时最好用铁锅。同时也要平衡摄入有益于铁元素吸收的维生素C和蛋白质。

3 依然保持清淡的口味。宝宝的味噌汤要比大人的稀4倍

这一阶段要控制盐和糖的摄入量，保持清淡。盐和酱油的使用量与蠕嚼期相同。宝宝和大人同桌吃饭后，能吃很多大人吃的菜。最好在调味前，把宝宝的那份分出来单独调味（或者不加调料）。宝宝喝的味噌汤要比大人的稀4倍。可以继续喂宝宝吃蛋黄酱，但仍需加热。

（细嚼期·每餐调料用量表）

盐	0.1g	与蠕嚼期相同
白糖	1小勺	用量可以更少些
酱油	0.7ml	与蠕嚼期相同
味噌	0.8g	做酱汤时比大人的稀4倍
油	3/4小勺	炒菜或做浇汁菜时要减少用量
黄油	3/4小勺	尽量用无盐黄油
蛋黄酱	3g	加热后食用。不用其他油脂时的添加量

向咀嚼期过渡

像香蕉这样的食物，会用牙龈嚼碎后咽下

自己用手抓食物吃

1日3餐按时用餐

试着自己抓东西吃！

咀嚼期

1岁~
1岁6个月

1 会用手抓有形状的食物吃。把手指食物列入食谱

这是添加辅食的最后一个阶段。宝宝的舌头可以自由活动，像炸薯片等食物，宝宝能用门牙咬断，用牙龈磨碎。看到自己想吃的食物，会自己伸手去拿，喜欢用手抓着吃。这是宝宝向独立用餐过渡的重要阶段。像胡萝卜这样的棒状食物，最好煮熟后做成方便抓着吃的样子。

2 能规律地吃辅食后，再开始喂零食。不要让宝宝吃太多零食

选择安全优质的饼干和水果给宝宝补充营养

零食有助于给宝宝补充营养。宝宝能规律地吃辅食后，可以在下午3点左右，让宝宝吃一些零食。零食可以选择煮熟的蔬菜、香蕉、酸奶或牛奶等优质的食物。此外，婴幼儿食品（儿童仙贝、威化饼干、松饼等）中不含添加剂，也可以作为零食给这一阶段的宝宝吃。

3 控制调料的用量，蛋黄酱最好加热后再吃，生吃也没问题

盐、酱油、味噌的用量和蠕嚼期、细嚼期大致相同。即使宝宝吃惯了辅食，也要保持清淡的味道，以免给宝宝尚未发育成熟的内脏增加负担。这一时期养成清淡的口味，会让宝宝长大后也保持清淡、健康的饮食。之前加热后才能食用的蛋黄酱，这一阶段最好继续加热，但如果给宝宝吃未加热的蛋黄酱，宝宝没有不良反应，就可以直接喂食了。

（咀嚼期·每餐调料用量表）

盐	0.1g	与蠕嚼期、细嚼期相同，注意味道不能过咸
白糖	1⅓ 小勺	尽量让宝宝品尝食材天然的味道
酱油	0.7ml	与蠕嚼期、细嚼期相同，注意味道不能过浓
味噌	0.8g	与蠕嚼期、细嚼期相同，注意味道不能过咸
油	1 小勺	炒菜或做浇汁菜时要减少用量
黄油	1 小勺	尽量用无盐黄油
蛋黄酱	4g	最好加热后食用。如果没有不良反应，可以直接食用

向幼儿期过渡

能用门牙咬断食物，用牙龈咬碎食物

每日用餐3次并好好进食，大部分营养成分从3餐中摄取

会用杯子喝牛奶或酸奶

感受吃饭的乐趣
幼儿食品

1 断奶，从正餐摄取营养

每个宝宝断奶的时间都不一样，但过了 1 岁就不必再用奶水补充营养。为了安抚宝宝，特别是睡觉前，有的大人会给宝宝喂母乳或奶粉。但宝宝已经能从正餐中获取所需的营养，可以不再吃辅食了。不过，这并不意味着宝宝马上就能和大人吃同样的食物。到 8 岁左右，宝宝的各项身体机能才会发育完全。在此之前，要注意食物的硬度、大小和口味，最好用心准备适合各个发育阶段的幼儿食品。

2 到 3 岁左右上下臼齿才能长齐。咀嚼力不及成人

不再吃辅食后，宝宝里面的牙开始萌出（第一颗臼齿）。直到 2 岁半～3 岁半，宝宝才能长齐上下臼齿，但咀嚼力还达不到成年人的水平。一个 6 岁左右的孩子的咀嚼力只有成年人的 40%。要想锻炼宝宝咀嚼力，就不能一味地给宝宝吃硬东西，而要注意食物的大小、硬度、黏度和弹性，变换食物品种，耐心地让宝宝练习咀嚼各种食物。

3 保持清淡的口味，要比大人更淡

烹制辅食时，最重要的是保持清淡的口味，幼儿食物也是如此。每天摄入的盐分最好保持在 2 ～ 3g，是大人每天摄入盐分的 1/5，要比大人的食物清淡几倍。对于食物的硬度，大人能用手指碾碎的，宝宝差不多就能用门牙咬断、用臼齿嚼碎。宝宝已经能够灵活使用勺子等餐具，最好做些方便盛起的饭菜。

4 零食每天吃 1 ～ 2 次为宜。最好定时给宝宝吃零食

幼儿期的宝宝活泼好动，需要摄取大量的能量和营养。但幼儿的胃还比较小，消化能力也不成熟，只靠正餐无法获得足够的营养。幼儿期的零食很重要，是正餐的补充。不要给宝宝吃巧克力、蛋糕，最好经常给宝宝吃水果、乳酪、酸奶等乳制品，还有小饭团和迷你三明治等。零食最好定时、定量进食，不要影响正常进餐。

幼儿食谱

幼儿在 3 岁前，每天的进食量大致如下。在此基础上可以添加以下零食，1 杯牛奶、2 ～ 3 片饼干、半杯水果酸奶。

早餐

面包切片，做成果酱吐司
莴苣切碎，放入鸡蛋汤中
甘蓝用热水焯一下，拌入蛋黄酱

午餐

什锦面条
橘子（半个）

晚餐

米饭、浇汁旗鱼
黄油煮南瓜
豆腐裙带菜味噌汤

易过敏的宝宝，不能吃鸡蛋和牛奶？

辅食与食物过敏

吃一些特定的食物后出现腹泻、湿疹、呕吐、呼吸困难等不良反应，就是食物过敏。要谨慎确定宝宝过敏的食物，切记不可擅自判断。

什么是食物过敏？

人体具有排除外来异物的免疫功能，这种反应在身体上表现出来的症状就是过敏。食物过敏就是身体认为某种食物是异物时做出的反应。

因为害怕过敏而过分限制宝宝的饮食，宝宝容易缺乏成长所需的营养，给身体带来不良影响。怀疑宝宝过敏，必须向儿科医生或专治过敏的医生咨询。在婴幼儿期，孩子对很多食物都会过敏。但随着成长，消化功能也会发育完善，过敏情况会有所改善，90% 的孩子在上小学时都自然痊愈了。

谨慎喂食蛋白质类食物，预防食物过敏

基本上，所有食物对人体来说都是异物，尤其是蛋白质，非常容易成为过敏源。从蛋白质的结构来分析，蛋白质不经过完全分解即可抵达小肠，且以大分子的形式进入人体。因此，容易被人体当作异物，引起过敏反应。

谨慎喂食蛋类和乳制品等富含蛋白质的食物，可以有效预防这类过敏。一定要按阶段引入蛋白质类食物，并控制食用量。

易过敏的宝宝要注意以下食物

蛋类
最容易引发过敏的食物。与蛋黄相比，引入蛋清更要谨慎。

牛奶和乳制品
还要注意黄油、乳酪、酸奶等。有针对牛奶过敏的婴幼儿专用奶粉。

面粉
不仅面包、面条是面粉加工而成，一些点心中也会加入面粉。所以，购买食品时，要仔细地看清楚配料说明。

● 大豆	● 芝麻
● 大米	● 猕猴桃
● 糙米	● 鳕鱼
● 荞麦	● 青背鱼
● 山芋	● 虾
● 肉类	● 明胶
● 花生	

擅自断定过敏易导致营养不良，一定要咨询医生

父母中的一方过敏、兄弟姐妹过敏、宝宝表现出异常症状，以上三种情况，符合得越多过敏的可能性就越高。但千万不要擅自断定过敏，不给孩子吃某种食物。极端一点，比如不给孩子吃蛋类和鱼类，孩子就无法获取足够的维生素 D，可能导致骨骼变形，影响身体发育。所以，一定要咨询医生，接受检查后，再在医生的指导下停止给宝宝吃某种食物。

易过敏的宝宝 添加辅食要点

1 少量、慢慢地引入辅食

如果宝宝的父母或兄弟姐妹中，有人有过敏症状，担心宝宝也会过敏，可以推迟引入辅食的时间。但长时间只吃母乳容易导致营养不良。最好在宝宝 6 个月后开始添加辅食，并慢慢增加分量。

2 食物加热后再吃

鸡蛋、水果、蔬菜、鱼子等加热后，会使食物分子发生改变，降低过敏的可能性。加热还可以杀菌，所以做辅食时，一定要加热食物后再喂给宝宝吃。水果和果汁也要用微波炉加热。香蕉等水果加热后又甜又软，非常适合做辅食！此外，还可以给宝宝吃酸奶等发酵的食物。

3 谨慎喂食蛋白质类食物

蛋类、鱼贝类和乳制品等富含蛋白质的食物容易引起过敏，宝宝吃这些食物时，要注意观察宝宝的情绪、大便状态和皮肤变化，谨慎喂食。从吞咽期的后半期起，可以少量地引入豆腐和鱼肉等食物，但鳕鱼容易引起过敏。

4 尽量少吃现成的食品

当食物中含有高致敏风险的成分时，生产厂家有义务标示出来，但有时可能是在制作过程中混入的。给宝宝吃的食物，最好还是亲手烹制。但针对易过敏宝宝设计的婴幼儿食品，不必有这样担忧，通常原料可靠，且不掺有任何添加剂。

5 酸奶等有利于调理肠道

肠道的健康影响着全身的健康状况。酸奶富含双歧杆菌、乳酸菌、低聚糖等有助于激发肠道内益生菌活力的成分，能阻止人体吸收过敏源。如果宝宝对乳制品不过敏，可以把酸奶等食物加入到辅食中，调理肠内菌群。

6 少量用油。推荐使用紫苏油

宝宝体内的消化酶还不能充分分解脂肪，要注意不要过量用油。尽量少喂宝宝吃油炸或煎炒的食物。此外，还要注意一下油的种类。建议使用紫苏油，紫苏油富含 α - 亚麻酸，可以提高免疫力。但要注意，α - 亚麻酸很容易氧化，最好与维生素 C、味噌、有色蔬菜等抗氧化食物同食。

辅食疑问解答
Q&A

关于做法和调味

辅食是宝宝的第一顿正餐，也是新手妈妈们第一次给宝宝制作的佳肴，所以会有很多不明白的地方。那么，辅食的做法究竟和大人的食物有什么不同呢？

Q 都说辅食要清淡些，要清淡到什么程度？

A 保有食材天然的味道即可，不能以大人的口味来判断。

辅食基本上不需要调味，特别是吞咽期的辅食，无须增加任何调料。蠕嚼期以后的辅食，大人能尝出一点味道即可。如果把味道调至大人都觉得好吃的程度，就太重了。

Q 鱼肉和其他肉类干巴巴的，宝宝不太爱吃。

A 可以勾芡或拌一拌，把膳食纤维拍散。

在吞咽期和蠕嚼期，食物要加热、拍碎后勾芡，或者和酸奶、水果拌在一起。到了能用手抓着吃东西的阶段，可以先拍一拍肉，把膳食纤维拍散后切成长条状烧熟，这种做法非常受欢迎。

Q 蔬菜等食物需要过筛，到什么时候不用过筛？

A 在吞咽期食物需要过筛后喂食。

在吞咽期，宝宝还不会用舌头和上颚弄碎食物。尽管过筛比较麻烦，但最好还是把食物过筛后再喂给宝宝吃。米粥或南瓜煮得黏稠些，然后磨碎。到蠕嚼期，就不需要再过筛了。

Q 可以添加蜂蜜调出甜味吗？

A 在宝宝满 1 周岁之前，最好不要喂他吃蜂蜜或红糖。

蜂蜜的味道很甘醇，但未满 1 周岁的宝宝不能吃蜂蜜。因为蜂蜜中可能混有肉毒杆菌，可能使宝宝患上婴儿肉毒中毒综合征，红糖也是如此。在宝宝 1 周岁之前最好不要喂他吃蜂蜜和红糖。

关于食量大小和偏食

不吃、吃得太多、挑食……无论什么时候，这个问题都是育儿时的主要问题。宝宝的食量大小和偏食，究竟应该如何判定呢？

Q 宝宝食量小，我们担心他吸收不到足够的营养。

A 看看宝宝的体重是否沿着生长曲线增加。

从某种程度来说，吃得多或少是宝宝的性格使然。不能因为宝宝的食量比其他宝宝小，断定这会影响身体健康。要仔细研究宝宝的成长状态。可以将宝宝的体重填入生长曲线图，仔细研究一下。即使变化很小，但只要体重沿着曲线增加就没问题。相反，如果宝宝的体重从某一时期开始不再增加，就要注意了，这可能是某种疾病的初期表现，最好到儿科检查一下。

如果宝宝食量大且父母又很担心时，也要先对照一下生长曲线。如果曲线突然呈直线增长趋势，则可能是营养过剩。为了预防幼儿肥胖，需要检查一下正餐和零食的食物。

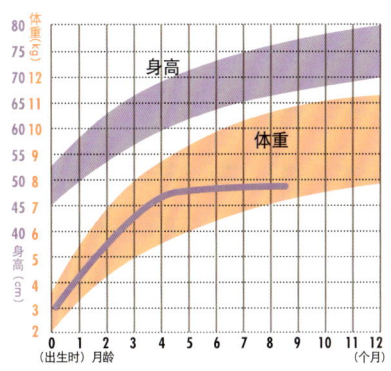

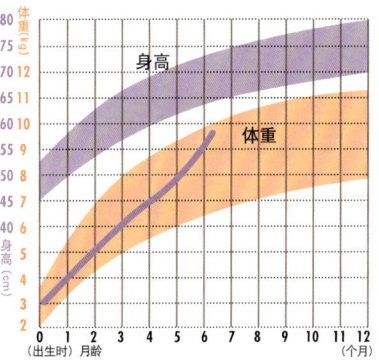

上图为营养不良的体重增长状况，下图为有肥胖倾向的体重增长状况。如果宝宝生长曲线的弧度与标准曲线偏离过多，就要注意了。

Q 宝宝长得胖墩墩的，需要限制饮食吗？

A 注意不要摄入过多的糖分和脂肪。

如果宝宝的体型较大，但体重沿着生长曲线增长，就没什么大问题。但是，宝宝的内脏还未发育成熟，为了不增加内脏负担，注意不要摄入过多的糖分和脂肪。注意不要饮用过量的果汁或电解质饮料，这一点经常被忽视。

Q 真想养一个不挑食的宝宝。

A 对宝宝偏食太在意，有时会起反作用。

虽然可以把宝宝不爱吃的食物和爱吃的食物掺在一起，但过了1周岁后，这样反而会让宝宝更挑食。有的宝宝长到11～18岁时，就会开始吃一些原来不爱吃的食物。所以，现在最重要的是为宝宝营造出愉悦的用餐环境。

Q 宝宝突然就不喜欢吃辅食了。

A 中途懈怠的情况时有发生，先观察一下宝宝的情绪。

这种中途懈怠的情况经常在嚼嚼期出现。这是因为宝宝的注意力从食物转移到其他事物上了，他感兴趣的事情很多。如果宝宝情绪很好，只是暂时不爱吃辅食，就喂他吃爱吃的食物，再观察观察。

关于零食和其他

宝宝一天天长大，关于饮食方面的疑问和忧虑也越来越多。可以问问有经验的妈妈，在她们的帮助下，创造出愉快的进餐环境。

Q 喂奶期间能喂宝宝吃零食吗？

A 咀嚼期就可以通过零食给宝宝补充营养。

断奶时间因人而异，不能作为是否喂零食的标准。蠕嚼期不需要吃零食；细嚼期，如果宝宝想吃，可以少量吃零食；到了咀嚼期，为了补充正餐营养摄入不足，可以喂零食吃。

Q 可以把薯片或冰激凌当零食给宝宝吃吗？

A 婴儿阶段尽量不要吃这些食物。

薯片中盐和油的含量很高，冰淇凌中糖和脂肪的含量较高，而且可能添加了生鸡蛋，所以婴儿阶段最好不要吃这些食品。煮熟的芋头、水果、酸奶等都可以作为零食。

Q 宝宝现在正处于咀嚼期，吃完饭后就不肯喝奶粉了。

A 说明宝宝应该断奶了。

孩子吃了饭后不想喝奶粉，是因为已经从正餐摄取了身体所需的营养。可以把牛奶、乳酪等当作零食。如果宝宝能好好吃辅食，差不多就可以结束辅食阶段了。

Q 宝宝还没吃完饭就不吃了，开始玩起来。

A 把食物收拾起来，结束进餐吧。

这一时期，宝宝进食辅食的时间为 20 分钟左右。如果还没到 20 分钟，宝宝不愿意再吃了，开始玩耍的话，不妨收拾餐桌，结束进餐。或者稍等一会儿，待 20 分钟再结束进餐。最重要的原则是，不要追着宝宝喂饭，也不要在用餐时间给宝宝喝饮料。坚持这么做，宝宝会渐渐地集中注意力，专心用餐。但要到 3 岁以后，宝宝才能安静地坐着吃饭。在此之前，教会宝宝遵守最基本的规矩就好。

Q 能不能用大人的筷子喂宝宝吃饭？

A 大人的唾液会使宝宝长蛀牙。

变形链球菌是一种引起蛀牙的细菌，宝宝的口腔中原本没有这种细菌，但能够通过大人的唾液进入宝宝的口腔内。虽然在长牙，变形链球菌不会在口腔内停留，但最好从吃辅食开始，养成不共用筷子、勺子的习惯。也不要和宝宝共用杯子。此外，有的爷爷奶奶习惯把食物嚼碎后喂给宝宝吃，世代相传，但最好向他们说明这样做的坏处。

Part 5

关键时刻要知道的急救知识

保护宝宝身心安全的
疾病和创伤知识

定期健康体检

婴幼儿的体检，不但是检查宝宝成长状况的重要机会，还是向专家咨询平时自己关心的问题的绝佳时机。体检有哪些检查项目呢？下文是对日本婴幼儿体检的简单介绍，请结合实际情况参考应用。

检查宝宝是否健康成长、交流育儿经验

要想知道宝宝的发育是否正常，身心发育成长状况如何，定期体检是一次好机会。体检由相关部门组织，居住地不同，体检的次数和项目也会有差异。以前，体检主要是为了及早发现宝宝的疾病，但最近，除了检查宝宝的发育状况，也成了妈妈们咨询自己比较担心的问题的地方。

如果有想问的问题，可以先记下来。而且，体检时还可以跟其他同龄宝宝的妈妈们共同交流。

每个月都要检查以下项目

测量身高和体重

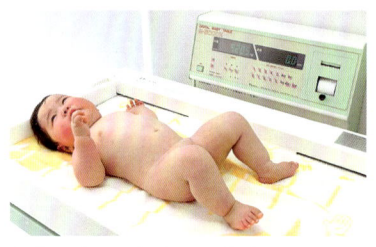

身高和体重是检查宝宝发育的一项重要标准。很多宝宝会动来动去，导致测出来的身高存在误差。

测量头围和胸围

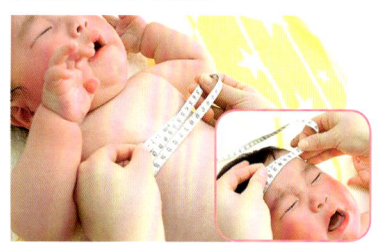

测头围是检查宝宝大脑的成长状况，测胸围是检查宝宝肌肉和脂肪是否随着成长而发育。只要没有出现极端的变化，就没什么问题。

听诊

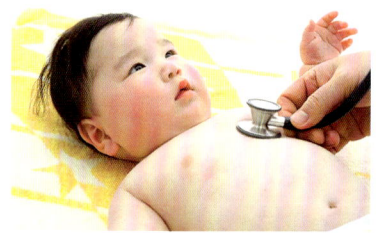

用听诊器检查宝宝的呼吸器官是否正常、心脏是否有杂音。多数情况下，随着宝宝渐渐长大，心脏杂音也会消失，要通过定期健康检查继续观察。

检查性器官

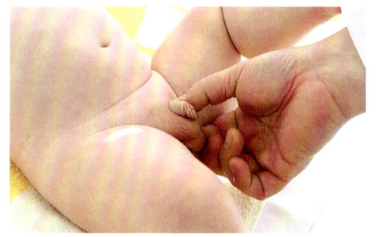

检查男宝宝的阴囊是否有隐睾或阴囊水肿等异常症状。检查女宝宝的外阴，看看是否受伤。

腹部触诊

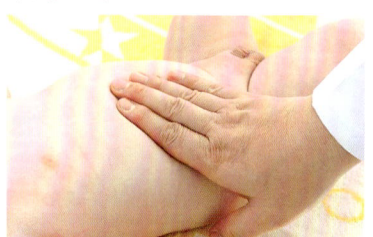

检查宝宝的腹部是否有硬块，肝、脾是否水肿。做这项检查时宝宝可能会呕吐，所以最好在触诊前的30分钟内，不要给宝宝喂奶。

检查皮肤

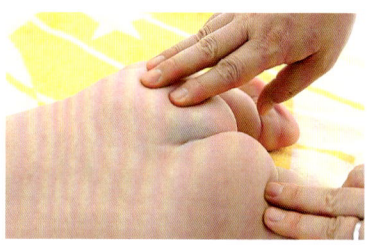

检查是否有湿疹、皮炎、斑痕、伤口等。接种卡介苗后，还要检查接种的疫苗是否引发炎症。

各地区体检的时间不同

在日本，婴幼儿分别在以下月龄共进行7次健康体检，①1个月，②3～4个月，③6～7个月，④9～10个月，⑤1岁，⑥1岁6个月，⑦3岁。但具体在哪个月龄体检，各个地区并不一样。例如，居住在东京23个区的孩子，分别在3～4个月、6～7个月、9～10个月、1岁6个月、3岁进行5次免费体检。其中，3～4个月和3岁的体检要在保健中心进行集体体检。而且，在3～4个月的体检时，除了东京的23个区，还有很多地区都会在这次体检时给宝宝接种卡介苗。具体的体检时间，要仔细阅读所在地机构发放的体检通知。如果宝宝的月龄超过了所在地的免费体检标准，但仍想体检时，就需要自己与医院联系了。不同的医疗机构，体检费也不一样，多数情况下是自费的。

1个月的健康体检

这是宝宝出生后的第一次体检，检查的项目主要有宝宝吃母乳或奶粉的状况，以及体重增长状况，此外还要查看原始反射和中枢神经的发育状况。看护人和宝宝之间关系的亲密程度，也在检查的范围内。

颈部

检查是否有硬块

摸一摸婴儿的颈部，看看是否有硬块。有硬块可能是斜颈（颈部肌肉缩短，头向一侧倾斜）。多数斜颈能够自然痊愈，需要继续观察。

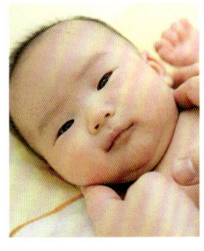

囟门

检查是否肿胀或鼓起

宝宝的头顶软软的，有些凹陷。检查时，看看囟门有没有随着宝宝的成长闭合、变得坚硬，或者肿胀、鼓起。

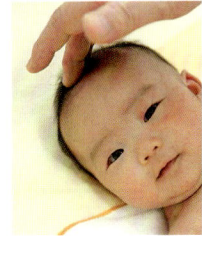

脐部

查看剪掉脐带后的状况

检查剪掉脐带后，脐部的干燥情况。如果有发炎、出血的症状，医生会指导在家护理的方法。

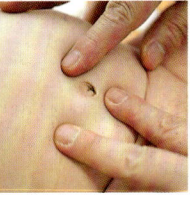

颈部挺直状况

通过俯卧检查宝宝是否能够挺直颈部

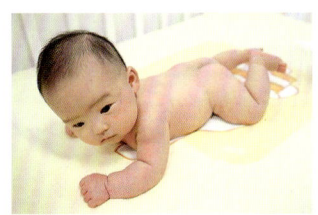

让宝宝俯卧，看看他的头是否抬得比臀部高。对于喜欢仰卧的宝宝来说，这个姿势非常不舒服。

喂维生素 K_2 糖浆

预防疾病

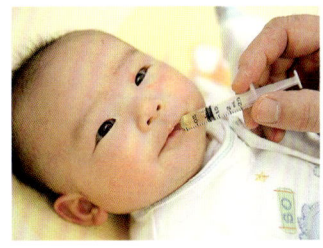

为了预防头盖内出血，以及由消化道出血引起的"新生儿黑粪症"，要给宝宝喝维生素 K_2 糖浆。

检查原始反射

吸吮反射

轻碰宝宝的嘴角，宝宝的嘴就会一张一合做出吮吸的动作。这是一种吮吸碰到嘴边的东西的原始反射。

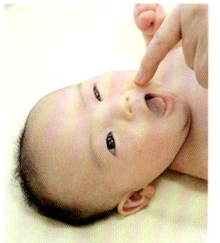

抓握反射

用手戳宝宝的手心或脚趾时，宝宝就会整体蜷起手或脚，做出抓东西的动作。这是一种受到外部刺激时，手指的无意识活动。

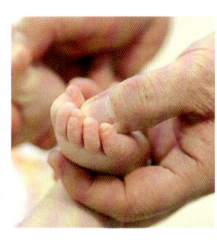

自动踏步

把宝宝撑起来，让他的脚掌立在平面上，宝宝会交替地迈出双腿，做出步行的动作。在满月之前，都可以看到这种原始反射。

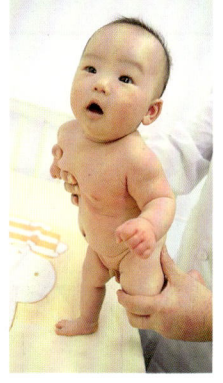

3～4个月的体检

　　3～4个月的体检主要检查的项目是，颈部挺直、追视、对声音的反应、股关节脱臼等。这是宝宝身体发育的一个重要阶段，所以一定要仔细检查宝宝的成长状况。这时会遇到很多同龄的宝宝，也可以参考一下他们的成长发育状况。

追视（用眼睛追着看移动的物体）

检查宝宝用眼睛追视玩具的情况

检查视觉发育状况。把彩色玩具放在距离宝宝20～30cm处，让宝宝能清楚地看到。然后，向左右慢慢移动玩具，检查宝宝的视线是否随着玩具移动。

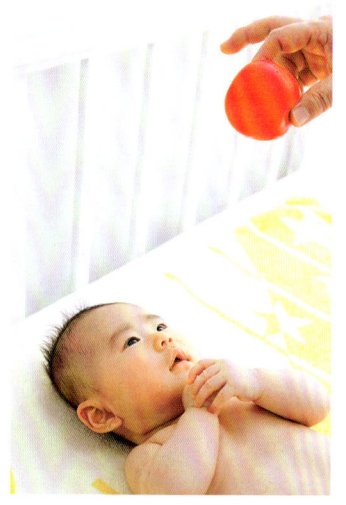

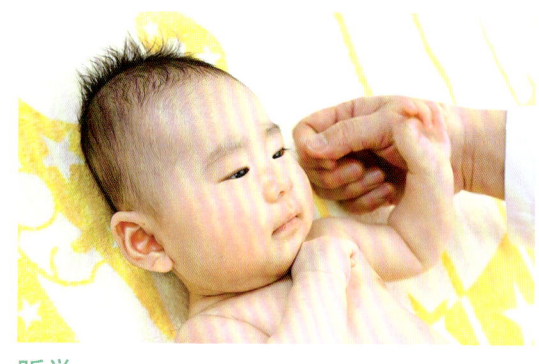

听觉

检查宝宝对声响、声音的反映

检查宝宝听觉的发育情况。在宝宝旁边打响指或对宝宝说话，看看宝宝是否会看向发声的一侧。有的婴儿会因为受到惊吓而开始哭闹，这也说明宝宝听到了声音，不用担心。

股关节的开合状况

慢慢打开婴儿的股关节

让宝宝仰卧，慢慢打开宝宝的股关节，检查是否脱臼，或者双腿是否很难打开。1个月的体检中也有这一项，但3～4个月的体检最容易查出来。

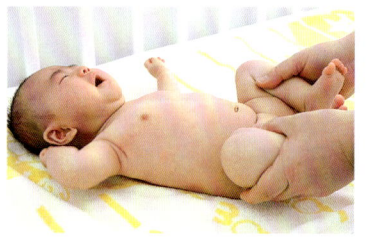

膝盖的高度是否一致

这是检查股关节是否脱臼的其中一个环节。宝宝仰卧时，如果两腿膝盖的高度不一致，可能是股关节脱臼引起的。

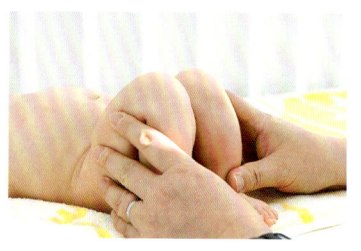

颈部挺直状况

观察宝宝被拉起和俯卧时的情况

握住宝宝的两只手向上拉起，看看宝宝的颈部是否能够挺直。或者让宝宝俯卧，看他是否会把头稍稍向上抬起。每个宝宝都会有些差异，但如果颈部比1个月健康体检时更坚挺，就没有问题。

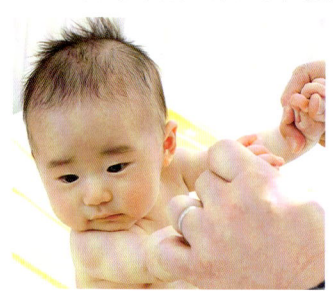

要　点

通常集体体检时会接种卡介苗

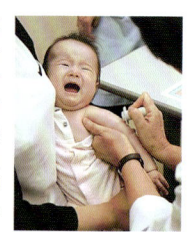

日本很多地区将3～4个月的体检设为集体体检，同时接种卡介苗（预防结核病）。卡介苗属于计划内疫苗，到宝宝6个月大之前都是免费接种。但如果错过了集体接种的时间，就需要自行联系医院进行接种。为了不错过接种时间，最好提前调整好宝宝的身体状态。宝宝身体状况不佳时，要向医生说明。

除了检查翻身、坐姿、手的活动能力等发育状况，还要查看宝宝对人或物是否感兴趣，是否能发出"啊——""唔——"等声音，是否有好奇心，以及心理发育状况。而且，医生会给出一些营养方面的建议，如添加辅食的方法，从每日 1 餐增加到每日 2 餐的方法，维持辅食和母乳、奶粉间的平衡等。

翻身

是否能自己或在大人的帮助下翻身

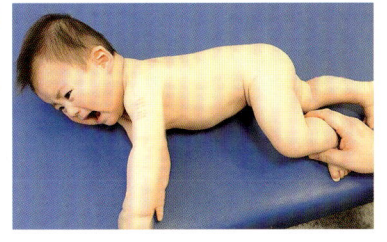

查看宝宝是否会自己扭转身体翻身，或者大人帮助宝宝交叉双腿后，能自己把身体扭过来。不会翻身也没关系。

坐姿

是否能够独自坐稳

有些晃动或者用手撑在前面，都没问题。看看宝宝能否在短时间内独自坚持坐稳。医生会先撑住宝宝的腋部，让宝宝保持坐着的姿势，再松开双手观察情况。

是否会摘下蒙在脸上的东西

在宝宝的脸上蒙一块小方巾

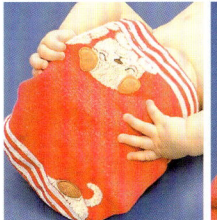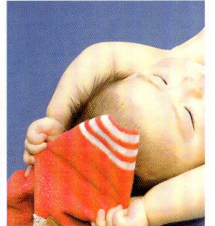

在宝宝的脸上蒙一块薄薄的小方巾，看宝宝能否自己把方巾取下来。检查这一动作，就能知道宝宝的大脑和神经是否能够联动，是否能按照自己的意志活动手部、抓住物体。

是否会把手伸向想要的东西

检查宝宝的腕力和心理发育状况

看看宝宝在俯卧或坐着时，是否会伸手去够自己想要的东西。这是为了确认宝宝是否会用两只手臂支撑上半身，以及通过伸手够自己想要的东西来测试宝宝眼手的联动反应和心理发育状况。

这一阶段的宝宝活泼爱动，有的会爬，有的能扶着物体站立。主要检查的是宝宝手指活动的灵活度，以及运动能力和神经的发育状况。这一时期，宝宝间的差异比较明显，有的宝宝还不会爬就扶着物体站起或站立，有的宝宝会一直安静地坐着玩玩具，有的宝宝还会认生哭闹。不必担心，这只是性格问题。

手指的活动

是否能用指尖捏起很小的东西

检查宝宝是否能用拇指和食指把小东西捏起来。如果能捏起来，就证明宝宝手指的末梢神经发育正常。

爬行

检查宝宝是否能爬行移动

爬行有蠕动爬行、小熊爬等各种姿势，无论用哪种姿势爬都可以。有的宝宝还不会爬行，就已经会扶着物体站立了。

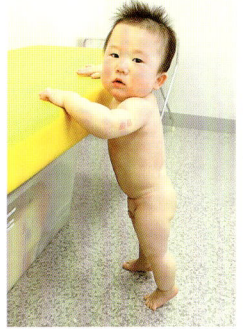

扶着物体站立

控制上半身和腿部肌肉

扶着物体站立是一个比较有难度的动作，需要保持上半身的平衡，同时控制腿部肌肉。很多这一月龄的宝宝都不会做这个动作，如果宝宝做不到也不必担心。

是否有降落伞反射

身体向前倾斜时是否会伸出双手

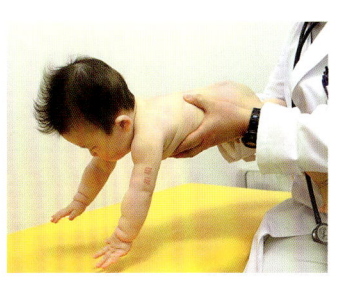

降落伞反射是人在快要摔倒时，向前伸出双手的一种反射。有这一反射，表明宝宝已经做好了独自行走的准备。

1岁的体检

日本很多地区1岁的健康体检是收费的，或者没有这次体检。这个阶段，在行走、语言等方面的发育，宝宝间的差异更大了，而且也是父母最不放心的一个阶段。如果对宝宝的发育状况有疑问，可以安排一次体检，并向医生咨询一下。

站立

双腿能否支撑身体

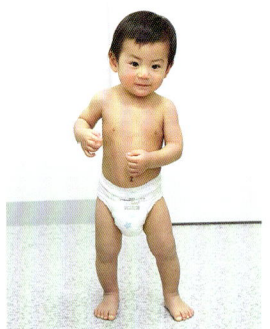

检查宝宝的双腿是否能支撑住身体，也有的宝宝还处于扶物站立的阶段。尽管有些宝宝还摇晃晃的，需要扶着物体才能站稳，但只要宝宝的脚能踏实地站在地面上，支撑住身体就没问题。

长牙情况

查看长了几颗牙、有没有蛀牙

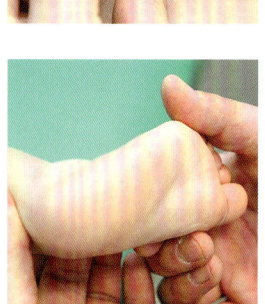

很多宝宝过了1岁就开始长牙，这时不必太在意宝宝牙齿的颗数和长得是否整齐。但有些宝宝不好好刷牙，导致满口蛀牙，需要注意。

脚部发育

是否做好了行走的准备

这个阶段宝宝开始走路。查看宝宝的脚长得是否结实，以及足弓的发育状况。多带宝宝到户外玩耍或散步，自然而然地养成走路的习惯。

检查宝宝对声音是否有反应

叫宝宝的名字，观察宝宝的反应

叫宝宝的名字，看他是否会转过身来回应。以此来判断宝宝能否理解大人说的话。

检查接种记录

查看在此之前接种过的疫苗

检查之前接种的疫苗。有些妈妈不太清楚接种的是什么疫苗以及接种时间，可以询问医生，然后重新制定接种日程表。

1岁6个月的体检

到1岁6个月后，宝宝能够独立行走了，运动量也增加了，并且体型也逐渐从婴儿体型向幼儿体型过渡，能够理解的语言越来越多。有些宝宝虽然能够理解，但还要再过一段时间才会说话。

行走状况

牵着宝宝的手，看宝宝会不会下楼

大人牵着宝宝的手，看宝宝会不会下楼梯，是否能判断出台阶与地面的距离，并保持身体平衡。

能否独立行走

站在离宝宝稍远一点的地方，叫他的名字，观察宝宝走向大人的情况。有的宝宝只会摇摇晃晃地向前迈步，有的宝宝能以小跑的速度向前移动。

语言理解能力

能否用手指着图片，把事物和语言联系起来

医生会给宝宝看几种图片，然后问"哪个是小狗""哪个是鱼"等问题。通过能否正确指出被问到的事物，检查宝宝是否能把语言和事物联系起来。

能否拿着杯子喝东西

检查宝宝能否用杯子喝东西

看宝宝能否用杯子喝东西。这一时期，不要再用奶瓶喂宝宝喝东西，最好换成杯子。如果宝宝还不会用杯子，就从现在开始让他练习使用杯子。

在日本，3 岁的体检是宝宝的最后一次婴幼儿定期体检。此后，直到上小学时的入学体检，各地都不再组织健康体检。很多地区要求在 3 岁的体检前要先自行在家体检。如果还不清楚一些体检方法，最好事先咨询一下。

检查视力

在家检查单眼视力

在家里时，拿出苹果、雨伞等图片，检查宝宝能否用一只眼睛看见图片，把测试情况记录在问诊表上，带到体检现场。图片是东京都千代田区赠送给体检者的部分图片。

与实际图片大小一致。把图片放在距离宝宝 2.5m 的地方，看宝宝能否说出物体的名称。

验尿

检查糖、蛋白质、肾脏功能

检查尿液中的糖、蛋白质，以及是否有潜血反应。肾脏功能有问题，就可能出现尿蛋白或潜血反应。

检查听力

在家检查对微弱声音的反应

小声对宝宝说"大象""小狗"等，看宝宝能否正确地指认出图片，把测试结果记录在问诊表上，体检时带上。图片是东京都千代田区赠送给体检者的部分图片。

检查牙齿

检查蛀牙和牙龈状况

这一阶段的宝宝的乳牙基本长齐了，主要检查是否养成了刷牙的习惯、有没有蛀牙、牙龈状况和牙齿排列情况。关于喂点心的注意事项，可以听一听医生的建议。

语言理解力

比较担心的问题可以单独咨询

检查孩子是否能说出自己的名字，是否会用"什么""哪里"等与人对话。有的地区还设有语言交流这一体检项目。

关于营养问题

咨询饮食方面的问题

宝宝非常挑食或者什么都爱吃等，您关心的任何问题都可以咨询。

定期体检 Q&A

Q 医生说"再观察观察"就是没什么问题的意思吗？

A 表示情况并不严重，但最好按照医生的指导进行护理。

"再观察观察"的意思是，有些不正常，但没什么大问题，可以再观察一段时间。但要问清楚下次应在什么时候接受检查、能不能在家自己检查等。

Q 定期体检那天宝宝身体状况不好，不能体检。

A 跟所在地负责的机构说明情况，下次再体检。

由于一些原因无法参加地区组织的体检时，可以前去咨询一下。大多数地区会另外安排时间再补充一次体检。如果是自费体检，可以更改一下预约时间。

Q 宝宝在家时能翻身，体检时却不会了。

A 没关系，要看宝宝的整体状况。

很多宝宝来到一个陌生的地方都会有些惊慌，平时会做的事情做不出来了。健康体检不是考试，所以不会做也不要着急。医生会从整体上检查并判断宝宝的成长状况。

疫苗接种 Q&A

　　如何制订接种日程表？到了该接种疫苗的日子，宝宝身体状况不好怎么办？有不良反怎么办……对于疫苗接种，大人们有很多担心的问题。先解决这些问题再放心地接种疫苗吧！在接种疫苗当天也可以向医生咨询一下，不要在心里留下疑问。

Q 宝宝接连不断地接种疫苗，会对身体造成负担吗？

A 遵守接种间隔原则接种疫苗不会对身体造成负担。

　　如果遵守各种疫苗接种的时间间隔，抗体会完整地在体内形成，不会增加身体负担。在婴儿阶段集中接种疫苗，就是为了尽早在体内形成抗体，预防疾病。

Q 宝宝在准备接种疫苗的3天前发烧了，现在退烧了，可以接种疫苗吗？

A 这要根据引起发烧的原因确定，要咨询医生。

　　最好向医生咨询一下。医生要综合考虑各方面因素，如什么原因引起的发烧、发烧时的状况怎么样、当时有没有什么流行性疾病等，最后确定宝宝是否适合接种。如果仍然不放心，可以延期接种。

Q 打算全家一起外出旅行，是接种疫苗前去好，还是接种后去好？

A 目的地比较热可以接种后去；目的地气候适宜可以接种前去。

　　什么时候外出旅行比较好，要看目的地的气候。如果前往热带、亚热带，会长时间受到阳光照射，旅行回来后，最好先看看宝宝的身体状况如何，再接种疫苗。如果前往除此之外的其他目的地，可以先接种疫苗再旅行。总之，不要在马上要接种前，或刚刚接种后立即出发。

Q 宝宝的情绪一直都挺好，只是几天前开始有点腹泻，这样可以接种疫苗吗？

A 腹泻时不能接种脊髓灰质炎疫苗。

　　一般情况下，腹泻时不能接种脊髓灰质炎疫苗。因为腹泻时疫苗不能停留在肠道内，无法形成免疫。其他疫苗最好也在身体状况较好时接种。

Q 距离上次接种DPT疫苗已经有半年了，还有效吗？

A 无论间隔多长时间，最重要的是按照规定的次数完成接种。

　　DPT疫苗的I期接种（3次）最好每隔3～8周接种一次，但间隔时间不规律也没有太大影响，其他疫苗也一样。比起间隔时间，更重要的是按照规定的次数完成疫苗接种。发觉超过间隔时间后应立即继续接种。

Q 需要接种多次的疫苗，只接种一次会形成免疫吗？

A 不能绝对地说没有，但最好按照规定的次数接种。

　　有些疫苗要多次接种，不然很难形成免疫。只接种一次可能会起到免疫作用，但也可能不起作用。即使已经超过了接种时间，也最好把没有接种完的部分补齐。

Q 接种后出现了红肿，可以冷敷吗？

A 冷敷没有什么作用。

接种后出现的红肿是一种不良反应，多数情况下不用担心，可以再观察一下，但冷敷没多大意义。但是，如果一碰肿胀部位宝宝就哭闹着不让碰，最好让医生检查一下。

Q 有的疫苗即使接种了也会感染对应的疾病，那还有必要接种吗？

A 接种疫苗后，对应疾病的发病率会降低，即使发病症状也会比较轻。

接种疫苗的确可以降低疾病的发病率，而且，即使发病也不会很严重，所以接种疫苗还是有益处的。大多数情况下，接种疫苗后发病与未接种疫苗发病相比，前者的症状更轻。

Q 疫苗的免疫作用能维持多长时间？终生有效吗？

A 不同的疫苗持续的免疫时间也不相同。

遗憾的是，现在接种的疫苗大部分不是终生有效。例如，DPT 疫苗中针对百日咳的免疫，只在婴幼儿阶段有效。最近，很多成人都患有百日咳，这说明人成年后，百日咳疫苗已经失去作用了。破伤风和白喉也一样，最好补充接种。还有脊髓灰质炎疫苗，成年后如果前往流行小儿麻痹症的地区时，最好提前接种疫苗以防万一。所以，婴幼儿期接种了疫苗，并不等于可以一辈子预防疾病，而是为了使免疫力比成人弱的宝宝远离疾病。

去医院就诊? 再观察观察?

生病的症状和就诊要点

看到宝宝出现一些症状时，不知道是应该立即送往医院就诊，还是再观察观察比较好。这时，不要慌张，要冷静地处理。所以，最好先了解一下生病的症状和就诊要点。最重要的是冷静地观察宝宝的症状。大人在这方面的直觉往往比较准。

紧急程度 症状	发烧	剧烈咳嗽
Level 1 ✸ **在家观察病情变化**	通常，体温在 37.5 ℃ 以上，或者比平时体温高 1 ℃ 时为发烧。 **要 点** 宝宝出现以下情况时，需要测量体温。不像平时那么有精神、笑不出声来、反应迟钝、抱起来时感觉宝宝身体发热。	轻度咳嗽，但有食欲，情绪也很好，不发烧
Level 2 ✸✸ **在门诊时间内送往医院** 经常出现傍晚后症状越来越严重，最后转成夜间急诊的情况	● 突然发高烧! ● 发高烧，眼睛充血 ● 发烧的同时伴有咳嗽等症状 ● 发烧后不愿意吃母乳或辅食 ● 发烧后脸颊和颚部肿起 **就诊时间** 白天发烧要在医院门诊时间内就诊。夜间发烧要先观察宝宝的精神状态再决定。如果宝宝软弱无力，即使是深夜也要立即送往医院就诊。	● 体温不是特别高，但一直咳嗽 ● 咳嗽并伴有发烧 ● 连续地、像有痰似的咳嗽，呼哧呼哧地喘气，看起来很难受 **就诊时间** 无论是否发烧，宝宝连续不断地咳嗽时，要在医院门诊时间内带宝宝就诊。如果宝宝咳嗽得呕吐、不喝水、全身无力，则可能出现脱水，即使在夜间也要立即送往医院就诊。
Level 3 ✸✸✸ **即使在夜里，也要送往医院就诊** ▶ 给经常就诊的儿科医生打电话，请求指导 ▶ 无法联系到经常就诊的医生时，可以找急救医生上门就诊 ▶ 经常就诊的医生和急救医生都无法联系到，要拨打 120 急救电话咨询，救护车到达后，根据病情决定是自行救治，还是送往医院急救。	● 出生后未满 3 个月发烧 ● 发烧、反复呕吐、头疼（反应迟钝、全身无力也是一种预兆） ● 脖子僵硬、笔直，不能弯曲 ● 痉挛持续 5 分钟以上  小心病情骤变!	 小心呼吸困难! ● 剧烈咳嗽，像突然要窒息一样 ● 像"汪汪"的狗叫一样咳嗽 ● 气喘、看起来很痛苦 ● 嘴唇和脸色发白
Level 4 ✸✸✸✸ **刻不容缓!** **立即拨打 120 !**	● 声音突然变得沙哑，并且表情很痛苦 ● 呕吐物或异物卡在喉咙处，引起窒息	● 感觉不到呼吸 ● 没有意识（没有反应）

138

最重要的是整体的活跃度

感染病菌后，身体要赶走疾病，就会出现发烧、呕吐、腹泻等现象，这些现象也就成了疾病的症状。但是，即使是同一种病，因为宝宝的体质不同，表现出来的症状也各种各样。所以，"和平时不太一样""总觉得有些怪怪的"等直觉非常重要。发现宝宝出现疾病的症状后，最基本的原则是白天要在门诊时间内前往就诊；夜间发现异常时要先检查一下宝宝的整体状况，也就是活跃度，然后决定是等到第二天早晨再去医院，还是立即急救。

检查孩子的活跃度

☐ **情绪怎么样？**
一整天都心情不好、懒懒散散时，最好先量一量体温。

☐ **哭声、反应怎么样？**
哭声比以前弱、反应迟钝、全身无力时，最好立即送往医院就诊。

☐ **食欲怎么样？**
如果连续半天以上没有食欲，最好去医院就诊。当宝宝不喝奶也不喝水时，有脱水的危险，要立即送往医院就诊。

☐ **是否有其他症状？**
除了发烧以外，是否还有以下症状：咳嗽、流鼻涕、呕吐、腹泻、皮肤上长疹子等。是否能正常排出小便？最好检查一下宝宝的全身状况。

突然开始呕吐、腹泻	发疹子、严重肿胀	其他症状
喝完奶或吃完辅食后呕吐，但很有精神，心情也很好，吐完后还想吃母乳或喝奶粉	发疹子状况很严重　　**要 点**　发现孩子起了很严重的疹子后，要检查孩子的全身，并量体温。发烧有可能是感染病毒引起的疾病。	
● 突然开始持续呕吐、腹泻 ● 大便像水一样，多次、大量地从尿布里漏出来 **要 点** 突然开始呕吐，并伴有发烧、腹泻，很有可能是病毒引起的急性胃肠炎	● 起疹子、泛红的范围越来越大，但不发烧 ● 身体上起红疹子，并且发烧 ● 口腔里长疹子，表情很难受 ● 脸颊和耳朵下方肿起、疼痛 **就诊时间** 起疹子、肿胀，并伴有发烧，要在门诊时间内前往医院就诊。早晨发现起疹子，且随着时间的推移，疹子越长越多的话，最好在当天就诊。	● 心情不好，一直撒娇耍赖
● 不停地呕吐、腹泻，但不喝水 ● 发烧，反复呕吐（心情不好、全身无力也是生病的征兆） 小心脱水！	诊所	● 反应迟钝（或者一会儿大哭大闹、一会儿又很安静） ● 便血 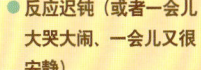

呼叫救护车
1 "需要急救，孩子×岁，失去意识了"，说出宝宝的月龄并描述病情。
2 说出详细家庭住址、姓名、电话号码。
3 询问在救护车到来之前需要做哪些工作，并遵循指示立刻执行。

药物的服用方法和使用方法

宝宝的身体还在发育，内脏和免疫功能尚未发育成熟，比较容易生病。医生开药后，一定要遵循医嘱用药。

基本原则

原则 1

严格按照处方用药

医生会根据宝宝的症状、月龄和体重来开处方，所以要按照医生的指导用药，要遵守用药次数和时间。

原则 2

清洁手和器具

接触药的手和器具必须保持卫生。接触药物之前，用香皂仔细地把手洗干净。涂抹类的药物，使用后也要洗手。

原则 3

忘了吃药怎么办

如果在几小时内想起来了，马上服用即可。如果与下次服药的时间相差无几，可以直接提前服药。如果宝宝把喂下去的药吐出来了，要再喂一次。

粉状药物·散剂

药物特点

药物被分装成小包，每包为1次用量，不必再次称量。通常，药粉用少量的水搅拌后涂在口腔内。散剂和颗粒状药物用水冲服即可。

保存方法

和干燥剂一起放在罐子或有封口的密封袋里，放在没有日光直射的地方。保存时最好连药物的包装袋一起保存，便于分辨是什么药物。

1 加几滴水

把药粉放在小酒杯或其他容器里，用滴管或茶勺加2～3滴水。直接用水壶或杯子加水很容易过量。水要一点一点地加。

2 用手指搅拌

用干净的手指把药和水搅拌均匀，搅成稍干的糊状。不快速搅拌就会使药的苦味渗出来，要掌握技巧。水分不足时，可以再用滴管一滴一滴加水。

3 涂抹在口腔中

用指尖挖起调好的药，放入宝宝的口腔中，涂抹在脸颊内侧的位置。宝宝的舌头碰到药物后会觉得不舒服，可能会把药物吐出来。所以要涂在舌头碰不到的地方，然后立即喂宝宝喝白开水。

根据药量用滴管逐滴加水。加少量的水就能使药粉黏稠，所以，要谨慎地一滴一滴地加水。

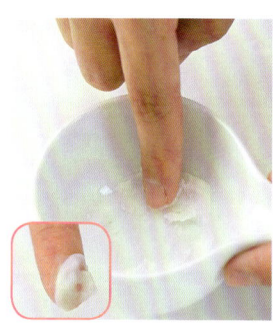

把药调成用指尖能全部挖出的硬度。如果水加得太多，药就会变得滑溜溜的，很难用手指挖起来。

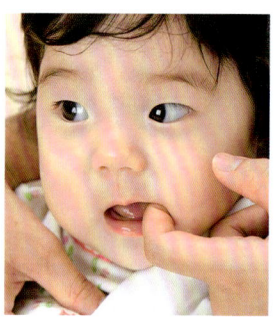

涂在脸颊内侧→喝白开水，迅速完成这一系列的动作。涂药前，最好把白开水放在手边。

散剂要调成液体

散剂或颗粒状溶剂很难调和凝固，所以要用白开水溶解成液态服用。溶解后的药液可以用勺子或滴管喂给宝宝喝。如果水加得太多，喂宝宝喝药就会花很长时间，最好少加些水。

NG ✗ ·······

不要用热水冲调

用热水冲调容易使药释放苦味，一定要用凉白开水冲调。

糖浆类药物

药物特点
药物呈液态，装在有刻度的瓶子里。为了更易服用，这类药带有独特的甜味，但有些宝宝不喜欢这种味道。有些是由多种药物混合制成。

保存方法
此类药物容易变质，需放在冰箱中冷藏。把药物放在宝宝拿不到的地方，以防较大的宝宝误服。多种药放在一起时，要在药盒上写上开药日期和应对的疾病。

1 摇匀

糖浆中的药物成分会沉淀在药瓶底部，服用前要轻轻地上下摇晃药瓶，使浓度均衡。

慢慢地来回颠倒药瓶，不可猛烈地摇晃药瓶，使瓶内产生泡沫。

2 准确测量药量

开药时医生会叮嘱药的用量，如"瓶盖上的一个刻度即可"等。测量时把带有刻度的瓶盖放在水平面上，视线要与刻度平齐。

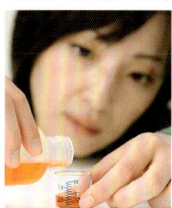

每次的用量很少，只有几毫升。为了准确量出用量，必须把瓶盖放在水平的地方。也可以用喂药器测量。

3 慢慢灌入

从卫生角度来讲，绝对不能让宝宝直接用瓶盖喝药。最好用喂药器把药吸入管中，再慢慢地把药喂到宝宝口中。

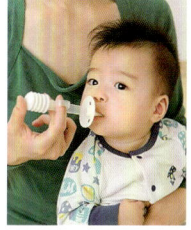

要 点

喂药器的保管

用过的喂药器，用水反复冲洗，不要用洗涤剂。尽快晾干。

喂宝宝喝药时可以用喂药器，物美价廉又方便。大人不要太着急，否则会让宝宝感到害怕，要保持冷静，耐心地给宝宝喂药。

栓剂

药物特点
直接插入肛门内的药物，见效很快。没插好掉出来时，可以再插进去，但药物溶化或超过10分钟时，要咨询医生。

保存方法
这类药物易溶化，要放在冰箱里保存，少数药物可以在常温下保存，但要事先咨询医生或药剂师。最好连包装袋一起保存，这样就能清楚地知道是谁的药、什么药。

1 迅速塞入药物

为了能快速、顺利地把药物塞进去，要提前在肛门和药头上涂些凡士林或护手霜，找好肛门的位置后，迅速塞进去，使药滑入体内。尤其要注意，女宝宝使用栓剂时，不要弄错了肛门的位置。

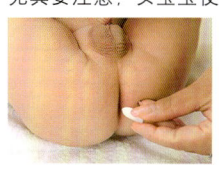

2 插入大人手指的一个关节

插得太浅药物很容易掉出来，所以，插入栓剂后，大人要接着插入手指，到第一个关节处即可。这样就把药物完全塞进去了。

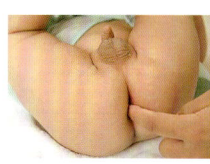

3 按住宝宝臀部30秒

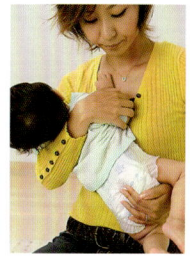

为了防止插入的栓剂掉出来，最好把宝宝抱起来，用手按住宝宝的肛门及周围部位，按30秒即可。

要 点

有时需要剪切后使用

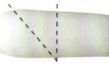

按照医生的指导，切取栓剂的1/2、2/3使用时，用干净的剪刀连外包装一起剪切即可。

擦剂

药物特点
针对皮肤类疾病的涂抹用药。有类固醇型、保湿型等。即使症状相似，用错药也会导致病情恶化，所以遇到皮肤问题时，最好去医院就诊。

保存方法
放在常温下没有日光直射的地方，或放入药箱保存。有的药物需要放在冰箱里保存，最好咨询医生或药剂师。

1 用多少挤多少

手指摸过患处后不能再接触药物。刚开始时，将适量的药物挤在大人的手背上。要用香皂把手洗干净后再涂抹。

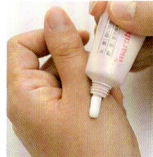

2 按照说明涂抹

把药膏分散点在3~4处，再涂抹开。要根据医嘱决定用量。注意，使用类固醇型药膏时，不要私自停止用药，否则容易使病情恶化。

要 点

保湿型药膏可多涂

预防皮肤干燥的保湿型药膏可以多涂一些。药量取到大人手指第一关节，涂抹在宝宝整个脸部。

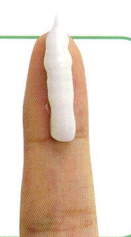

轻松处理宝宝的小问题

常见疾病和各种症状的家庭护理

宝宝在成长过程中会遇到发烧、呕吐、腹泻等问题。照顾生病的宝宝的确是一件很麻烦的事，要带宝宝去看医生，然后按照处方给宝宝用药，还要照顾宝宝，等待宝宝慢慢恢复。宝宝病情比较严重时，还要注意调整辅食的菜单。

发烧

仔细观察宝宝的情绪变化，多补充水分

为了赶出侵入体内的病菌，身体会出现免疫反应，发烧是其中一种，所以不要强制性的降温。宝宝体温达到37.5℃度以上时，检查一下宝宝的整体状况。如果发烧还挺有精神、能喝水，就没什么问题。为了避免脱水，最好勤喂宝宝喝水。相反，如果宝宝低烧，但全身无力、脸色不好，不管体温是多少都要去医院就诊。

另外，出生未满3个月的婴儿发烧时，哪怕是在夜间，也要立即前往医院就诊。

家庭护理要点

1 勤擦汗，避免身体受凉

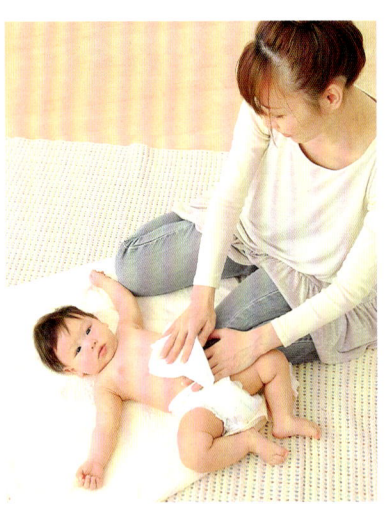

发烧时会出很多汗，每次出汗都要擦干净。把毛巾放在热水里，拧干后擦拭宝宝的身体，勤给宝宝换衣服。还可以在宝宝的背部放一条毛巾来吸汗，待毛巾变湿后再换一条。

2 刚开始发热时要注意保暖，体温上升后则要注意保持凉爽

刚开始发烧时要多穿一件衣服保暖。体温上升、手脚发热后，可以适当调节衣服的数量，避免过热。

退热贴不能退烧，但能让宝宝感觉舒服些，不妨试试。

毛巾用凉水浸湿后拧干，敷在宝宝的脖子后面、腋下、大腿根部，退热效果非常好。

3 避免脱水，补充水分

持续发烧会使体内的水分减少，引起脱水，甚至会并发腹泻、呕吐等症状。最好勤喂宝宝母乳、奶粉，白开水。

4 如果宝宝有食欲，
要喂一些易消化的食物

如果宝宝食欲不佳，但能喝水或奶就不必担心。如果宝宝有食欲，最好喂少许容易消化的粥或面条等食物。

5 如果宝宝情绪不错就可以洗澡，
但时间不宜过长

如果宝宝情绪比较好，可以在浴缸里泡泡澡，也可以淋浴，冲掉身上的汗。洗澡时间不宜过长，否则会消耗大量体力。

长时间洗澡
NG✗

要 点

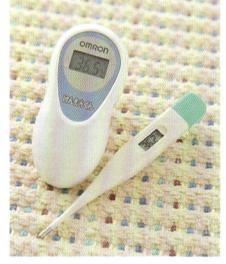

1 正确使用体温计

有测量耳温的体温计，也有测量皮肤温度的体温计，无论哪种都要仔细阅读说明书，掌握正确的使用方法。测量腋下体温前，要擦去腋下的汗。

2 发烧达到 38.5℃ 以上时
可服用退烧药

宝宝非常难受时，可服用退烧药快速退烧，恢复体力。体温达到 38.5℃ 以上可服用退烧药，但有时宝宝虽然发高烧，却比较有精神，这时可继续观察。出现惊厥现象时，最好按照医生的指导服用退烧药。

发烧时的辅食

发烧时即使宝宝没有食欲，也要让他吃一些口感好且较清淡的食物。发烧时人体容易缺失水分、维生素和矿物质，为宝宝准备富含这些营养元素的食物吧！

吞咽期即可食用 微甜清爽，热饮味道更佳

滑润的桃汁

原料和做法

准备1个新鲜、熟透的桃子，取1/4的果肉过筛，并加入2大勺热水稀释。

吞咽期即可食用 适合发烧时饮用的无刺激、清爽可口的果汁

新鲜的西瓜汁

原料和做法

西瓜去籽后将瓜瓤切成小块（80～100g），研碎，再用茶筛过滤。

吞咽期即可食用 常温饮用，稍稍冷藏后饮用味道更佳

混合果汁

原料和做法

取2大勺混合果汁（果汁、蔬菜汁等）与1小勺土豆淀粉，搅拌均匀，放入微波炉中加热20秒，搅拌成糊状即可。

吞咽期即可食用 富含维生素和矿物质的蔬菜汤

芜菁汤

原料和做法

1. 准备一个小芜菁，取1/8的分量，去皮入锅，加水，水量以刚好没过芜菁为宜。煮软后过筛。
2. 取1包蔬菜汤料（婴幼儿食品），加入3大勺汤汁冲调，再倒入步骤①锅中。

吞咽期即可食用 清爽甘甜，提高免疫力，富含胡萝卜素

柿子椒汤

原料和做法

1. 准备一个小柿子椒，取1/8的分量，去籽、煮软、过滤。2. 取1包西式汤料（婴幼儿食品），加入3大勺汤汁冲调，再倒入步骤①的锅中搅拌均匀。

蠕嚼期即可食用 体温非常高时，吃上一口，冰爽舒畅

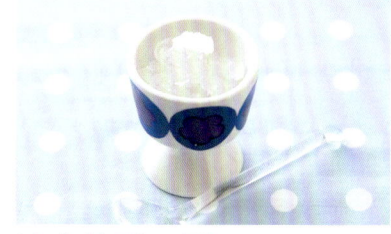

清爽的果子露

原料和做法

在小塑料盒中倒入适量的婴幼儿离子饮料，放入冰箱冷冻，冷冻至在室温下可以捣碎的程度即可。冻好后取出捣碎，少量地让宝宝含在嘴里。

生病时的辅食，要注意以下几点

1 最重要的是补充水分

婴幼儿保存体内水分的功能尚未发育成熟，容易脱水。生病时，为了预防脱水，要经常补充水分。可以饮用母乳、奶粉、凉开水、婴幼儿离子饮料等，每次少量饮用。

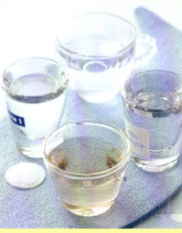

2 不要勉强喂宝宝吃东西

宝宝没有食欲，是因为要集中精力与疾病斗争，没有能量来消化食物。不能为了恢复体力，勉强喂宝宝吃东西。要耐心等待宝宝恢复食欲。

3 恢复食欲后再考虑补充营养

病情缓解后，食欲自然就会恢复。喂宝宝吃些容易消化吸收的食物，补充消耗掉的能量，恢复体力。恢复食欲后，再喂宝宝平时吃的辅食。

以发烧为主要症状的常见疾病

感冒综合征

病因和症状

引起此病的病毒有两百多种，症状为流鼻涕、咳嗽、呕吐、腹泻等。病毒不同，症状也不同，有的发烧，有的不发烧。宝宝喉咙发炎太严重时，会出现拒绝喝母乳和奶粉、呕吐等症状。没有免疫力的宝宝容易感冒，待在人多的地方，感染概率也会增加。中耳炎和副鼻腔炎是常见的并发症。

治疗

采取对症疗法，用药物缓解各种症状。在家要注意补充水分，最好保持安静的氛围。

流行性感冒

病因和症状

由流行性感冒病毒引起，冬季为高发期，但每年流行的病毒都不同，有时会同时流行多种病毒。近年来，初春时节会出现新型流感病毒，特征是突然发高烧、咳嗽、流鼻涕或鼻塞等症状，并且比较严重。婴幼儿感染后，病情容易恶化，要多加注意。

治疗

在发病后两天内服用抗病毒药物效果最佳。要注意补充水分。

幼儿急疹

病因和症状

突然高烧到40℃左右，并持续三四天。退烧后，以腹部为中心，全身长出红色疹子才结束。四五个月到1岁的宝宝，第一次发烧大多是此病引起的。宝宝第一次发烧通常都让大人焦虑万分，虽然发高烧，但孩子还比较精神。通常还会伴有腹泻的症状。

治疗

无须进行特殊治疗。只是在出疹子之前，很难确诊是什么病。

中耳炎

病因和症状

鼻腔或喉咙中的细菌进入耳朵引起耳朵发炎的一种疾病。主要症状除了发烧，还会出现黄色的耳溢液等。当宝宝频繁地抓耳朵、左右摇头、毫无缘由地一直哭闹时，可能是患上了中耳炎。近来，病菌的耐药性越来越强，有时需要1个月才能痊愈。

治疗

病情较轻时，吸出鼻涕，服用消炎类药物即可。如果中耳内残留有耳脓，就要切开鼓膜。

尿路感染·肾盂肾炎

病因和症状

尿液流经的肾盂、导尿管、尿道中的某个部位，因感染病菌而发炎的一种疾病。儿童经常是感染大肠杆菌引发这种疾病。女宝宝经常患此病，但在婴儿阶段，男宝宝也常会感染此病。生病后虽然不咳嗽、不流鼻涕，没有感冒的症状，但会发高烧、脸色难看。当宝宝发高烧却不咳嗽、不流鼻涕时，可能是得了这种病。

治疗

服用抗菌药治疗。患上肾盂肾炎需要找专科医生进行检查、治疗。

川崎病

病因和症状

连续5天以上不明原因地发高烧，且刚开始时眼白充血。嘴唇发红、舌头变得像草莓一样红，手背和颈部的淋巴结肿起，全身长出小疹子。常见于4岁以下的孩子，而且1岁左右的婴幼儿发病率较高。还有向心脏输送血液的冠动脉血管中长出肿瘤（冠动脉瘤）的情况。

治疗

确诊为川崎病后，需住院治疗。出院后还需再观察一段时间。

起疹子时

先判断是湿疹还是皮疹

宝宝身上突然长出很多斑点，但没有发烧等症状时，可能是皮肤问题（湿疹）。如果宝宝身上和嘴里长了很多水疱，第二天不但没退，反而面积有所扩散，并伴有发烧等症状，可能是皮疹。皮疹是感染病毒或细菌引起疾病的症状之一。要连同所患疾病一同治疗，必要时还需专门治疗皮疹。

起疹子时皮肤瘙痒，宝宝挠破后会使患病面积扩大，导致病情进一步恶化，要多加注意。

家庭护理要点

1 伴有瘙痒症状时，不要让宝宝挠破

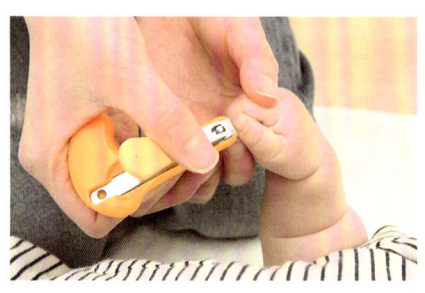

皮疹瘙痒时宝宝会抓挠，挠破后会使发疹面积扩大，抓伤处附着细菌还会引发炎症，所以尽量不要让宝宝抓挠，最好把宝宝的指甲剪短些。

2 口腔内有炎症时，不要食用刺激性的食物

水果布丁
原料和做法
在婴幼儿食用的布丁中加入适量的香瓜泥。

由于口腔疼痛，宝宝很难进食，最重要的是避免脱水，注意补充水分。可以给宝宝吃些没有刺激性的食物。如果宝宝不腹泻，也可以喂些冰冷的食物。但不要喂坚硬、很酸、很咸的食物。

香蕉南瓜糊
原料和做法
取1/3根香蕉，放入微波炉中加热。南瓜去皮和籽，煮软后捣碎。取2大勺捣碎的南瓜，与加热的香蕉混合即可。

以皮疹为主要症状的常见疾病

非常痒的红色水疱
水痘

病因和症状

由水痘-带状疱疹病毒引起，是幼儿园、托儿所的常见流行病。1岁的孩子多会感染此病，也有刚出生就感染的。多数会伴有发烧，头部、胸部、腹部、背部、胳膊以及腿部，都会长有发红发痒的水疱。出痘后2～3天最严重，之后便会干瘪结痂。

治疗

在发病72小时内，服用抗水痘病毒的抗病毒类药物进行治疗。由于皮肤瘙痒，医生也会开些止痒的抗组胺类药物。

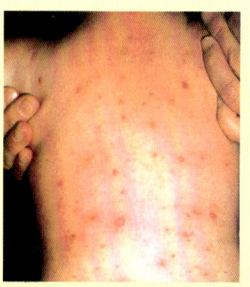

水痘完全干瘪前，会持续瘙痒，所以最好坚持用药直到痊愈。

全身起鲜红的皮疹
麻疹

病因和症状

由感染性很强的麻疹病毒引起。前往儿科诊治麻疹的婴幼儿中，有一半是1岁多尚未接种疫苗的孩子。初期以38℃～39℃的发烧、流鼻涕、眼睛分泌物过多为主要症状，并且口腔中还会出现白色斑点。3～4天后退烧，但再次发烧时红疹会扩散到全身。病情严重时，甚至会危及生命。

治疗

没有特效药，可以服用退烧药和抗生素类药物。并发症较多，少数情况下会引发脑炎，在家时要细心观察。

全身发红、起较小的皮疹
风疹

病因和症状

由风疹病毒引起，通过咳嗽、打喷嚏等途径传染。近年来，多数地区出现不定期地流行此病的现象。患病者通常为幼儿、小学生，成人患者也有所增加。发病时，耳后或脖子后面会肿起，从脸到全身都长满红色的小疹子，即使发烧也只是轻微发热。有时感染了病毒但不会发病。

治疗

目前没有针对这种病毒的特效药，需要在家静养。起疹子时皮肤会特别痒，可以涂些止痒的软膏。

有时不起疹子
溶血性链球菌感染症

病因和症状

喉咙感染溶血性链球菌引起的一种疾病。皮肤感染此病菌后会诱发脓疱疮；喉咙感染此病菌，则会引起咽喉炎和扁桃体炎。发病初期症状为喉咙疼痛、高烧接近40℃。当喉咙剧烈疼痛时，宝宝会拒绝喝母乳或奶粉。发烧1～2天后，身上开始出现细小的皮疹，舌头会像草莓一样鲜红。

治疗

服用抗菌类药物10～15天。注意不要中途停药，否则可能会使病情再次发作。

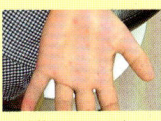

舌头像草莓一样鲜红，长满疹子。

蕾丝状的红色皮疹
传染性红斑（苹果病）

病因和症状

感染人类微小病毒B19会引起此病。脸上长出蝴蝶状的红色皮疹，手腕和大腿根部也会长有蕾丝状的红色皮疹。这种疾病的传染性比较弱，有一半的宝宝感染了病毒后没有任何症状，有的会发烧、头痛。几天或几周后皮疹就会消退，但身体受热或受到阳光照射时，皮疹会复发。

治疗

多数情况下无须治疗。但皮疹消退后的1周内，最好减少晴朗天气外出游玩的次数。

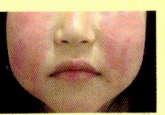

脸颊上的皮疹像苹果一样通红。

口腔或喉咙里起疱
疱疹性咽峡炎

病因和症状

婴幼儿夏季常患的一种感冒之一，大多数由柯萨奇A组病毒引起，有的则是柯萨奇B组病毒引起。有的宝宝一个夏季会生病两次。初期症状为突然发烧、喉咙疼痛，然后喉咙内侧肿胀，长出水疱，碰破后会出血。有的宝宝由于喉咙疼痛，不能喝水，高烧达到38℃～40℃。

治疗

喉咙剧烈疼痛时，可服用一些缓解疼痛的药物。高烧持续2天左右就会消退。

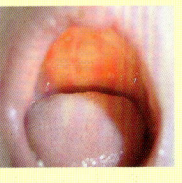

喉咙内侧长有很多疱疹。

手、脚、口腔长有红色疱疹
手足口病

病因和症状

正如病名所示，患者会在手掌、脚掌、脚背和口腔中长有红色疱疹。这种疾病与疱疹性咽峡炎一样，由柯萨奇A组病毒引起，此外，肠道病毒71型也是此病的致病病毒之一。夏秋两季的发病率较高，冬季时可能会成为流行性疾病。传染性较强，可通过喷嚏、咳嗽、粪便传染。会发烧38℃～39℃，1～2天后退烧。

治疗

没有特别的治疗方法，可自然痊愈。口腔内的疱疹疼痛时，要多注意饮食。

手脚上长出的红色疱疹不会有疼痛感。

147

腹泻、呕吐时

呕吐后不要直接喂水，要观察大便的状况

　　婴幼儿的胃比较敏感，微小的刺激都会引发呕吐。宝宝感染病毒后，体力下降，肠胃功能也相应减弱，引起消化不良，进而引发呕吐。呕吐后不要直接喂水补充水分，要让肠胃稍微休息1～2小时后，再少量地补充水分。

　　腹泻是肠胃由于某种原因无法正常工作，不能吸收水分和营养元素出现的症状。大便次数会比平时多，而且大便也比较稀软。这时还要注意防止臀部的皮肤出现炎症，以及预防脱水。如果宝宝拒绝喝水，最好尽快送往医院就诊。

家庭护理要点

腹泻时

1 暂停进食辅食

宝宝持续腹泻时，可以暂停吃辅食。待宝宝痊愈后再开始吃食用易消化的食物。腹泻时不必把奶粉冲得过淡。

2 盆浴清洁臀部，预防皮炎

宝宝腹泻时，臀部容易患上皮炎。最好不要用厕纸给宝宝擦屁股，洗盆浴或淋浴清洁臀部即可。

要点

清洗后一定要擦干

如果宝宝的臀部未干就穿上尿布，也会引起皮炎。清洗完臀部后，最好用毛巾擦干。

3 勤换尿布

尿布脏了还一直不换，很容易引起皮炎。所以腹泻时，要比平时更加频繁地换尿布。

舒服了

呕吐时

1 用毛巾帮助宝宝侧卧

为了避免呕吐物堵塞喉咙，要让宝宝侧身躺着。对于还不会侧卧的宝宝，可以把厚毛巾卷成圆筒，靠在宝宝的背部。

2 擦净嘴边的呕吐物

有时，呕吐物的异味会导致宝宝再次呕吐。当宝宝的嘴边沾有呕吐物时，最好用温水浸湿毛巾，擦去呕吐物。

3 准备好垃圾袋和毛巾

大人无法预知宝宝什么时候呕吐。提前准备好呕吐用的垃圾袋和毛巾，当宝宝突然呕吐时，大人就能立刻清理。

4 立刻换下脏衣服

为了防止异味引起再次呕吐、扩大传染范围，要迅速给宝宝换下脏衣服。不要穿套头衫，最好给宝宝穿前面开扣的衣服。

要 点

腹泻、呕吐时，注意预防家庭内部传染！

1 把手洗干净

给宝宝换完尿布或衣服后，大人要仔细地用香皂洗手，避免感染病毒。

2 衣物分开洗涤

带有呕吐物的衣服和毛巾，要和其他家人的衣物分开洗涤。清洗尿布时，仔细清洗干净。

腹泻时的辅食

例：一天腹泻 5 次以上（不呕吐）

腹泻时水分流失速度较快，要注意补充水分，避免脱水。大量的钠和钾也会随着水分一起流失，可以通过吃蔬菜粥补充。

1 在粥里加入捣碎的苹果或胡萝卜

苹果和胡萝卜中含有大量的果胶，可以改善腹泻状况。果胶是水溶性膳食纤维，具有调理肠胃的作用，可以缓解腹泻和便秘。苹果和胡萝卜捣碎后，所含的果胶更容易吸收，能更有效地调理肠胃。

苹果泥
水溶性膳食纤维具有调理肠胃的作用。

胡萝卜泥
用细孔擦板把胡萝卜擦得细一些。

要点

调理肠胃的果胶

腹泻时，把富含果胶的蔬菜和水果列入食谱，可当作天然的调理剂。建议把胡萝卜煮软，做成汤或馅喂给宝宝吃。

2 一天腹泻 4 次时，添加膳食纤维含量少的优质蛋白质

腹泻时摄入膳食纤维，有时反而会久治不愈。另外，腹泻时蛋白质的吸收量减少，所以，病情缓解后，最好食用膳食纤维含量少、富含优质蛋白质的食物，平衡营养。

豆腐
腹泻时不能进食豆类食物，但可以食用易消化的豆腐。

沙丁鱼干
膳食纤维含量少、富含优质蛋白质的代表性食物。

煮蛋黄
这也是优质蛋白质。只用蛋黄。

要点

膳食纤维和油脂 NG！

膳食纤维含量较多的蔬菜和豆类，以及黄油、奶油、植物油和乳制品会延长腹泻的治愈时间。腹泻痊愈之前，最好不要喂宝宝吃这些食物。另外，柑橘类水果也要少吃。

3 一天腹泻 2 次时，添加含有少量膳食纤维的食物

腹泻减少到一天 2 次时，可以考虑通过食物平衡营养。给宝宝添加含有少量膳食纤维的蔬菜，或将蔬菜捣碎去除膳食纤维。喂食过程中要注意观察宝宝的状态。

南瓜泥
腹泻使肠黏膜受损，南瓜中的胡萝卜素可以强化肠黏膜。

菠菜泥
菠菜含有丰富的胡萝卜素。

4 一天腹泻 1 次时可正常饮食，但不要摄入过多的膳食纤维和油脂

腹泻基本痊愈后，可以慢慢恢复正常饮食。这时要注意补充腹泻时流失较多的钠和钾，但直到痊愈之前，不要摄入太多的膳食纤维和油脂。

呕吐时的辅食

呕吐比较严重时，宝宝吃了就会吐，反复呕吐很消耗体力，所以不要喂宝宝吃任何食物。如果宝宝呕吐几次后全身无力，或开始腹泻、高烧时，要送往医院诊治。

| 呕吐次数较频繁时不要喂任何食物 | 呕吐后1~2小时 | 可饮用凉开水、大麦茶、婴幼儿离子饮料等10ml | 30分钟内不呕吐 | 可摄入水分10~30ml | 30分钟内不呕吐 | 可摄入水分100ml | 30分钟内不呕吐 | 可摄入配方奶30ml，母乳随宝宝食欲 | 30分钟内不呕吐 | 可摄入米粥或米汤2~3勺 | 30分钟内不呕吐 | 可摄入米粥或米汤5~6勺 | 30分钟内不呕吐 | 可喂食易消化吸收的食物 |

呕吐有所缓解后

先喂少量米粥。如果宝宝不呕吐，就可以开始吃容易消化的辅食。建议遵照患口腔炎或腹泻时的食谱。

NG✕

柑橘类水果及果汁、桃及果汁、酸奶都是酸味的，会诱发呕吐，所以不要喂宝宝吃这些食物。即使不呕吐了，也要暂时避开，慢慢恢复正常饮食。

以腹泻和呕吐为主要症状的常见疾病

轮状病毒胃肠炎

病因和症状

持续发烧1~2天、呕吐，然后持续腹泻约10天。主要特征是粪便呈白色或奶油色。有时会伴有脱水或乳糖不耐症。

治疗

服用含有乳酸菌的肠胃药进行治疗。多补充水分。注意预防家庭成员间的传染。

肠套叠

病因和症状

一段肠管套入另一段肠管引发的一种疾病。宝宝会突然大哭，焦躁不安，有时还会出现便血。

治疗

发病24小时之内进行高压空气灌肠治疗。出现肠梗阻时，要手术。

诺瓦克病毒性胃肠炎

病因和症状

传染性强，患者全年可见。与轮状病毒胃肠炎的症状相比，呕吐更加频繁，但发烧和腹泻的时间较短，只持续5天。

治疗

基本治疗方法与轮状病毒胃肠炎相同。但刚开始发病时呕吐比较严重，需要暂停进食。

乳糖不耐症

病因和症状

病毒引起胃肠炎后暂时出现的症状。由于无法消化吸收奶粉中的乳糖，出现腹泻。

治疗

多数能够自然痊愈。可以暂时换成不含乳糖的奶粉。

咳嗽时

异常咳嗽时要多加注意

鼻子和喉咙感染侵入体内的病毒后，痰和鼻涕就会增多。人体向外排出病毒时会咳嗽。支气管变狭窄时，就会开始呼哧呼哧地喘气。家中要保持适当的湿度，这样有利于咳出痰。如果宝宝咳嗽且伴有发烧等症状，最好尽快送往医院就诊。

轻微咳嗽不必太担心，但由于咳嗽不能入睡，或咳嗽久治不愈时，要尽早去医院诊治。如果宝宝看起来呼吸困难、声音突然变嘶哑、发出"吼吼"的奇怪声音时，即使在夜间也要立刻送往医院诊治。

家庭护理要点

1 剧烈咳嗽时，轻拍宝宝的后背或前胸

当有痰堵塞，呼吸困难时，妈妈可用指尖轻轻拍打宝宝的前胸或后背，这样痰容易咳出来，会让宝宝感觉舒服些。

要点

如果宝宝能挺直脖子，竖着抱更舒服

咳嗽时，竖着抱，让宝宝直起后背，比横着抱更让宝宝舒适。可以竖着抱，也可以用靠垫支起宝宝的上半身。

2 每天开窗换气 1 ～ 2 次

即使冬季很少开窗换气，每天也要至少开 1 ～ 2 次窗，让新鲜的空气进入室内。勤打扫房间也很重要，不要让灰尘积留在房间中。

3 有痰时注意补充水分

喉咙保持湿润，有利于化痰和呼吸。咳嗽减轻后，要给宝宝补充水分。不要喝得太急，一次少量饮用即可。

4 增加室内湿度

晾衣服

空气干燥容易导致咳嗽，最好在宝宝枕边晾一块湿润的毛巾，使室内湿度保持在 50% ～ 60%。

建议使用加湿器

加湿器有助于保持室内空气湿度，但要确定水箱中没有长霉。

5 增加饮食中的水分

像平时一样喂食母乳、奶粉、辅食即可。但在喂宝宝吃辅食时不要着急，要观察宝宝的状态，少量、缓慢地喂食。

以咳嗽为主要症状的常见疾病

支气管炎

病因和症状

感染病毒或细菌后引起的支气管发炎。症状为有痰、咳嗽、高烧38℃以上。未满2岁的婴幼儿很容易患上此病。多数情况下是由病毒感染引起的，不必太担心。但如果是由感染呼吸道合胞病毒引起的支气管炎，会危及孩子的生命。由肺炎链球菌引起支气管炎时，也要谨慎对待。

治疗

感染病毒引发此病时，可服用化痰药和支气管扩张剂缓解症状。

细支气管炎

病因和症状

与支气管炎一样，大多数是病毒感染引起的。支气管炎蔓延到支气管前端的细支气管时，就会发展为细支气管炎。这是10个月以下宝宝的常见病。不会发烧，但呼吸时喉咙和胸腔都有杂音，严重时一呼吸胸部就会凹陷。有时还会出现呼吸困难，这时要立即送往医院。

治疗

呼吸非常困难或宝宝月龄较小时，需要住院治疗。有时病情会突然恶化，要谨慎对待。

肺炎

病因和症状

肺部发炎的一种疾病。有时是由支气管炎发展为细支气管炎，再发展为肺炎，也可能作为并发症突然发作。大部分情况下，此病是病毒引起的。大部分病毒引起的肺炎不必太担心，但有些病毒会危及生命。病毒性肺炎的症状有发烧、咳嗽、流鼻涕等。主要特征是高烧38℃～40℃，有痰。

治疗

病毒性肺炎要对症治疗。出现脱水、呼吸困难时，要住院治疗。细菌性肺炎必须住院治疗。

哮吼

病因和症状

声带周边发炎的一种疾病。大多是由病毒感染引起的，但也有细菌感染引发此病的情况，这时可能会危及生命。哮吼的主要症状是突然开始咳嗽，咳嗽声像犬吠或海狗的叫声一样。炎症更严重时，吸气会发出杂音，还会呼吸困难。出现这种情况，要立即送往医院。

治疗

感染病毒引发此病时，要对症治疗。呼吸困难时要采取措施保持呼吸道通畅。感染细菌时则要服用抗菌类药物。

呼吸道合胞病毒感染

病因和症状

即呼吸道合胞病毒引起的细支气管炎和肺炎。感染这一病毒时，病情容易恶化，尤其是较小的早产儿、患有先天性心脏病和有呼吸问题的宝宝，可能会有生命危险。在日本，每年约有2万名患者因此病住院，其中未满月的婴儿是因初期咳嗽、流鼻涕等症状，导致呼吸困难。

治疗

最基本的治疗方法是对症治疗，但出现呼吸困难时，要立即诊治。可以通过接种疫苗，在体内形成抗体来预防。

百日咳

病因和症状

感染飞沫中的百日咳病菌引发的疾病。这种病菌传染性强，对这种病菌无免疫，会100%感染和发病，新生儿也会感染此病。初期症状与感冒相似，渐渐地咳嗽越来越严重。宝宝月龄越小，病情越容易恶化。未满6个月的宝宝患此病，可能会危及生命。发现宝宝脸色发紫时，要立即救治。

治疗

服用抗百日咳病菌的抗菌类药物。月龄较小的宝宝要住院治疗，注意预防并发症。

遇到皮肤问题时

最重要的是清洁

当皮肤干燥、发红、起痘，但不发烧、不腹泻时，可以当作皮肤问题来处理。常见的皮肤问题有痱子、尿布疹、蚊虫叮咬等。爱出汗的宝宝更容易有皮肤问题。遇到皮肤问题时，要比平时更注意清洁皮肤，出汗后最好勤沐浴、勤换衣服。

此外，在潮湿的环境下，尿布中含有较多的氨，容易滋生细菌。所以，要勤换尿布，把宝宝的臀部清洗干净并擦干后，再换上新尿布。

家庭护理要点

1 勤洗澡，洗掉身上的汗和污垢

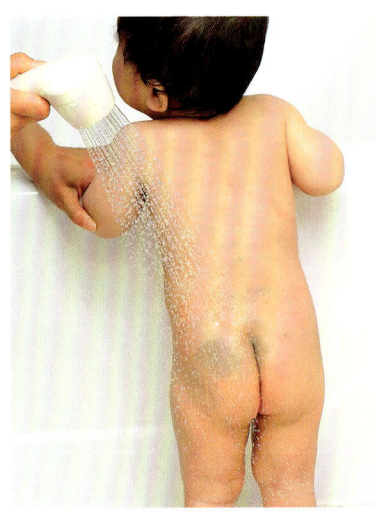

特别是夏季，出汗后最好洗淋浴。日常洗澡时，用1次沐浴露即可，有皮肤问题时，最好每次洗澡都用沐浴露，洗掉污垢。洗完澡后，用毛巾把身体擦干，涂上医生开的药膏或保湿乳等护理皮肤。

要 点

打成泡沫更柔和

洗澡时，把沐浴露打出泡沫，再把大量的泡沫涂抹于全身。使用按压式的液体沐浴露更方便，按压出来就是泡沫。注意不可以太用力搓洗。

2 轻轻擦干

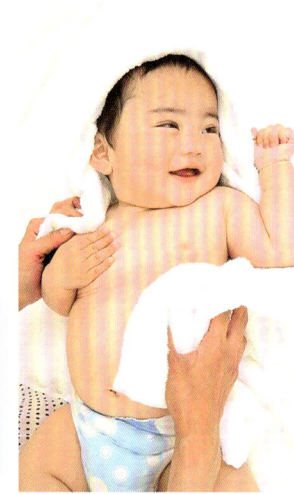

给宝宝洗干净身体后，用手感比较舒服的毛巾擦干宝宝的身体。擦拭时要按压着擦干宝宝的颈部、手腕、脚腕，以及大腿根部的褶皱，褶皱处容易积留水分，要认真地擦干。千万不要用力擦拭，否则容易弄伤宝宝的皮肤。

3 勤换衣服

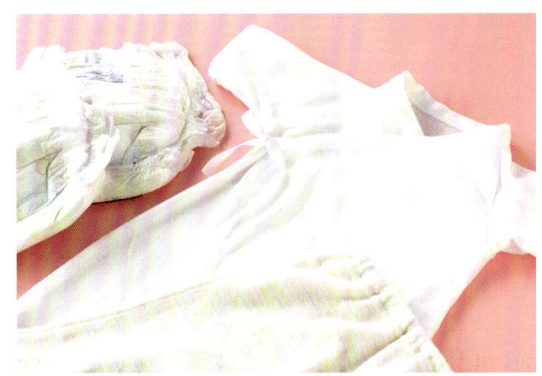

对于爱出汗的宝宝，要保证贴身衣物是100%纯棉的。要选购吸汗性、透气性好的面料制成的衣服。衣服要及时换洗。

要 点

不要用力擦

宝宝的皮肤非常娇嫩，用力搓洗或擦拭都会弄伤皮肤，引发皮肤问题。

换尿布时要擦干水分

洗完澡或换尿布时，要把身体上的水分擦干，保持干燥。否则会使皮肤问题更加严重。

平时多擦保湿乳

与大人相比，宝宝皮肤的皮脂较少，更容易干燥缺水。平时洗完澡或换尿布时，最好涂上保湿乳，呵护肌肤。

引起皮肤问题的原因及家庭护理对策

小儿脂溢性皮炎

相对而言，男宝宝的患病率较高

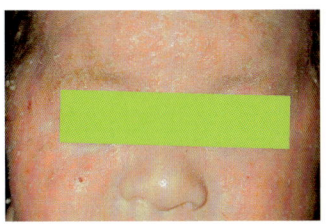

眉毛上粘有皮脂屑。从额头到眉毛、鼻子上都有很多皮脂分泌物。

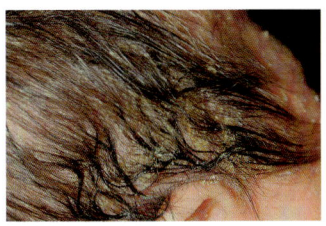

头发上粘有黄色的皮脂屑。不要用力向下擦，可以用婴儿专用洗发水清洗干净。

病因

在胎儿阶段受到妈妈雌激素影响的宝宝，从出生到3个月左右，皮脂分泌非常旺盛，看起来就像长有痂皮的湿疹。

症状

不仅脸部、颈部、身体上长有红色湿疹，发际和眉毛上也粘有黄色皮脂，像鱼鳞似的紧紧地贴在皮肤上。与过敏性皮炎不同，脂溢性皮炎不会很痒。男宝宝的发病率更高，症状因人而异。出生2～3个月后激素的影响迅速降低，皮肤也会渐渐恢复正常。

家庭护理

1 用泡沫柔和地清洗

最基本的是保持清洁。用香皂打出泡沫，轻轻地清洗，不要弄伤皮肤。

2 洗完澡后注意保湿

洗完澡后，5分钟之内涂上保湿乳。严重发红的部位要涂抹医院开的药膏。

用药

通常医生会开一些类固醇药膏，如丁酸氢化可的松软膏和氯倍他松丁酸软膏。有的药膏在涂抹前需要先涂些保湿乳。

痱子

大量出汗堵塞汗腺引起的

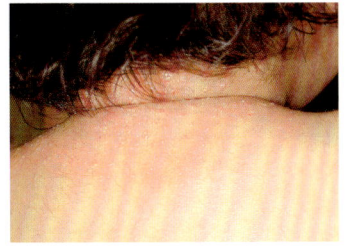

颈部的褶皱比较多，汗水容易滞留在褶皱中，所以颈部是痱子多发的地带。出汗时，要及时擦去汗渍，保持清洁。

要点

在妈妈的肘部垫一块纱布

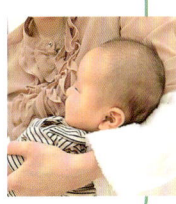

抱宝宝时，最好在妈妈的肘部和宝宝的头部之间垫一块纱布或毛巾，可以预防痱子。

病因

宝宝身体虽小，汗腺却和大人一样多，且出汗量是大人的2～3倍。大量的汗水浸泡着皮肤，容易堵塞汗孔，导致里面的汗腺发炎。

症状

出现红色湿疹或皮肤肿胀、起水痘。颈部周围和手脚上的褶皱处，容易残留汗水；额头的汗腺比较多；尿布覆盖的部位比较闷热。这些部位都很容易长痱子，而且皮肤发红、肿起时，痱子的范围也会扩大。症状较轻时，不痛不痒；严重时非常痒，挠破后还有可能诱发脓疱疮。

家庭护理

1 经常清洁肌肤

宝宝出汗后，要迅速擦干汗水并淋浴。外出时，可用湿润的毛巾吸去汗水。

2 按宝宝的需求设置室温

有时大人感觉舒适的室温对宝宝来说会比较热。使用暖气或空调时，最好优先考虑宝宝。

用药

皮肤发红有炎症时，医生会开些含有类固醇的药膏，一般情况下，使用一次即可痊愈。

发生在接触尿布的部位

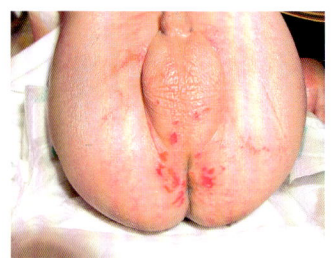

这是典型的尿布疹。由于持续腹泻，炎症会以肛门为中心向四周扩散。

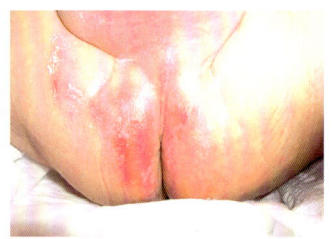

肛门周围的皮肤溃烂、脱落。病情发展到这种程度会非常疼，大便后要洗盆浴。

病因

多数情况下是大小便中的成分刺激皮肤导致的皮肤发炎。婴幼儿的皮肤保护功能尚未发育成熟，长时间不换尿布容易皮肤红肿。

症状

接触尿布的部位起红色疹子，有的宝宝只有肛门周围的皮肤发红。皮肤会出现红肿、溃烂和脱落，并伴有疼痛。

用药

皮肤溃烂时可以涂抹氧化锌软膏；炎症较严重时，可以涂抹类固醇类的软膏。

家庭护理

1 用湿润的毛巾轻轻擦拭

症状不严重时，可以用湿毛巾擦拭，注意要轻轻地擦，然后用干毛巾吸干水分。

2 淋浴或盆浴洗去污垢

擦去大便后，打上香皂洗淋浴，可以减轻皮肤的负担。或者在洗脸盆里盛满温水，让宝宝洗盆浴。

3 勤换尿布

无论是纸尿裤还是布尿布，都不能用太长时间，特别是大便后，要立刻换新尿布。

皮肤感染同类霉菌引起的疾病

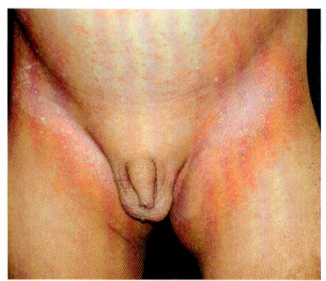

从腹股沟到大腿内侧长满了湿疹，且疹子一般比较干燥、粗糙。

要 点

易与尿布疹混淆

尿布疹与念球菌性皮炎十分相似，但治疗方法却大相径庭，所以要注意区分。尿布疹只有接触尿布的部位发炎，褶皱间的皮肤仍然正常；但念球菌性皮炎，褶皱间的皮肤也会发红。

病因

感染念珠菌引发的疾病。念珠菌是肠道和口腔中经常存在的一种真菌，皮肤感染后会长出红色湿疹。在高温湿润的环境中更容易繁殖。

症状

腋下、后背、性器官、臀部等湿润的部位容易感染念珠菌，严重时皮肤红肿、泛白脱落。抵抗力较弱时更容易感染。尿布是最适宜念珠菌繁殖的地方，所以当婴幼儿患有尿布疹，皮肤的抵抗力减弱时，要注意预防此病。

家庭护理

1 洗完澡后身体上不要残留水分

念珠菌特别喜欢潮湿的环境，洗完澡或换尿布时，一定要擦干。

2 清洗褶皱里侧

褶皱里侧容易残留污垢，所以，要仔细地把褶皱里侧冲洗干净。

用药

抗真菌类药物。有时感觉已经痊愈时会复发，最好按照说明持续用药。

脓疱疮

抵抗力较弱的部分皮肤
感染后扩散到全身

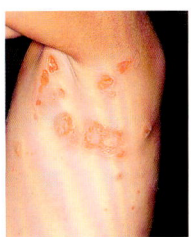

挠破水疱后不但会结痂，还会使患病面积大范围扩散，最好尽早进行治疗。

病因

感染金黄色葡萄球菌或 A 组溶血性链球菌后引发的传染性皮炎。长水疱处会瘙痒，挠破后病菌会沾在手上，当手触摸到身体其他部位时，水疱扩散至全身。

症状

开始时只有 1 ~ 2 个水疱，但传染性非常强，短时间内就会大范围扩散。蚊虫叮咬、长痱子以及有过敏性皮炎部位的皮肤，抵抗能比较弱，容易发病。

家庭护理

涂药时要先把患处清理干净

泛红、脱皮的皮肤也要抹上香皂泡沫，轻柔地清洗干净。然后在患处涂上药膏。

用药

针对致病菌使用对应的抗菌类软膏或口服药。即使病情有所好转，也要按照疗程继续用药。

传染性软疣（水疣）

感染病毒后引发

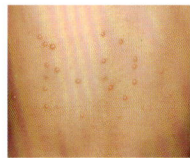

表面光滑、顶部微微凸起、中间凹陷的疹子，就是传染性软疣。需要去医院请医生用镊子一个一个挑开，最好趁疹子数量不多时及早治疗。

病因

感染传染性软疣病毒会引发此病。皮肤抵抗力较弱的部位容易感染，并发展为炎症，发炎部位周边的皮肤上长出湿疹，粗糙、搔痒。

症状

身上长出表面光滑、直径 1 ~ 2mm 的丘疹或结节。水疱中有病毒，摸起来有些硬。水疱变大后上部分像肚脐似的向内凹陷。

要 点

游泳池等地方也会感染此病

皮肤间的接触也可以传染，所以，在游泳池和患有传染性软疣的宝宝接触就会被传染。

家庭护理

小心患病范围扩大

对于水疣，没有什么特别的护理方法，注意挠破后不要再次抓挠，或者不让孩子触摸。

接触性皮炎

最重要的是查明引发皮炎的物质

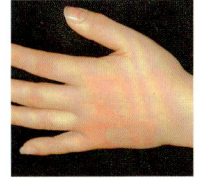

医用胶带引发的皮炎。红肿部位和正常部位有明显区别。

病因

即所谓的"皮炎"。皮肤接触到创可贴、尿布、口水等物质时，长出红色湿疹、发痒。

症状

由于瘙痒宝宝会抓挠，越挠皮肤的抵抗力越低，所以要尽早治疗。最重要的是查明引发皮炎的物质。把认为引发皮炎的物质，一起带到医院就诊。

家庭护理

用餐前嘴边涂上保湿乳

果汁和食物等很多东西都会引起皮炎，所以用餐前最好在嘴边涂上凡士林等保湿乳保护皮肤。

用药

皮炎的症状比较严重，要使用药效较强的类固醇类药物。短时间用药即可。

蚊虫叮咬

比大人更不舒服

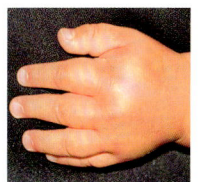

肿胀得非常厉害，又非常痒，在挠破之前要尽快护理、治疗。

病因

多数情况是被蚊子、螨虫、道路两旁树上的茶毛虫幼虫或毛虫蜇咬，腹部或背部长出红色斑疹，而且非常痒。被蜜蜂蜇后，要立即送往医院。

症状

婴幼儿或儿童被蚊虫叮咬后的主要特征是长时间肿胀。与大人相比，肿胀更严重，看起来像被东西砸伤了。

用药

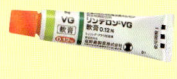

含有类固醇和抗生素的药，以及止痒的抗组胺类药物。

家庭护理

常备蚊虫叮咬类药物

把香皂打出泡沫，涂抹在患处后冲洗干净，再涂上市售的专治蚊虫叮咬的药膏。家中常备这些药物，更放心一些，最重要的是不要让宝宝抓挠患处。

过敏引起的皮肤问题

皮肤的抵抗力较低时，容易遇到此类问题

　　过敏引起的皮肤问题中，过敏性皮炎和荨麻疹是最有代表性的。引起

过敏的物质（过敏源）侵入易过敏体质的人体内，就会引发此类问题。过敏源多种多样，食物、螨虫、灰尘、精神压力都会成为过敏源。一遇到过敏性皮肤问题，有些妈妈就会限制宝

宝食用鸡蛋、乳制品等。但过敏源并不是只有食物。不要随便限制宝宝的饮食，一定要咨询医生。

过敏性皮炎

脸部

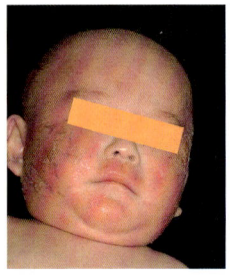

宝宝患过敏性皮炎时，一般脸上先长湿疹。出生 2 个月后，如果脂溢性皮炎仍未好转，就要去医院接受治疗。

腹部

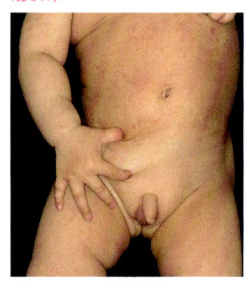

腹部和背部皮脂分泌较少，比较干燥，是容易长湿疹的部位。要注意保湿。

膝盖内侧

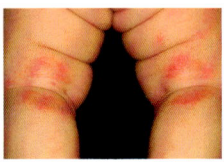

来回屈伸腿部时，膝盖内侧的皮肤相互摩擦，容易引起皮炎。如果褶皱间有汗水，情况会进一步恶化。

耳根

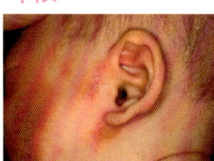

耳根处的皮肤溃烂，看上去像砍伤，一般认为这是过敏性皮炎最主要的特征。

病因

过敏源从皮肤抵抗力较低的部位侵入

　　过敏性皮炎是指具有遗传性过敏体质的人患上的慢性湿疹。婴幼儿的皮肤非常娇嫩，汗、灰尘等外部刺激都会引起炎症，抓挠时会伤到皮肤，降低皮肤的抵抗力。过敏源或刺激物从这样的皮肤侵入体内，就会引发皮炎。

症状

伴有剧烈瘙痒，出疹部位有明显的特征

　　宝宝出生 2～3 个月后，头部和脸部开始长湿疹，并逐渐向身体下方扩散到颈部、腹部、背部、大腿根部和手脚关节内侧。过敏性皮炎在婴儿阶段的主要特征是耳朵根部皲裂。婴儿出生后患上脂溢性皮炎，如果不进行治疗，也会发展成过敏性皮炎。

家庭护理

1 保湿很重要

　　患有过敏性皮炎的宝宝，皮肤角质层缺少水分，特别干燥。皮肤干燥就容易搔痒，最好涂一些保湿乳保湿。

2 保证皮肤清洁

　　宝宝出汗或身上有污垢时，要洗淋浴冲洗干净，而且一定要把水擦干。

要 点

正确用药

治疗此类皮炎使用类固醇药物最有效。涂抹类固醇药物后，皮肤很快就会恢复正常，但真正痊愈还需要再过几周。所以，不要擅自停药，必须遵循医嘱。

类固醇类外用药

治疗皮炎的药物，根据不同的症状和部位，用药量不同。基本上没有副作用，必须在医生的指导下用药。

止痒药
（抗组胺外用药）

组胺是引起皮肤瘙痒的根源，止痒药是指具有抑制组胺作用的药物。皮肤瘙痒时涂抹，通常与类固醇类药物一起使用。

荨麻疹

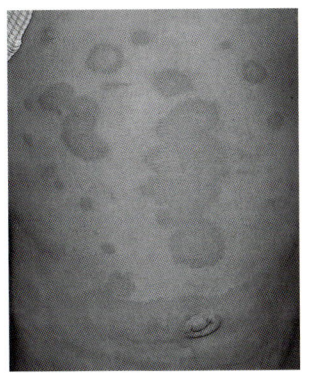

全身长出形状各异、大小不同、凸起的红色疹子。非常痒，要小心看护，到痊愈前不要让宝宝抓挠。

原因

通常由特定食物引起

多数过敏引起的急性皮炎非常痒，并长出凸起的皮疹。虽然大部分过敏的具体原因不明，但多数是由特定的食物、药物或接触动植物引起的。平时吃着没问题的食物，在身体状况不太好时食用，也可能起荨麻疹。

症状

突然长出皮疹，过一会儿就会消退

身体很多地方突然长出红色皮疹，感觉非常痒。且具有皮疹的大小和形状各不相同，凸起的红色皮疹与周围的皮肤分界明显的特征。多数情况下，皮疹在2～3小时或一天后就会痊愈。但如果呼吸道内长荨麻疹，会引起呼吸困难，所以要注意观察宝宝全身的反应。

家庭护理

1 尽量不要抓挠

抓挠很容易使皮疹扩散到全身。为了防止宝宝抓挠患处，可以用凉水浸湿毛巾，敷在宝宝身上，给身体降温。淋浴时最好用凉水或温水。

2 记录反复出疹的状况

反复出疹时，为了查明出疹原因，最好记录下宝宝吃了哪些食物、在哪些场所玩耍过等信息，带给医生查看。

关于过敏和皮肤问题

注意保湿，改善生活环境

治疗过敏引起的皮肤问题时，最重要的是消除过敏源。在婴儿阶段，灰尘和螨虫引起的过敏性皮炎比较常见，最好仔细检查一下现在的生活环境。此外，护理皮肤也很重要。婴幼儿的皮肤比较嫩，干燥时很容易受伤，使过敏源由此侵入体内。所以，要做好保湿，勤涂保湿乳。

日常生活中的护理

1 清洁空气

封闭房间内充满了螨虫和灰尘，早晨起床后最好先开窗，换入新鲜空气。也可以用空气净化器。

2 预防干燥

空气干燥时，就会吸收宝宝皮肤的水分。可以用加湿器，或把湿衣服挂在房间内，防止室内干燥。

3 清洁床上用品

棉被吸汗，潮湿又温暖，是螨虫滋生的温床。天气好时最好晒晒被子，保持干爽。

4 勤打扫

螨虫在湿度50%～60%、温度高于23℃的环境中最容易繁殖。冬天使用暖气刚好符合螨虫滋生的条件。要经常清理地毯和壁橱。

5 清洗玩具

布制玩具要每月要清洗一次。布制沙发和坐垫也要经常晒太阳，或用吸尘器吸走灰尘，保持清洁。

要 点
- 晒干
- 清洗床单
- 清理螨虫

棉被晒好后，再用专用吸尘器清理一下，效果更好。当然，还要经常换洗床单。

流鼻涕

睡眠和喂养问题要尽快解决

鼻腔黏膜发炎会开始流鼻涕。婴幼儿的鼻孔又细又小，少量的鼻涕也会让他们很难受。而且，如果鼻子严重堵塞，宝宝就会用嘴呼吸，而干燥的喉咙黏膜很容易被新病毒侵入。

有的宝宝虽然流鼻涕，但情绪比较好，也很有食欲。不过，一直流鼻涕容易使宝宝难以入睡，也不吃母乳或配方奶，引起脱水等症状，最好尽早治疗。

家庭护理要点

1 及时擦去或吸走鼻涕

宝宝流鼻涕时，可以用温水浸湿纱布后擦拭，或者用吸鼻器吸鼻涕。注意，使用吸鼻器时，不要把吸鼻器插到宝宝的鼻子里。

2 室内保持适宜的湿度

空气干燥也会引起鼻塞。室内温度较低时，可以用加湿器，或在室内挂上洗好的湿衣服，使湿度保持在50%～60%。

3 不发烧又比较有精神就可以洗澡

如果宝宝不发烧又比较有精神，就可以洗澡。洗澡时湿润的空气可以使鼻涕更容易流出，有利于保持鼻腔畅通。但洗澡也会消耗体力，所以洗澡时间不宜过长，水也不能太凉。

要 点

观察鼻涕的颜色和状态

感冒初期，鼻涕通常是液体、透明的；如果鼻涕比较黏稠，可能是副鼻腔炎；如果只有一只鼻孔流黏稠的鼻涕，可能是鼻子内有异物。要仔细观察宝宝的鼻涕。

4 勤补充水分

流鼻涕时，体内的水分也会随之流失，所以要给宝宝补充水分。可以喂母乳、奶粉或婴幼儿离子饮料等。宝宝鼻孔堵塞不方便喝水时，最好用勺子一点一点喂。

便秘

排便频率因人而异

每个宝宝的排便频率都不一样，有的每次吃奶都会拉一些，每天排便很多次；有的2~3天只排便一次。一些大人看到宝宝没有每天都排便，就会担心宝宝便秘。如果宝宝几天才排便一次，但并不痛苦，能顺利排出，排便量也比较正常，就不是便秘。如果宝宝排便不畅、腹部胀起，看起来比较难受，则可能是便秘。排便不畅时，可以刺激一下肛门。经常便秘的宝宝要注意多补充水分。可以在辅食中加入治疗便秘的食物。

家庭护理要点

1 除了观察宝宝几天没排便，更重要的是确认宝宝是否排便通畅

每个宝宝的排便频率都不同。如果宝宝连续几天不排便，排便时就要注意观察宝宝排便时的状态、排便量以及粪便硬度，才能判断是否便秘。出现以下情况时可能是便秘：排便不畅、粪便较硬、肛门周围出血。在吃辅食初期也会出现暂时便秘的情况。如果宝宝想喝母乳或奶粉，随时都可以喂给他，以补充足够的水分。

2 紧急情况下刺激肛门

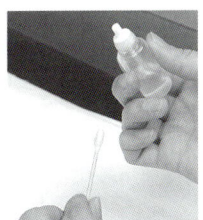 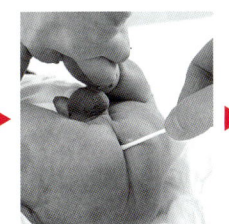 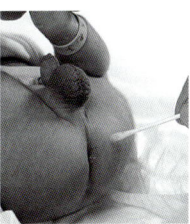

用大人使用的棉棒刺激肛门。先用婴儿润肤油浸泡一下棉棒。

把棉棒的前端插入肛门。把棉棒前面的棉球部分插入肛门，插入1.5cm左右。

慢慢地来回转动几次棉棒，使肛门扩张。动作不要太粗鲁，要轻柔一些。

要 点

6个月以上的宝宝，可以使用灌肠药。

市售的儿童用灌肠药见效快，但只有满6个月后才可以使用。为了避免养成依赖药物的习惯，只有在排便非常困难的时候，才可以考虑使用这种药来应急。

便秘时的辅食

治疗便秘最重要的是通过发酵食品和膳食纤维刺激肠道蠕动。

吞咽期

增加水分和乳酸菌

吞咽期的便秘是由水分不足和肠内细菌失衡引起的。在补充水分的同时，也要增加乳酸菌的摄入量。

取2大勺煮熟磨碎的红薯，1小勺低聚糖，再加些煮红薯的汤汁，调至浓稠即可。

进入蠕嚼期以后

吃大量膳食纤维和发酵食品

为了刺激肠道蠕动，最好多喂宝宝吃纳豆和富含膳食纤维的蔬菜。

把糙米片弄碎后和混合果汁搅拌在一起，用微波炉加热。再加入一些原味酸奶。

面条折碎后煮软，加入切碎的纳豆、裙带菜和少量酱油调味。

要 点 便秘时推荐使用的食材

红薯

吞咽期	蠕嚼期	细嚼期	咀嚼期
○	○	○	○

淀粉和膳食纤维能够增加排便量，促进肠道蠕动。

酸奶

吞咽期	蠕嚼期	细嚼期	咀嚼期
×	○	○	○

易于消化吸收，能够直接摄入乳酸菌，恢复肠道健康。

梅脯

吞咽期	蠕嚼期	细嚼期	咀嚼期
△	○	○	○

所含糖分能促进肠内发酵，膳食纤维可以刺激肠道蠕动。

胚芽面包

吞咽期	蠕嚼期	细嚼期	咀嚼期
×	×	△	○

所含膳食纤维较多，不太好消化，便秘时要少吃。

吞咽期（5~6个月），蠕嚼期（7~8个月），细嚼期（9~11个月），咀嚼期（1岁~1岁6个月）。各个阶段是否适宜食用该食材，分别用○△×表示。

中暑

大量出汗、湿度较高时要提高警惕

天气炎热或受到阳光照射时，身体的体温调节功能失效，体内的热量无法散发出来。结果体温会异常升高，体内的水分失去平衡，引起脱水症状就是中暑。天气炎热大量排汗后，最容易出现中暑症状。婴幼儿的体温调节功能尚未发育成熟，特别容易出汗。婴幼儿体内的水分占体重的80%，高于成人体内水分的比例，即使是短时间内大量出汗，也容易出现脱水症状。所以，要勤给宝宝补充水分，预防中暑。如果宝宝全身无力，失去意识，要立刻呼叫救护车。

家庭护理要点

1 迅速转移到阴凉处

宝宝脸色发红、抱起时身体发热、没有精神、皮肤没有弹性，这些症状都是中暑的信号。中暑后要迅速把宝宝移到凉爽的树荫下或有空调的室内。

2 解开衣服，脚高头低地躺下

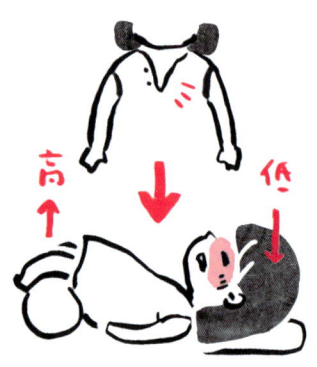

解开衣服可以使闷在体内的热气散发出来；脚高头低地躺下是为了让血液流到头部。

3 用冰凉的毛巾或凉水给头部和全身降温

把浸过凉水的毛巾敷在头上或身上，给身体降温，还可以再用扇子扇一扇。

4 恢复意识后，补充水分

宝宝失去意识后要立即呼叫救护车，恢复意识后要立即补足水分。喂宝宝喝水时不要太着急，最好一点一点地喂，想喝时才喂。

要点

出现以下症状时要呼叫救护车!

● 失去意识·反应迟钝

● 呼吸较弱·感觉不到呼吸

● 痉挛

出现以上症状时，不要犹豫，立即呼叫救护车。有生命危险时，需要急救。

痉挛

痉挛的病情要遵循医生的诊断

痉挛属于突发病症，主要症状为手脚僵直、翻白眼、身体弯曲轻轻抽动。强烈哭泣导致呼吸困难引起的"愤怒性痉挛"和发烧引起的"热性痉挛"不会有后遗症，即使反复发作，也会在5岁后恢复正常。

此外，还要注意患脑膜炎和脑炎的情况。在这两种情况下，会出现发高烧、反复呕吐、颈部僵硬、无法弯曲等症状。总之，发生痉挛后要去医院就诊，让医生来诊断病情如何。

家庭护理要点

1 以利于呼吸的姿势静躺

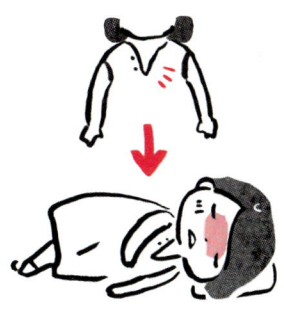

宝宝痉挛时，大人要冷静。先解开衣服让宝宝感觉舒服些，为了避免呕吐物堵塞喉咙，要让宝宝侧卧。

要 点

不要往宝宝嘴里塞东西

"在嘴里塞些东西可以避免咬到舌头。"其实，这种想法是错误的，有引起窒息的危险。而且，不能大声喊叫或摇晃宝宝。

2 观察全身的动作，记录痉挛时长

为了向医生说明情况，大人要仔细观察宝宝痉挛时的状态。根据宝宝痉挛时的反应，决定需要做哪些检查。另外，还要记录痉挛持续了多长时间。

3 持续痉挛5分钟仍未好转，要立即送往医院

通常，痉挛会持续5～15分钟。如果5分钟后宝宝仍未好转，即使还在痉挛中也要叫救护车。或者给经常就诊的医生打电话，遵循医生的指导进行急救。

要 点

出现以下症状时，夜间也要立即送往医院

· 第一次痉挛 · 持续5分钟以上 · 38℃以下的发烧引起的痉挛 · 头部受击打后开始痉挛 · 出生未满6个月 · 没有恢复意识 · 24小时内痉挛2次

引起痉挛的疾病

中 暑

中暑后身体失去体温调节功能，体内水分流失，引起脱水。严重时会失去意识、开始痉挛。出现这种症状时要立即呼叫救护车。

脑炎、脑膜炎

患有细菌性脑膜炎或脑炎、脑病时，除了出现发烧、头痛、呕吐症状之外，还会出现意识障碍和痉挛。到医院就诊时，除了痉挛，还要向医生说明其他症状。

癫 痫

癫痫分为两种，一种是脑部受伤或其他障碍引起的癫痫，另一种是不明原因出现失去意识、开始痉挛的癫痫。癫痫可能会多次发作，所以平时也要多加注意。

预防婴幼儿意外受伤

预防事故 & 急救指南

宝宝不仅会在室外发生意外或受伤，其实，在家里也会发生意外，并且是最多的。大人感觉心情舒畅的家，对宝宝来说却充满了危险。一定要小心。

烫 伤

大多数发生在家里

宝宝烫伤的热源90%来自家里，像锅、熨斗、水壶、暖炉、电暖风、较烫的食物和香烟等都会引起烫伤。

而且，宝宝的烫伤都是大人的马虎大意引起的。抱着宝宝喝热饮，结果热饮外溢烫伤宝宝，就是典型的例子。宝宝会爬以后，好奇心极强，会爬向热源。最好把热源放到宝宝够不到的地方。有时，长时间使用手炉和电热毯会引起低温烫伤。总之，大人要细心看护，小心预防。

应急处理

1 烫伤部位不足1元硬币大小，只是发红时

用冷水冲洗冷却，然后在家观察宝宝的状况。也可用干净的手指在宝宝患处涂上治疗烫伤的软膏。

2 烫伤面积比较小时

● 虽然大声哭喊，但意识很清醒

● 烫伤面积比宝宝手掌小

用淋浴喷头冲洗宝宝的头部、脸部和四肢。用冷水浸泡毛巾后，将毛巾敷在眼睛和耳朵处。如果穿着衣服被烫伤，不要脱掉衣服，应直接把冷水浇在衣服上。

3 以下烫伤需要急救

● 一只胳膊全部烫伤

● 一条腿全部烫伤

● 烫伤面积非常大

烫伤面积超过体表面积的10%就是严重烫伤。宝宝的单只胳膊或单条腿都占了体表面积的10%。用冷水浸湿浴巾后，把宝宝包裹起来，立即送往医院。

烫伤的预防 **要 点**

不要抱着宝宝吃烫的食物

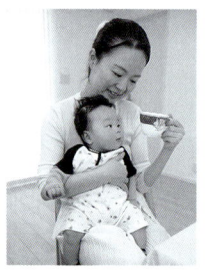

宝宝突然乱动，就会被热饮或食物烫到。家人吃东西时，必须离宝宝远一些。

不要把热奶放在宝宝旁边

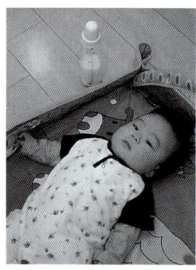

婴幼儿的皮肤比较薄，对大人来说很合适的温度，可能会烫伤宝宝。冷却中的热奶和盆浴用的热水、水壶等，不要放在宝宝旁边。

不要把热东西放在桌布上

把热东西放在桌布上时，能扶着物体站立的宝宝会拉扯桌布，就可能会被烫伤，所以要小心些。

把熨斗和热水瓶放在宝宝够不到的地方

正在使用或用完的熨斗、装有热水的热水瓶和炊具一定要放在宝宝够不到的地方。稍微不注意就会导致严重的烫伤。

用护栏把暖炉或电炉围住

电炉的暖风对婴幼儿来说也很危险，把取暖设备的四周用护栏围起来，不让宝宝靠近。

误 食

误食是婴幼儿常见的意外事故

在家里发生的误食非常多，尤其是误食香烟，要特别注意。有时香烟中的尼古丁会引起中毒，非常危险。

宝宝无论什么东西都喜欢塞到嘴里，所以，不仅是香烟，凡是能塞进嘴里的东西，都要放到宝宝够不到的地方。

此外，如果宝宝误食的东西堵在喉咙处，会有窒息的危险。呼吸道完全被堵住5～6分钟，就有生命危险。

疑似误食的信号

● 突然开始哭泣
● 突然呕吐
● 突然变得呼吸困难
● 脸色突然变得很难看

应急处理

1 确认误食了什么东西

发现宝宝有误食的迹象后，要先确认宝宝误食了什么东西。查看宝宝的口腔，用手指抠出留在嘴里的东西，检查喉咙深处是否被异物堵住。

2 观察状态，立即送往医院

不知道宝宝误食了什么，就给宝宝喝牛奶或水会很危险。如果抠出嘴里的东西后，宝宝看起来还很活泼，可以继续观察情况。如果情况看起来不太对劲，要立即送往医院。

3 有些东西吐不出来

误食后最重要的就是把误食的东西吐出来，但有些东西是吐不出来的，例如漂白剂、沐浴露、纽扣电池和溶剂等。如果误食了这些东西，不要让宝宝向外呕吐，要立即送往医院。

误食·窒息的预防 要 点

把易误食的东西放在高处

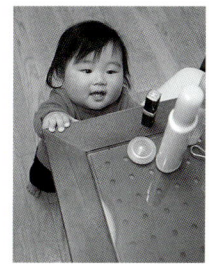

把危险物品和装有危险物品的箱子放到宝宝够不到的地方。要注意，宝宝渐渐长大，慢慢地也能够到高处的物品。

把抽屉、橱柜、冰箱锁上

宝宝有很强的好奇心，为了防止宝宝打开柜门，最好在抽屉和橱柜的门上安装安全锁。

不要把香烟和烟灰缸随处乱放

香烟和烟灰缸要放在距离地面1m以上的地方，不要放在矮桌或地板上，吸完烟要马上收拾干净。特别是用有残留液体的罐子当烟灰缸时，不能随便放，否则会非常危险。

包不要随处放

宝宝对大人的包非常感兴趣，但里面的化妆品、笔帽、夹子都非常危险，最好放在宝宝够不到的地方。

把花盆放在宝宝够不到的地方

观叶植物同样要多加留心。不仅是花盆里的土，小颗粒的肥料和防虫剂等也很危险。最好把花盆和这些东西搬到阳台上。

注意大孩子的小玩具

如果家里还有大一些的孩子，注意不要把小玩具放在宝宝身边。一定要保管好积木和串珠这样的玩具。

溺 水

每年有上百人溺水身亡

水深只要能没过宝宝的鼻子和嘴，即使只有10cm，也可能会意外溺水。其实，大多数0～1岁宝宝的溺水都发生在浴室中。此外，卫生间、洗衣间等家里很多意想不到的地方，都会发生溺水事故。

洗澡时不能把宝宝单独留在浴室里。而且，白天最好把浴室门锁上，浴缸中也不要积留洗澡水。即使在迷你游泳池里玩耍，也不能大意，绝对不能把视线从宝宝身上移开。

应急处理

1 从水中抱起后立刻大哭

如果宝宝还有意识，并且立刻大哭，就暂时不用担心了。给宝宝换好衣服、温暖身体，同时要平复抚慰宝宝的情绪。待宝宝呼吸平稳后，为了确保安全，最好再送往医院检查一下。

2 有意识，吐水

让宝宝俯卧，快速拍打宝宝背部肩胛骨之间的部位，让宝宝把水吐出来。如果宝宝不吐水，不要强行让宝宝往外吐。待宝宝平静下来后，送往医院接受检查。

3 在水上漂浮片刻，但仍有意识

冷静地给宝宝换衣服、温暖身体，抚慰宝宝的情绪，检查宝宝的意识和呼吸。宝宝的呼吸可能会在几小时内恶化，一定要送往医院检查。

4 没有意识、没有呼吸（或呼吸微弱）、软弱无力

立即呼叫救护车，送往医院急救!

在等待救护车期间，给宝宝做人工呼吸或心脏按压。为了应对紧急事故，最好提前掌握心肺复苏术。

溺水事故的预防 **要 点**

不要让宝宝在卫生间和浴室中玩耍

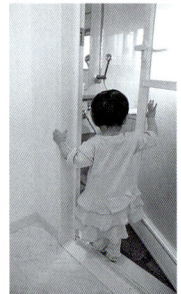

有时会发生宝宝的头卡在冲水马桶里意外身亡的事故。所以，一定要禁止宝宝在卫生间或浴室中玩耍。为了防止宝宝推开门，必须把门关严。

即使是片刻，也不能让宝宝独自留在浴室中

浴缸的边缘低于50cm时，宝宝就有掉入浴缸溺水的危险。所以，即使是片刻，也不能把宝宝独自留在浴室中。

不要在洗衣机旁放可以踩踏的物体

水桶和甩干桶等容易踩踏的物体，不要放在洗衣机旁。宝宝掉入装满水的洗衣机的事故时有发生。

用厚重的盖子盖住浴缸

如果浴缸盖太轻，宝宝能挪动，就起不到预防事故的作用。所以，最好换成又厚又重的浴缸盖。

宝宝戏水时，大人要看护

水深只要超过10cm，就容易引发事故。所以，即使是用水桶或洗脸盆玩水，也不能让宝宝独自玩耍。大人要细心看护，不要把视线从宝宝身上移开。

摔倒·跌落

创造不易摔倒、跌落的环境

跌落事故从新生儿期就开始发生。从婴儿床或沙发上跌落是比较常见的事故，有时大人抱着也会不小心跌落下来。宝宝会坐以后，经常从婴儿椅上掉下来；到1岁左右，从台阶、婴儿车、自行车上跌下来的事故有所增多，但最危险的是从窗户或阳台上摔下来。婴幼儿的平衡能力尚未发育成熟，所以经常会摔倒。在每个发育阶段，都要细心地做好相应的防护措施。

应急处理

1 立刻开始大声哭闹，之后很有精神，也有食欲

不用太担心，但少数情况下，可能会之后出现意识障碍，所以当天最好保持安静，不要洗澡，并在今后的两三天内观察宝宝的状态。

2 几天后宝宝的状态看起来有些异常

当宝宝的身体活动有些奇怪，反应也和平时不一样时，可能是大脑出现了异常状况。感觉宝宝有些异常时，最好尽快到医院检查。

3 发现明显异常时，立即呼叫救护车

出现失去意识、发呆、迷糊、多次呕吐、痉挛、耳鼻出血等症状时，情况非常紧急。

立即呼叫救护车，送往医院急救！

摔倒、跌落事故的预防 要 点

把家具的角包起来

把与宝宝头部或脸部在同一水平线上的家具角包起来，可以防止撞出大伤口。插座和门最好用市售的安全插扣或安全锁。

一定要系好婴儿车或婴儿椅上的安全带

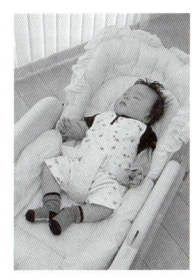

宝宝用婴儿车或婴儿椅时，一定要系好安全带。活泼爱动的婴幼儿尤其要注意。

不要让宝宝睡在沙发上

即使宝宝不会翻身，也不能放在只有一面靠背的沙发或椅子上。

NG ✕

对楼梯或台阶采取安全措施

宝宝会爬后就能独自移动到家里的各个地方，也会爬楼梯或台阶。所以，最好在楼梯或门厅的台阶处装上门，防止宝宝爬过去。

不要把宝宝单独留在自行车上

从自行车上摔下来的事故时有发生。宝宝坐在自行车上时，大人绝对不能离开，不能把宝宝独自留在自行车上。

一定要关紧窗户防止坠落

宝宝可能靠近的窗户，一定要锁好。宝宝长大后会自己开锁，所以最好上两道锁，不要让宝宝在窗边玩耍。

不要让宝宝含着牙刷或筷子走路

含着牙刷、筷子、汤勺或叉子摇摇晃晃地走路非常危险。不要让宝宝含着可能会插到喉咙里的东西玩耍。

在室内要光脚

有时宝宝会因穿大人的拖鞋而摔倒受伤，或因为穿袜子而滑倒。为了培养宝宝双脚的平衡感，在室内时最好光脚。

紧急时刻的联络方法

危险往往无法预料。大人有时也很难判断避难场所。家里有宝宝时，平时的模拟训练和避难准备必不可少。最好提前认真地和家人商定好灾难发生时的联络方法。

联络方法有以下几种

日本是一个地震多发的国定。灾难发生时，家人未必会全部在一起，电话可能打不通。考虑到这种情况，最好事先商定好灾难发生时的联络方法。例如：

● 灾难发生的地域可能会出现打不通电话的现象，最好预先选一个住在其他地方的亲戚家作为联络点。然后通知家人是否安全以及避难场所等信息。

● 到达避难场所后，把自己的状况和避难场所写在纸条上，把纸条贴在门上。

即使灾难刚结束时手机打不通，但过一会儿可能就会打通。最好换个地方或时间拨打手机。

使用手机上的灾难专用留言板功能

日本的手机上还装有发生灾难时专用的留言功能。在 NTT、DOCOMO、AU、软件银行集团等公司的网站首页，都设有"灾难留言板"功能。不仅可以在网页上查询、确认留言，还可以通过短信查收。各公司的此项服务均在每月 1 号提供体验留言和查询确认的服务，最好提前让家人掌握使用方法。

让宝宝更开心

培养宝宝丰富情感的游戏

心理和语言发育一览表

0~3岁 用对话丰富心灵

与玩具、电视相比，宝宝更喜欢和大人说话。对话不仅会为宝宝心灵提供营养，还会给宝宝的成长发育带来积极的影响。随便地说几句"非常喜欢你""好高兴啊"，就能把好心情传递给宝宝。

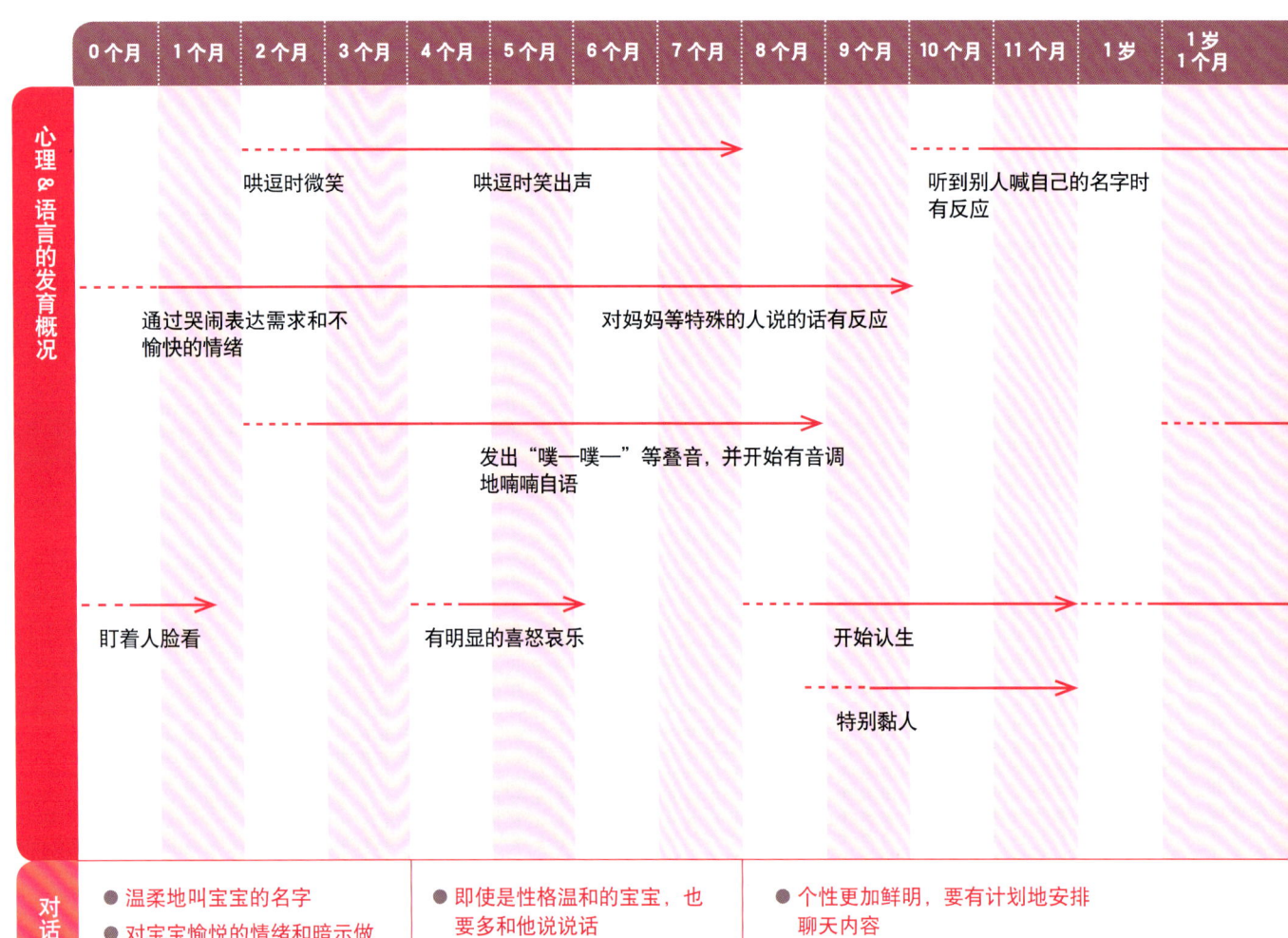

	0个月	1个月	2个月	3个月	4个月	5个月	6个月	7个月	8个月	9个月	10个月	11个月	1岁	1岁1个月

心理&语言的发育概况

哄逗时微笑 —— 哄逗时笑出声 →

听到别人喊自己的名字时有反应 →

通过哭闹表达需求和不愉快的情绪 —— 对妈妈等特殊的人说的话有反应 →

发出"噗—噗—"等叠音，并开始有音调地喃喃自语 →

盯着人脸看 —— 有明显的喜怒哀乐 → 开始认生

特别黏人 →

对话要点

● 温柔地叫宝宝的名字
● 对宝宝愉悦的情绪和暗示做出明确回应
● 说话时与宝宝肌肤相亲，给宝宝安全感

2个月左右的宝宝在心情好时会满足地发出"啊——""呜——"等声音。这也暗示着宝宝想做游戏娱乐一下。最好对宝宝的这种语言做出回应

● 即使是性格温和的宝宝，也要多和他说说话
● 多表扬宝宝
● 做符合发育阶段的游戏，自然地和宝宝聊天

宝宝能够挺直脖子后，尽量多带宝宝外出。接触外面的世界和其他人，可以给宝宝带来良性刺激。在这一阶段运动能力发育很快。可以一边做游戏一边聊天。

● 个性更加鲜明，要有计划地安排聊天内容
● 喜欢模仿大人，最好多说些开心的话
● 妈妈用语言描述自己的心情，与宝宝分享

宝宝10个月时，妈妈说："吃饭饭吗？"宝宝就会模仿着说："饭饭。"这时，妈妈可以回答："想吃饭饭了？"让宝宝体会对话的乐趣。

对话是宝宝身心发展的营养，坚持和宝宝对话

对话是宝宝心理发育中不可或缺的因素之一。如果很少对话、聊天，宝宝就无法学会与人建立联系，对语言的理解也会受到影响。有报告称婴幼儿的身体成长状况不容乐观，爸爸、妈妈与宝宝对话，对宝宝的身体和心理都是充满爱意的营养。

不要认为与宝宝沟通非常困难。模仿宝宝发出来的声音就可以，或者随便说说天气或突然间想起来的事。可能宝宝没有反应会让交流比较困难，但坚持下去，宝宝渐渐地就会回应你。

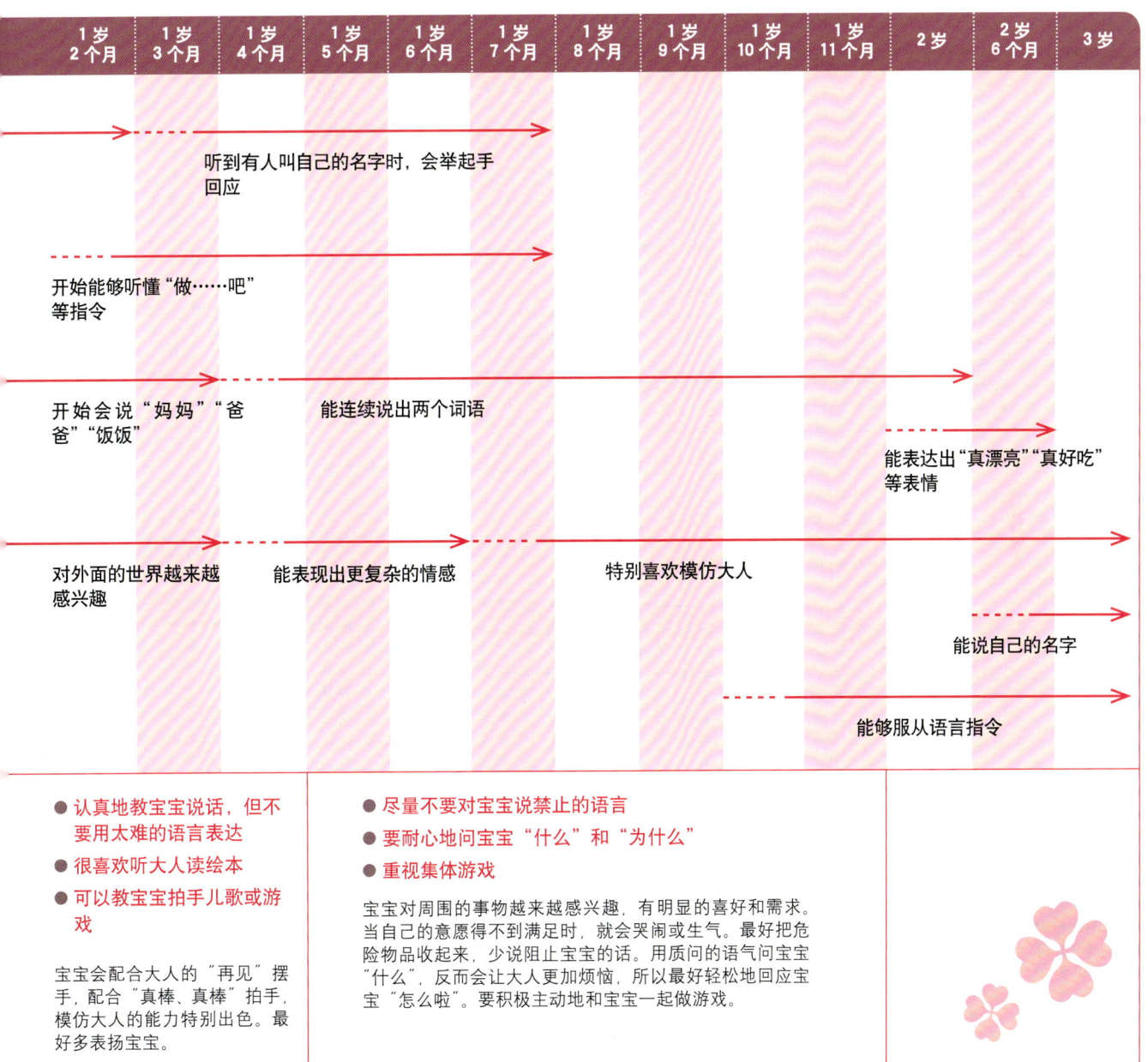

1岁2个月	1岁3个月	1岁4个月	1岁5个月	1岁6个月	1岁7个月	1岁8个月	1岁9个月	1岁10个月	1岁11个月	2岁	2岁6个月	3岁

听到有人叫自己的名字时，会举起手回应

开始能够听懂"做……吧"等指令

开始会说"妈妈""爸爸""饭饭"

能连续说出两个词语

能表达出"真漂亮""真好吃"等表情

对外面的世界越来越感兴趣

能表现出更复杂的情感

特别喜欢模仿大人

能说自己的名字

能够服从语言指令

- 认真地教宝宝说话，但不要用太难的语言表达
- 很喜欢听大人读绘本
- 可以教宝宝拍手儿歌或游戏

宝宝会配合大人的"再见"摆手，配合"真棒、真棒"拍手，模仿大人的能力特别出色。最好多表扬宝宝。

- 尽量不要对宝宝说禁止的语言
- 要耐心地问宝宝"什么"和"为什么"
- 重视集体游戏

宝宝对周围的事物越来越感兴趣，有明显的喜好和需求。当自己的意愿得不到满足时，就会哭闹或生气。最好把危险物品收起来，少说阻止宝宝的话。用质问的语气问宝宝"什么"，反而会让大人更加烦恼，所以最好轻松地回应宝宝"怎么啦"。要积极主动地和宝宝一起做游戏。

培养出自己和别人都认可的宝宝

怎样表扬或批评宝宝？

表扬或批评自家宝宝。突然和宝宝面对面，会发现这不是一件简单的事。大人的表情会把情绪传达给宝宝。要在该表扬宝宝时表扬他，该批评时批评他。

在婴儿期就要表扬和批评宝宝

表扬和批评是培养宝宝自身修养的方式之一

人类社会有很多礼仪规范需要遵守，大到"不可伤人害命"，小到"要等大人动筷子再吃饭"，要从婴儿阶段开始，一点点地学习这些礼仪。把这些内容教给宝宝就是"教养"，而方法就是表扬和批评。但是，学习礼仪并不容易。0～1岁的宝宝记忆力有限，理解力也比较低，同一件事要反复多次。所以，在婴儿阶段教宝宝礼仪，要反复教导才行。

批评要以安全感和爱护为前提

人只会听自己信赖的人的话

为了让批评更有效，批评宝宝之前的亲子关系非常重要。谁都不喜欢被批评，宝宝也一样。正因为信赖爸爸、妈妈，宝宝才会相信爸爸妈妈说的话是正确的。即使被批评，心里也会想着"这是我最喜欢的人"。所以，亲子间的信赖关系，是批评宝宝的必要前提。

此外，宝宝身心是否处于安定状态也对宝宝能否理解批评至关重要。如果睡眠不足，或正常的生活规律被打乱，就会让宝宝感到不安，无法理解大人的批评。

要 点 表扬和批评的主要原则

1 教授社会规则

宝宝一天天长大，能做的事情也越来越多。但社会自有其规则，不可能随心所欲。通过观察周围人的反应，宝宝会学到哪些事情"不能做""可以做"或"最好积极主动去做"。表扬和批评是教授宝宝社会规则的重要方法。

2 危险、侵犯他人权利时要批评宝宝

在孩童时代，批评也能教育宝宝。其一，危险的行为要批评。如摸火炉、玩煤气炉等。只要宝宝的行为可能导致受伤，无论是什么事，都要阻止。其二，侵犯他人权利时要批评。例如在沙地玩沙子时，宝宝向其他孩子扔沙子，就要严厉地批评。

3 宝宝还不能意识到错误，要耐心地教育宝宝

教养的最终目的是让宝宝把社会规则当成自己的规则来遵守，但要实现这一目的，还需要很长时间。想在婴儿阶段就得到结果是不可能的。虽然多数宝宝被批评后大哭，之后又犯同样的错误，但也会感觉到自己做错事情了。大人要意识到，宝宝现在这种程度已经很不错了。

4 表扬和批评要随着宝宝的成长变化

在宝宝独立前的漫长岁月里，教养会一直起作用。当然，宝宝在渐渐长大，教养方法也要相应变化。对1岁以下的宝宝不要期待会有效果，但反复说明，坚持到3岁，宝宝就可以理解了。父母最重要的任务就是想出符合宝宝发育和理解力的教育方法。

共同拥有愉快心情
❺种最佳表扬方法

表扬不是评价，而是与宝宝共同拥有愉快的心情

表扬宝宝和成人世界里的表扬不同，这种表扬不是评价，而是要与宝宝共同拥有愉悦、快乐的心情。比如对宝宝说"便便完很舒服吧""笑得真好看"，让宝宝感觉到自己的行为和存在使妈妈感到高兴，这就是表扬。

1 微笑

未满1岁的宝宝也能够读懂妈妈的表情。向宝宝传达"妈妈很高兴""因为有你，所以妈妈感到很幸福"的心情，最好的方法就是笑容。面带微笑地表扬宝宝吧！

2 身体动作

让宝宝习惯大人间的交流方式有些困难，不如用整个身体来传达，会更容易让宝宝理解。如一边拍手，一边说"太好了"，或许夸张一点效果更好。

3 肌肤相亲

抱着宝宝贴贴脸，或者突然抱紧宝宝，都非常有效。不仅在表扬时可以与宝宝肌肤相亲，还可以在做拍手和活动身体等游戏时抱着宝宝，与宝宝进行肌肤接触，这样能建立起亲密的亲子关系。

4 对话

对宝宝容易听懂的语言，要慢慢地、清楚地、大声地说出来。动作不必太夸张，要用容易理解的表达方式。即使宝宝还不理解语言的含义，声调和说话方式，同样可以传达大人愉快的心情。

5 当时·当场

宝宝的记忆力很有限。如果事后才表扬宝宝"那时做得真好"，宝宝很难理解。所以，最好当时、当场表扬宝宝。哪怕当时没时间，大人也要先停下来，用心地表扬宝宝。

准确传达自己的想法
❺种最佳批评方法

分清必须批评和不必批评的情况

宝宝的行为比较危险时，必须严厉地责备。但如果宝宝不听话或总耍赖，就要换一种批评方式。大人感觉自己总是斥责宝宝时，最好仔细想想自己为什么会批评宝宝。改变一下生活环境，检查一下生活规律，用其他方法改善宝宝的状态吧！

1 当时·当场

和表扬宝宝一样，批评宝宝也要当时、当场。如果事后对宝宝说"刚才的事情很危险"，宝宝就会不明白。当时已经严厉地批评宝宝"不能这样"，事后就不必再反复责备宝宝。

2 大人要行动起来

大人站在远处喊"不行"并没有用。要禁止宝宝的行为时，最好以冲刺的速度快速把宝宝移开，避开危险。大人这种惊慌的状态，已经能让宝宝感觉到自己做错事了。

3 语言简短

用复杂冗长的语句来跟宝宝解释理由，宝宝很难一下子理解。只需说一句"那样做可能会有不好的结果"就可以了。用"很烫哦""很疼哦"这样简洁的语言表达清楚即可。

4 表情

批评也要大人用表情和演技配合。要用逼真的表情向宝宝传达真的很烫、很疼等信息。有的宝宝看到这样的表情就会哭，认为"那是很可怕的""妈妈真的生气了"。

5 多一些耐心

宝宝的记忆力有限，即使他总是犯同样的错误，也不要越来越严厉地批评他。同一件事要多教几遍，到2~3岁时，他可能就会有很大的进步了。

有利于身心茁壮成长
游戏的启发

游戏中充满了宝宝成长必须学习的内容。父母要和宝宝一起享受亲子时光，寓教于乐。

嗜睡期　0~5个月

笑着和宝宝贴脸是最好的游戏

月龄较低的宝宝基本上无法自主行动，但能感觉到光线、能听到声音，有时还会想"这是什么""真有趣"。对自己感兴趣的东西，或是用眼睛追视，或是伸手抓，这些动作就是最初的"游戏"。与物品相比，这一阶段的宝宝更喜欢人。可以凝视着宝宝的脸，或者让宝宝听听爸爸妈妈的声音，多和宝宝说说话！对这时的宝宝来说，肌肤的接触就是一种游戏，笑着和宝宝来个亲密接触吧！

从0个月开始　特别喜欢妈妈温暖的手！
摸一摸、拍一拍

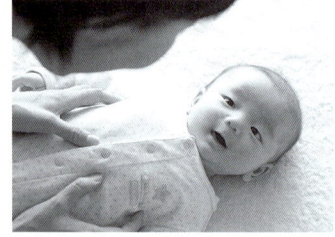

轻轻地摸一摸宝宝的腿、腹部和背部等部位，多和宝宝说"好开心啊"之类的话，营造出欢乐的气氛。但在抚摸宝宝时，要掌握好力度。

从2个月开始　能看到这个球吗？
这是什么？

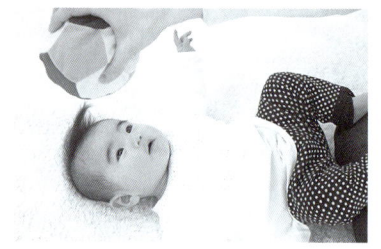

让宝宝仰卧，大人用手拿着球慢慢地向宝宝脸部靠近。一边判断宝宝是否能看到球，一边对宝宝说"这是球"，把球放在婴儿眼前，慢慢地左右晃动。

从2~3个月开始　体验新事物时非常紧张！
呼啦呼啦，哈！

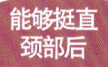
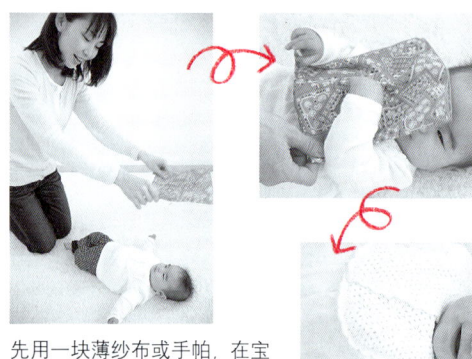

先用一块薄纱布或手帕，在宝宝的眼前呼啦呼啦地扇扇风，然后把手帕盖在宝宝脸上。再取下手帕，说声"哈"或"是宝宝呀"，如果宝宝自己取下手帕，就表扬他"好厉害"。注意，盖在脸上的布最好薄一些。

能够挺直颈部后　活动的感觉很新奇！
在靠垫上摇摇晃晃地活动

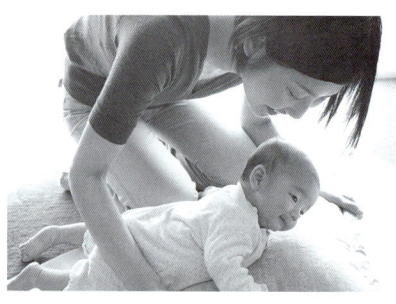

把宝宝放在靠垫或坐垫上蠕动爬行，大人轻轻地把垫子向左右或前后晃动，同时配点声音，"好晃呀、好晃呀""咻咻"等。

要 点
宝宝在靠垫或坐垫上时，不要把垫子向上抬得过高。即使只距离地面1~2cm，也会让宝宝有漂浮感。

稳坐阶段 5~8个月

增加培养平衡感的游戏

这一阶段宝宝渐渐能够坐稳。宝宝要用身体学习很多事情，用腰和脊柱的力量保持平衡并支撑身体，让重的头保持在正上方，失去平衡时用手和胳膊的力量支撑住上半身。这种身体上的变化，最好逐渐体现在日常的游戏中，但不要强迫宝宝。从之前的嗜睡阶段，一下子进入能够活动的阶段，宝宝可能会感到害怕。必须以宝宝是否高兴为基础，以安全第一、慢慢来的心态开始游戏。

从5个月开始　世界上最有趣的滑梯
把爸爸的腿当滑梯

大人坐在较矮的椅子上，两腿并拢、伸直，让宝宝坐在大人的腿上，用双手托住宝宝的腋下。一边喊"坐滑梯喽"，一边让宝宝向下滑到大人的脚踝处。刚开始玩这个游戏时，大人可以坐在地板上。

从5个月开始　慢慢地，不要吓到宝宝
慢慢向下落

与平时的"举高高"相反，一边说着"摇啊摇"，一边抱着宝宝轻轻地摇晃，然后发出"咚"的一声，弯曲膝盖。注意不要吓到宝宝。

能自己坐之后　应该能接住吧？
骨碌碌投接球

大人和宝宝面对面地坐着，把球滚向宝宝。这一阶段的宝宝暂时还不会把球滚回来，只要能接住就可以了。婴儿渐渐长大后就会把球滚回来，在这之前，大人最好多帮帮忙。

能自己坐之后　妈妈也可能会输哦！
手帕拔河

大人握住手帕的一角，让宝宝拿住另一角，然后向各自的方向拉。注意大人用力过猛可能会使宝宝向后翻倒。为了保险起见，最好在宝宝的后面放一个垫子，这样更放心。

能自己坐之后　活力四射
撕报纸

把一大张报纸放在宝宝手里，让他撕破。在报纸边上剪出豁口会更好撕。大人也可以给宝宝做示范。在撕报纸时，大人配合发出"撕啦撕啦"的声音更有趣。

能自己坐之后　咦，这是谁啊？
对着镜子里的宝宝说你好

抱着宝宝站在大镜子前，跟镜子里的宝宝打招呼，说声"你好"。或者抱着宝宝慢慢地靠近镜子，再远离镜子。视野的变化会使宝宝非常高兴。

爬行阶段　7～10个月

尽量把房间布置得宽敞些
让宝宝随便爬

很多大人都说"会爬就要会站，会站就要会走"，这种说法不大准确。在爬行阶段，要尽量让宝宝多爬，有利于宝宝臂力、背肌和腹肌的发育。宝宝会爬后，最好多做些爬行的游戏。把房间里的桌椅都靠在墙壁上，尽量给宝宝留出宽敞的空间。宝宝的体力渐渐增强，最好带着宝宝玩一些动作幅度较大的游戏。在确保安全的前提下，让宝宝尽情地玩耍。另外，在休息日，爸爸和妈妈轮流和宝宝做游戏，宝宝会非常开心。

宝宝会爬之后　推倒积木很在行！
咕噜咕噜、轰隆！

大人把积木堆起来，堆到一定高度后再把积木推倒，同时发出"轰隆"的声音。慢慢地宝宝就会伸出小手，试图去推积木。宝宝把积木推倒后，大人露出夸张、惊讶的表情，会让宝宝越来越喜欢这个游戏。

宝宝会爬之后　居家小型体育运动
慢慢悠悠爬坡道

把毛毯等卷成筒状，放在床垫下面，做出较缓的坡道。大人在宝宝对面放一个玩具，并哄逗宝宝"玩具在这边"，宝宝就会慢慢地用力往坡道上爬。这是非常好的一种游戏。

从9个月开始　有东西落下来喽！
布蒙头

让宝宝坐在中间，两个大人分别坐在宝宝的两侧。准备一块包袱皮大小的布，每个大人各扯住两个角。然后上下抖动布，再松开手里的布，布就会轻轻地落在宝宝头上。如果宝宝能自己取下蒙在头上的布，要给他鼓掌。

宝宝会爬之后　等一等、等一等
在家玩捉追人游戏

大人也在地上爬，一边在后面追宝宝，一边喊"等一等、等一等"。宝宝最喜欢快要追上又没追上的距离。最后用手拍一下宝宝的屁股，说"追上喽"。大人在后面追赶宝宝时，速度不要太快，不要让宝宝着急。此外，还要小心不要让宝宝的头撞到桌角或向前倾倒。

宝宝会爬之后　到这里来
纸箱隧道

准备一个宝宝能钻进去的大纸箱，把底和盖打开，用胶带固定好四角，让宝宝从纸箱中爬过来。大人在"纸箱隧道"出口处露出等待，并对宝宝说"在这边"，呼唤宝宝爬过来。婴儿要想从纸箱中爬过来，需要很大的勇气。

从10个月开始　都放进来
整理玩具

估计宝宝快要停止玩玩具时，把玩具箱或空篮子拿过来，一边说"要全部放进去哦"，一边把积木和其他玩具放到里面。刚开始时，宝宝可能只在旁边看着，但慢慢地就会开始跟大人学习整理玩具。

站立·行走阶段 11个月~2岁

在宽敞的地方尽情玩耍吧

宝宝会走路后，体力增强了，也越来越聪明了，能玩的游戏也增加了。随着运动量的增大，宝宝开始不再满足于单纯的室内游戏。可以带宝宝去公园或儿童游乐园等宽敞的地方玩耍。在这些公共场所，年龄稍大的宝宝虽然看起来比较老实可靠，但还缺乏判断危险的能力。反过来，只会坐着的小宝宝也可能会被大一点的宝宝撞倒，所以大人不能把视线从宝宝身上移开，要守在宝宝身边，在适当的时候给予帮助。到了周末，还可以带着宝宝玩一些身体活动幅度较大的游戏。

会站立之后

妈妈和宝宝齐心协力！
亲子企鹅

让宝宝的脚踩在大人的脚上，大人握住宝宝的双臂，然后一起学着企鹅向前左右摇晃地走路。刚开始时两个人可以面对面地站着，习惯后可以改为面朝同一方向行走。一边大声地喊着"一二一、一二一"，一边向前迈步，做亲子企鹅的游戏吧！

从1岁开始 骑在背上向前爬
妈妈像海豹一样

从骑马游戏演变而来的骑海豹游戏。做骑马游戏时，宝宝的脚不着地，很容易从背上掉下来。但如果大人趴在地板上，让腹部紧贴着地板就可以放心了。这样轻轻摇晃、慢慢地向前蹭着爬行，感觉非常像海豹！

会行走之后 接住我
1——2——跳

大人抓住孩子的两腋，让宝宝从较低的台阶上跳下来，"要跳下来了！跳喽！"一边这样说着，一边撑着宝宝让他跳下来。如果跳得太猛，脚容易撞到地板上，所以要轻轻地落地。

从1岁开始 咕噜咕噜、等一等
滚报纸球

把报纸或宣传单剪成适当大小，团成球状，用胶带粘好。可以扔着玩，也可以滚着玩，玩法很多。最重要的是，报纸球的大小要适中，要让较小的孩子也能抓起来。

从1岁6个月开始

积木大餐
开吃喽！

把积木摆成蛋糕状，放在纸盘子里，然后拿着叉子说"开吃喽"。还可以摆成电车或汽车的形状，说声"开车喽"，然后用手让积木动起来。这样能够激发宝宝的想象力。

从1岁6个月开始

能准确地摸到吗？
边唱边摸

大人一边唱"这是头"，一边摸自己或宝宝的头。这一阶段的宝宝正处于语言记忆期，习惯后宝宝会自己用手指出来。与强迫宝宝记住身体部位的名称相比，还是这种游戏更有趣。

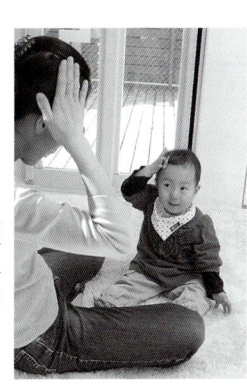

探知书中的乐趣

听绘本

给宝宝讲绘本，不仅能够丰富宝宝的心灵，还能培养宝宝的语言能力。当然，最重要的是让宝宝感受到绘本带来的快乐和乐趣。如果大人能和宝宝一起感受绘本带来的快乐，宝宝会更喜欢绘本。

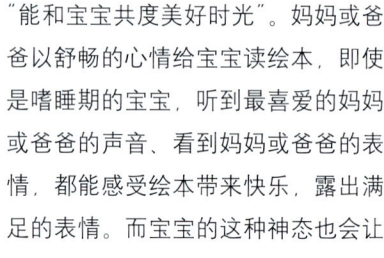

和宝宝共度美好时光

互相感知，共享欢乐

妈妈们都知道，很多育儿书中都说"给宝宝读绘本，有益于宝宝成长"。但其实绘本并不是非读不可，宝宝也不会因为听故事就变得更聪明，或者识字更早。

给宝宝读绘本最大的好处就是，"能和宝宝共度美好时光"。妈妈或爸爸以舒畅的心情给宝宝读绘本，即使是嗜睡期的宝宝，听到最喜爱的妈妈或爸爸的声音、看到妈妈或爸爸的表情，都能感受绘本带来快乐，露出满足的表情。而宝宝的这种神态也会让爸爸妈妈更高兴。这样一来，大人和宝宝就同时拥有好心情。

如果宝宝不喜欢听大人读绘本，更希望大人陪他唱歌、跳舞的话，也不要强制宝宝听绘本。讲故事只是和宝宝沟通的一个工具。如果有其他方法能使大人和宝宝心情愉快，也可以选择其他方法。不要只专注于开发宝宝的智力，还是尽情地和宝宝一起享受欢乐时光吧！

选择绘本

抛开月龄限制，给宝宝读各种各样的绘本

购买绘本时，书上总会有适读年龄。其实，这个年龄只是大致估算。即使宝宝的年龄小于或大于绘本的适读年龄，如果觉得宝宝可能会喜欢这本书，或自己很喜欢，就买回来读给宝宝听吧！另外，还要考虑宝宝的安全。有些绘本色彩鲜艳、图片较大，宝宝会更喜欢。购买绘本时，最好参考一下这些标准。

可以反复读同一本绘本

绘本的数量不是越多越好。如果宝宝特别喜欢某一本绘本，可以反复地读给他听，直到宝宝心满意足。

读绘本

妈妈或爸爸用平时温柔的声音读绘本即可

好啦，现在到了读绘本的时间啦！对几十年都没有放声读书的爸爸妈妈来说，要把书中的故事读出来，确实有些难为情。但也不必像配音演员那样活灵活现，用平时宝宝听习惯的声音，慢慢地、清楚地讲出来就可以了。只要宝宝对爸爸妈妈的声音有反应，且比较高兴，就表明成功了。

有时大人随便的一句话或者语调，都会让宝宝非常高兴。如果宝宝有这样反应，大人可以下次用夸张的语调再说这句话。看到宝宝越来越开心，大人也会更高兴。

要 点 选书·读书

1 "适读年龄"仅供参考

绘本上标示的"适读年龄"只是大致估算出来的年龄。当然，相应月龄的宝宝会喜欢书中的内容，书的装帧也更安全，宝宝或舔或咬都没关系。但最重要的是宝宝是否感兴趣。最好参考"适读年龄"，按照自己的意愿选择绘本。

2 不要一次买太多

到了书店，绘本书架琳琅满目，让人眼花缭乱，很容易变成这个也想买、那个也想要，但最好不要一次购买太多。注意观察宝宝的神态，帮宝宝买几本他最喜欢的绘本吧！家里有很多喜欢的绘本，才是最理想的状态。

3 没有规定的册数和时长

也许有的家长会问，每天应该给宝宝读几本、读多长时间最合适呢？对于册数和时长并没有严格的规定。只要大人有时间，宝宝想听时就可以给他读，或者在睡觉前读2本。册数和时间要以大人不会觉得疲惫，而宝宝又很满足为宜。

4 轻松、自然地讲绘本

讲绘本时，大人和宝宝都应该很放松。所以，最好用"好啦！开始讲啦！"这样不生硬的语言、轻松的态度开始讲故事，没必要发出奇怪的声音。慢慢地，宝宝听习惯后，再自然而然地加大语调的变化。最重要的是要和宝宝一起感受快乐！

给宝宝读什么样的绘本

日本出版30年，仍然超人气的绘本推荐

不要把选绘本想得太难，只要选"想读这本给宝宝"的就可以了。这里列出一些在日本出版超过30年，却仍在家长和孩子中人气爆棚的绘本，仅供大家参考。

适合小宝宝的绘本

与其给这个年龄段的宝宝讲故事，不如多看一些游戏绘本，和宝宝一起享受快乐的时光。

《叮铃铃，来电话了》（选自幸福宝宝益智启蒙绘本）
日本 1970 年出版

文 /[日] 松谷美代子 图 /[日] 岩崎千弘
跟宝宝聊聊天吧，可是聊什么呢？这是新手父母常常头疼的问题。《叮铃铃，来电话了》是一本简单温馨的绘本，给宝宝换尿布时，带宝宝一起外出散步时，都可以讲这本绘本，语言很简单，情感却很丰富。

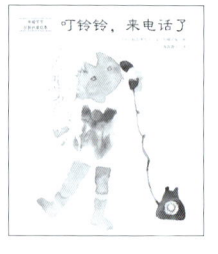

《动物宝宝和妈妈》（选自"动物宝宝和妈妈"系列）
日本 1981 年出版

文 /[日] 小森厚 图 /[日] 薮内正幸
动物妈妈是怎么带着小宝宝一起散步的？黑猩猩妈妈像人类的妈妈一样用双手抱着宝宝在树上爬来爬去，考拉妈妈背着宝宝爬来爬去，猫妈妈温柔地衔着宝宝走来走去。那狮子妈妈呢？强壮的大象妈妈呢？

《不见了，不见了》（选自幸福宝宝益智启蒙绘本）
日本 1967 年出版

文 /[日] 松谷美代子
图 /[日] 瀬川康男
前一页是遮住脸的小动物，翻过一页"哇！"小动物就出现了。结构非常简单，孩子非常喜欢，乐在其中。最后遮住脸的宝宝也会出现，看到这一页的时候，宝宝开心得不得了。

《笑眯眯》（选自幸福宝宝益智启蒙绘本）
日本 1967 年出版

文 /[日] 松谷美代子
图 /[日] 瀬川康男
小风一个人，笑眯眯地坐着，这时，小猫来了，它"喵喵"叫着，学小风的样子坐下了。后来，又来了小狗、大象，他们笑眯眯地坐成了一排……选取宝宝最熟悉的生活场景，配合韵律感十足的文字与柔和温馨的画面，让宝宝在幸福的氛围中快乐成长。

有简短故事情节的绘本

宝宝长大一点了，可以听懂一些简单的对话，更喜欢有简单情节的绘本。

《哇~哇~哇》（选自幼儿自我意识敏感期绘本）
日本 1972 年出版

[日]濑名惠子 著

《哇~哇~哇》是每个初上幼儿园的孩子都会发出的声音。对孩子，对妈妈都是一次分离焦虑。可这样一场"悲剧"在作者笔下却变成了极具夸张色彩的"喜剧"：眼泪真的流成了河，孩子们都变成了小鱼。到了放学的时候，妈妈得穿着雨靴，拿着水桶和网子去"捞"孩子……

《小金鱼逃走了》
日本 1977 年出版

[日]五味太郎 著

哎呀，小金鱼从鱼缸里逃走了！逃到哪儿去了？窗帘上、花丛中、糖果罐子里、水果盘里……哪里有它的影子？这个调皮的小家伙竟然还在镜子上玩起了"分身术"，变成了三条一模一样的小金鱼，到底哪个才是真正的小金鱼？最后，它还跳进了有好多金鱼的大池塘里，哪只金鱼才是我们要找的呢？

《小白熊做松饼》（选自快乐小熊益智启蒙绘本）
日本 1972 年出版

[日]若山宪 著
日本 1972 年出版

我是小白熊，今天，我要跟妈妈一起做松饼！松饼好了，我要和小熊一起尝一尝，饭后，我们一起帮妈妈洗盘子，真高兴！让宝宝学会分享、自己动手、主动做家务。

《小猫当当做鬼脸》（选自"小猫当当"系列）
日本 1976 年出版

[日]清野幸子 著

"小猫当当"系列有很多本，超级可爱的小猫形象，让人不由自主地爱上它；故事性、游戏性强，让孩子在玩中阅读；自信、率真、勇敢、热心、顽皮、自我、好奇……这才是真正的当当！

快上幼儿园的孩子爱读的绘本

宝宝快 3 岁时，可以听懂长一点的故事了，但还不能自己阅读绘本。妈妈可以用温柔的声音给宝宝读绘本，还可以一边读一边和宝宝聊一聊绘本里的故事。

《古利和古拉》（选自"古利和古拉"系列）
日本 1967 年出版

文 /[日]中川李枝子
图 /[日]山胁百合子

田鼠古利和古拉善良可爱、无忧无虑，最喜欢做的事情就是"做好吃的，吃好吃的"，他们在森林里烤蛋糕，到原野上野餐，还举办盛大的南瓜宴……而最最开心的事情莫过于和朋友们一起分享，那热闹欢快的场面迷住了无数小读者。

《第一次上街买东西》日本 1977 年出版

文 /[日]筒井赖子 图 /[日]林明子

"第一次"独自上街去买东西，可是个伟大的探险啊。虽然只是去离家不远的街口小店，可对小主人公美依来说充满着一桩接一桩的冒险事件——有一辆自行车迎面冲过来，好危险！哇，跌倒了，膝盖破了皮，她会哭吗？手中的硬币掉了，该怎么办？终于走到小店门口，要怎样跟老板开口买东西？

*以上绘本均已引进中文版，可在国内购买。

如何合理安排宝宝看视频

电视 DVD

宝宝非常喜欢看电视或 DVD，这极大地方便了忙碌的大人。但放任宝宝看电视或 DVD，也会出现问题。不妨思考一下，如何安排宝宝看电视才合理？

电视只是各种游戏中的一种

宝宝特别喜欢看电视，而且会聚精会神地看，甚至叫他也没有回应。电视里有很多宝宝感兴趣的东西，但活动身体、与他人交往对宝宝的成长也很重要。不要认为宝宝一整天都在老老实实地看电视就是一件好事。看电视只是各种游戏中的一种，遵循这种观点，就能逐渐找到合理安排看电视或 DVD 的方法。

问题 1

宝宝看电视多长时间才合理？

根据看电视的时间在生活中占的比例判断

很多家长会因为不知道应该让宝宝看电视多长时间才合适而感到不安。但是，并不存在标准明确指出婴幼儿看电视在多少小时内没问题，超过这个时长会有危害。更重要的是算一算看电视的时间在日常生活中所占的比例。宝宝一天的生活中，除去睡觉、洗澡、吃饭的时间，可自由支配的时间约为 6 小时。在这 6 小时内，如果宝宝既看电视，又有时间和他人交流、听绘本、到户外玩耍，就没问题。值得注意的是，看电视的时长最好不要和其他活动的时长相差太多。

问题 2

电视内容会影响宝宝的发育吗？

宝宝的发育受各种因素的影响

各种外界刺激都会影响到宝宝的成长和发育。宝宝出现什么问题，也不能全部归咎于电视。有些宝宝会模仿电视里的英雄人物打闹，说明电视的确会对宝宝产生影响。但这种影响只是暂时的，不能因为宝宝模仿电视中的打闹，就认为看电视不好、宝宝粗鲁。很多优质的幼儿节目都是经过仔细研究后制作而成的，电视也只是娱乐的一种，宝宝看得高兴才有意义。

问题 3

宝宝看电视时，大人应该怎样讲解？

注意观察宝宝对什么内容感兴趣

据统计数据显示，如果大人陪着宝宝一起看电视，并加以解释或者谈论电视内容，宝宝的语言会更丰富。如果有时间，还是和宝宝一起看电视吧！但是，当宝宝聚精会神地看电视时，谈论电视内容时宝宝也不说话，这时还是让宝宝安静地看电视吧！当宝宝指着电视画面，或者回头向大人张望时，大人不要置之不理，应主动和宝宝说话。总之，要随机应变。

安排看电视时间的 **4** 个要点

　　安排宝宝看电视的时间，也是安排大人看电视的时间。如果家里的电视一整天都开着，宝宝看电视的时间自然会比较长。大家可以参考以下4点，安排看电视的时间。

1 记录日常生活

　　日常生活习惯很难一下子改变。最好把一天的生活都写下来，只写"看电视""外出游玩""午睡""收发邮件"等简单的条目即可。坚持一段时间，就能看出看电视在日常生活中所占的比例、哪项比例较大、哪项比例较小。

2 反思为什么看电视的时间比较长

　　看电视的时间比较长时，最有效的解决办法就是找出原因。有些家庭人手不够，妈妈照顾宝宝费时费力，只得依赖电视，慢慢地就养成了一直开着电视的习惯。

3 制定"看电视守则"

　　把电视从日常生活中取消不太现实，所以有必要制定一个合理的"看电视守则"。要意识到"现在是和宝宝一起生活"，选出适合宝宝观看的节目。大人想看的节目，等宝宝睡了再看。

4 试着关掉电视

　　果断地关掉电视，重新安排看电视的时间。把电视关掉后，宝宝会意识到"自己也不能例外"。最重要的是家人之间的理解、配合，所以要和家人商量后再决定。

如何合理使用其他媒体工具？

手机·电脑

父母要给自己制定一个使用规则

　　最好制定一个使用这些工具的规则。现在宝宝还不会使用这些工具，制定"不在喂奶的时候发信息""宝宝睡着后再用电脑"等规则是可行的。如果宝宝把手机当玩具，但没到一拿到手机就非常兴奋的程度，就不必在意。不过，尽量避免频繁地给宝宝看手机或电脑里的画面，因为这样会给宝宝带来不必要的刺激。

电子游戏

最重要的是意识到游戏只是用来娱乐的

　　电子游戏追求的是"趣味"，很容易沉迷其中。不仅宝宝需要用规则约束，大人也需要。最近，很多宝宝从2岁就开始玩电子游戏。对于该不该让宝宝玩电子游戏、什么时候开始玩、玩什么游戏、每天玩多长时间比较合适等问题，最好还是家庭成员一起讨论一下再决定吧！当然，也要给大人制定规则——哪些游戏不能在宝宝面前玩，而且大人要严格遵守这些规则。

感到"宝宝有些异常"时

～关于发育障碍～

觉得宝宝的反应和其他孩子不太一样？宝宝令人吃惊的异常反应，会让大人意识到宝宝有发育障碍。在婴儿阶段，宝宝患有发育障碍时很难确诊，最好用心观察宝宝的行为，并在体检时咨询医生。

发育障碍更需要的是耐心和照顾

大脑功能问题引起的障碍

发育障碍是指人在发育初期由于某种原因，使语言表达能力、社交能力或身体活动能力出现障碍的一种状态。

目前患病的具体原因仍然未知，但多数是由遗传因子异常、染色体异常、围产期出现异常引起的。多数患有发育障碍的宝宝看起来和正常孩子一样。

很遗憾，发育障碍尚无法根治，但确诊后及早针对孩子的病情重新调整环境，会使不少孩子过上正常的社会生活。当感觉到宝宝有些异常时，要继续认真观察，并在专家的帮助下，帮助宝宝调整到最佳状态。耐心、积极地照顾宝宝吧！

主要的发育障碍

自闭症

主要特点是不善与人交往、语言发育迟缓、有特定的表现。在婴儿阶段，宝宝不哭闹，一个人也能安静地睡觉等。

阿斯伯格综合征
(Asperger Syndrome)

自闭症的一种，患者语言和智力发育正常，但极端缺乏沟通能力，不变通。有些患者对自己喜欢的事物会非常专注。2～3岁开始出现患病症状。

学习障碍

智力发育没什么问题，但在熟练掌握听、说、读、写、计算、推理等特定的能力上存在障碍。

注意力缺陷多动障碍（ADHD）

很难安静下来，一直很活跃。在2～3岁时开始出现患病症状，比如跟他说了很多遍还是不听。上课时爱走来走去，会影响学校生活。

Part 7

慢慢掌控身体

基本生活习惯的
言传身教

从0岁开始培养好习惯
调整生活规律

在新生儿阶段，宝宝昼夜不分，吃了睡，睡了吃。但3个月后，宝宝慢慢地就能把睡眠时间调整到夜里，渐渐接近大人的生活节奏。从这时起，有意识地培养早睡早起的习惯，对宝宝非常有益。俗话说"早睡早起身体好"，是有一定科学道理的。

早睡早起身体好

健康的生活规律有利于身体的茁壮成长

自古以来就有"早睡早起身体好"的说法，其中包含了一定的科学道理。宝宝睡觉时分泌的激素，有益于骨骼和肌肉发育、提高免疫力。而且，宝宝早睡这些作用更显著。早晨沐浴着阳光醒来，精力充沛地度过一天，天黑后睡觉。这样简单的生活方式，对宝宝的健康成长有着深刻的影响。所以，一定要让宝宝养成早睡早起的习惯！

为什么早睡早起很重要？

分泌"生长激素"

人在睡觉时会长高，还会分泌出骨骼和肌肉发育所需的生长激素，并且在深夜12点前后分泌最旺盛。睡眠的深度与成长激素在血液中的浓度基本上成正比，所以保证深夜12点的熟睡非常重要。

整理和固定记忆

大脑在夜晚熟睡时，会对白天做过或学到的事情进行整理并固定，"这个记住比较好，那个不需要了"，把有用的事情固定到记忆里。总之，好的睡眠才会有好的记忆力。

让大脑和身体休息

人类是昼行性动物，要想白天精力充沛地活动，最重要的是让大脑和身体在夜间得到充分的休息。夜间休息不足，白天大脑的反应和身体的活动都会变得迟钝。

分泌褪黑素

人在熟睡时还会分泌出一种名为褪黑素的激素，这种物质具有抗氧化和提高免疫力的作用。其主要特征是一见光分泌量就会减少。所以，卧室最好保持黑暗，有助于促进褪黑素的分泌。

调整生活节奏有利于养成良好的生活习惯

晚睡晚起的宝宝缺乏活力

一项调查显示，幼儿园和托儿所里烦躁粗鲁、没精打采的孩子中，多数是由于不吃早饭或睡眠不足。晚上睡得晚，早晨也起得晚，就没时间吃早饭了，所以宝宝没精神。好好吃早饭，对开始一天的新生活非常重要。

每天按时做同样的事

要想有良好的生活规律，首先要养成良好的生活习惯，早睡早起就是其中之一。最好每天能够按时起床、洗脸、穿衣服、吃饭。无论培养什么习惯，重要的是每天都按时做同一件事。

正常的生活规律有利于身体健康成长

早睡早起的习惯会影响到孩子的学习能力

　　是否早睡早起也会对孩子的智力发展产生影响。下面的图表是以日本山口县山阳小野田市的小学生为调查对象得出的一部分结果。从这个图表中可以看出，晚上8点～9点睡觉的孩子，语文成绩和数学成绩都非常优秀，睡觉时间越晚成绩越低。

　　除此之外，还对山阳小野市的小学生的其他各种生活习惯做了调查，如几点起床、是否每天都吃早饭、每天看多少小时的电视或玩多长时间游戏等。得出以下结论：大多数早睡早起、每天都吃早饭的孩子成绩比较优异，而且觉得学习是一件有趣的事。

　　2006年，日本成立了"全国早睡早起吃早饭协会"。但现在，很多孩子睡觉和起床的时间越来越晚，也渐渐抛弃了吃早饭的习惯。

　　每个父母都希望自己的孩子精力充沛、充满好奇心，那么最重要的就是，让孩子从小养成良好的生活规律。

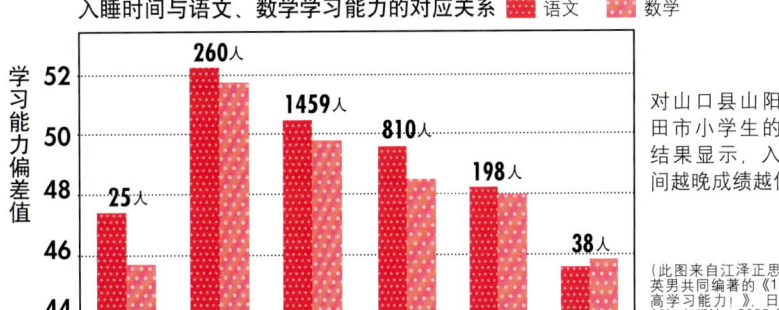

入睡时间与语文、数学学习能力的对应关系　■语文　■数学

对山口县山阳小野田市小学生的调查结果显示，入睡时间越晚成绩越低。

(此图来自江泽正思、阴山英男共同编著的《1年内提高学习能力！》，日本朝日新闻出版社，2008年)

养成早睡早起习惯的小窍门

1 早睡

早睡早起的第一步就是早睡。早晨起床较晚的宝宝，最好白天让他尽情地玩耍，缩短午睡时间。当然，不能突然让宝宝提前几个小时入睡，如果平时是11点睡觉，可以提前到10点半，然后提前到10点，每次早睡30分钟。

睡前准备
为了让宝宝明白"做完这件事就该睡觉了"，最好在睡觉前做一件准备性的事情，例如读一个故事，或者定闹钟。

睡觉前关掉电视
电视发出的声音比较吵，会让宝宝很难入睡。最好在睡前30分钟把电视关掉，营造出睡觉的氛围。

白天尽情地玩耍
最简单的早睡方法就是，让宝宝白天尽情地玩耍，使他的身体感到疲惫。还要调整好午睡时间，最好不要在傍晚时午睡。

2 早起

晚上早早地睡下了，第二天就要早点起床。早睡了30分钟，就要早起30分钟。虽然宝宝会懒洋洋的，但并不是因为睡眠不足。有些宝宝被唤醒后非常不高兴，但不要担心，最好还是把他叫起来。

早点上床
确定了起床时间后，就要让宝宝早点上床睡觉。如果晚上9点睡觉，早晨7点起不来，最好把上床时间提前30分钟。

到了起床时间后拉开窗帘
晨光的照射可以使人体内的生物钟开始正常工作。一边跟宝宝说"早上好"，一边把窗帘拉开吧！

宝宝起床后再做早饭
在宝宝睡觉时做早饭，经常会顺便去做其他家务，忘记叫醒宝宝。最好先按时叫宝宝起床。

3 查看日程

培养宝宝早睡早起的习惯，也有助于改善大人的生活。试着把自己一天的日程写出来吧！但也会出现一些问题，例如，比如宝宝睡觉时大人看电视，或者洗衣服、打扫卫生比较累早晨起不来等。

集中时间做家务更有效率
把家务集中起来做更有效率。比如上午带宝宝出门玩耍前，洗好衣服、打扫完卫生，下午出去散步时购物。

即使不能每天都早睡早起，也要逐渐增加早睡早起的天数
一般来说，坚持3周就可以养成早睡早起的习惯。逐渐增加早睡早起的天数，也会让宝宝很有成就感。

逐渐提前30分钟，慢慢改变
谁都不可能突然改变生活规律。所以，最好循序渐进早睡30分钟、早起30分钟，逐渐改变生活规律。

什么时候开始？应该怎么做？

0~3岁

生活习惯一览表

　　生活习惯要从婴儿阶段开始培养，并随着孩子的成长逐渐改变。下表大致列出了孩子各月龄应培养的生活习惯。可以根据宝宝的实际情况，参考此表培养宝宝的生活习惯。不能很快养成习惯时也不要着急，要继续坚持！

	新生儿	1~2个月	3~4个月	5~6个月
排便习惯 换尿布· 不再用尿布	换尿布时，多和宝宝说说话，例如，"要清理干净哦""舒服了吧"等。	换尿布的地方也要充满乐趣。最好在环境比较好的地方给宝宝换尿布。		
换衣服	换衣服时多和宝宝说说话，例如，"小手手出来啦""咦，肚子露出来啦"等。			宝宝能够坐稳后，大人一边说话一边给宝宝换衣服。
卫生习惯 洗澡、擦脸、 洗手、刷牙	尽量每天按时给宝宝洗澡。脸或手变脏后，一边说"要擦得干干净净哦"等，一边给宝宝擦干净。嘴边的污迹可以用手帕擦干净。	开始洗盆浴。 养成散步回来后洗手的习惯。		给宝宝一把有健齿功能的牙刷，像做游戏一样培养宝宝养成刷牙的习惯。吃完辅食后，给宝宝喝些白开水，保持口腔卫生。
整理				
问候	根据每天的生活节奏，多和宝宝说些"早上好""晚安"之类的问候语。			吃辅食前后说"开始吃了""吃完了"，爸爸妈妈要给宝宝做示范！

清理干净了心情很好吧！

7~8个月	9~11个月	1岁~1岁6个月	1岁6个月~2岁	2岁~3岁	3岁~
		营造出"卫生间并不可怕"的氛围。发现宝宝想大小便时，可以带着宝宝去卫生间。	尿布变湿后，宝宝会流露出不高兴的情绪。	根据宝宝的成长状况停止使用尿布。	使用儿童专用马桶，让宝宝养成独立排便的习惯。
	一边说"小手手好厉害呀"，一边给宝宝脱衣服。	宝宝能够平稳地走路后，准备一个比较矮的椅子，让宝宝自己穿或脱裤子。	有时宝宝会按照自己的喜好挑衣服穿，这时大人要理解宝宝的心情，耐心地与宝宝沟通。	鼓励宝宝自己把胳膊伸到袖子里、把T恤衫套在头上。	慢慢教宝宝扣扣子，但宝宝要到5岁左右才会独立穿衣服。
开始长牙后，每天都要给宝宝刷牙（晚上刷1次）。喂宝宝喝水时，尽量不要喝甜味饮料，预防蛀牙。		外出回家后，要洗手、漱口。刷牙时可以用少量的牙膏。	养成饭后刷牙的习惯。	让宝宝拿住牙刷，大人和宝宝一起刷牙，每天晚上都要刷牙。有些宝宝开始会漱口了。	渐渐能够独立刷牙，大人每天晚上也要刷牙。
"都要收起来哦""把娃娃送回家吧"，大人一边这样说，一边把玩具收拾起来。准备一个箱子，和宝宝玩放进去、拿出来玩具的游戏，有益于培养宝宝整理物品的习惯。		准备收纳箱和柜子，"要把玩具放回原处哦"，说完把玩具放在宝宝手里，和宝宝一起收拾、整理。		为了分类整理玩具，准备好箱子和书架。和宝宝一起整理，把玩具放到这个箱子里，把绘本摆到书架上。	
	在游戏中教宝宝"请""再见"等礼貌用语。	散步或外出时，遇到家人之外的长辈，大人要热情地打招呼，给宝宝做示范。			

189

在成长过程中养成

良好的生活习惯

　　生活习惯是每天的生活方式,经过反复练习而形成的行为。如果宝宝平时并不整理东西,突然有一天,大人说"宝宝已经 1 岁了,从今天开始要自己整理东西""好了,开始收拾东西吧",这时宝宝只会满脸迷茫,不知道该怎么做。所以,要让宝宝逐渐养成良好的生活习惯。

父母最想知道的

培养生活习惯的 **7** 个窍门

　　生活习惯不是说一句"从今天开始!"就能形成的。宝宝成长到一定阶段时,特别讨厌被命令。所以,提出要求的大人和宝宝之间可能会出现各种矛盾。而且,生活习惯是自然而然形成的。刚开始时,要像做游戏一样,大人和宝宝一起做。如果宝宝做得非常好,要多表扬他,激发他的积极性,慢慢地宝宝就会一个人独立完成。

1 多和宝宝说话

　　"可以试一试"——要培养宝宝的这种思想,必须以父母与宝宝之间的亲密关系为基础。如果有人每天都能温柔、亲切地和宝宝说话、聊天,宝宝就会觉得很有安全感。不妨在给宝宝换尿布、喂奶的时候,温柔地和宝宝说说话,共享欢乐时光吧!

2 大人要树立榜样

　　如果宝宝每天都生活在乱七八糟的房间里,就很难养成爱整洁的习惯。一个晚睡晚起的家庭养育出来的宝宝,也很难养成早睡早起的习惯。要想培养宝宝良好的生活习惯,最重要的是大人要在日常生活中树立榜样。与其用语言来教育,不如用实际行动树立榜样。发现宝宝对某件事感兴趣时,可以一起做,激励宝宝。

3

激发宝宝的积极性

对宝宝来说，教育和游戏没有区别。在游戏的过程中试着去做，是培养生活习惯最理想的状态。在装玩具的箱子上，贴上宝宝喜欢的贴纸，并对玩具箱说"把玩具借给宝宝玩吧"，宝宝就会想自己动手去拿玩具。

4

习惯养成要配合宝宝的成长阶段

例如，停止使用尿布要根据宝宝的身体发育状况而定。要到尿液能停留在膀胱里、宝宝能平稳地走路后才可以停止使用尿布，否则不管大人怎么努力都没用。所以，按照宝宝的成长速度，培养相应的生活习惯很重要。要留心观察宝宝的状态，逐渐养成生活习惯。

5

做得好要表扬! 勇于挑战自己也要表扬!

即使宝宝是在大人的帮助下穿好裤子、用勺子吃饭，但在这些瞬间，宝宝会感觉非常高兴。大人也来分享宝宝的成就感吧! 即使宝宝做得不好，但能够积极地挑战自己、努力去做的话，就要表扬和鼓励宝宝。被自己最爱的爸爸妈妈表扬了，能大大提高宝宝的积极性。

6

养成合理的生活规律

每天早晨不按时起床、吃饭，就很难估计出宝宝什么时候要上厕所、什么时候会肚子饿，难以养成固定的生活习惯。良好的生活习惯要以合理的生活规律为基础，不仅是宝宝，大人同样要坚持合理的生活规律。

7

慢慢等待，耐心看护

在教育宝宝的过程中，经常会遇到昨天宝宝能做到的事，今天却不会做了的情况。但这是必要的成长过程，宝宝不是一直都会做某件事的。宝宝会做、不会做，这样反复几次，慢慢地就能学会。不要着急，耐心地照顾宝宝吧!

养成良好的排便习惯

每天都要给宝宝换很多次尿布，这是亲子间肌肤接触的好机会。所以，最好以轻松、舒畅的心情给宝宝换尿布，这样也有利于今后顺利地停止使用尿布。

从不舒服到好清爽，好心情是从尿布到马桶的第一步

把换尿布当成一件有趣的事，而不是任务

自己上厕所、自己换衣服、自己刷牙……所有这些独立的生活习惯，都要从好心情开始。

宝宝在大便之前会变得很不高兴，感觉臀部痒痒的，很不舒服，排便后臀部还会动来动去。这时妈妈笑盈盈地走过来说"哟，大便了！"然后，快速地换好尿布，对宝宝说："干净啦，舒服了吧！"就会让宝宝非常开心。坚持这样换尿布，宝宝慢慢地就会明白"舒服"的意思。

每天要换很多次尿布、感受过"舒服"的宝宝，一感觉到"不舒服"，就很想让自己变得舒服些。这是宝宝独立排便的第一步。

如果平时换尿布时，大人只是急匆匆地换尿布，宝宝会感觉尿布"只是过一会儿就要换掉"的东西。排便后，大人长时间不给宝宝换尿布，可能会让宝宝对此习以为常，感觉不出来不舒服。这样很难停止使用尿布。

平时照顾宝宝时随便和宝宝聊聊天，或者经常笑盈盈地说"好舒服呀"，都有助于培养宝宝养成独立的生活习惯。

在尿布上排便后

用类似"屁股好干净哦"的语言向宝宝传达舒适的感觉

1 尿布变脏后对宝宝说"真难受啊"

换尿布时对宝宝说"不舒服吧"，用语言向宝宝传达不愉快的心情。然后，一边说"清理干净吧"，一边换尿布。这样会使宝宝感觉到"脏尿布让人不舒服"。

2 在换尿布的过程中，用"拉了好多呀"等语言描述排便状况

在换尿布的过程中，要多和宝宝说话，如"哇，拉了这么多啊""好厉害哦"之类的。然后，随时向宝宝描述换尿布的过程，如"擦屁股喽"等。这样，换尿布时宝宝也会很开心。

3 换完尿布后说"舒服了吧"

换完尿布后，对宝宝说"感觉清爽了吧""清理干净了，舒服了吧"之类的话。反复几次，渐渐地宝宝就会把屁股清爽的感觉和"好舒服"这样的语言联系在一起。

2 岁前后开始使用马桶　根据宝宝的身心发育状况适时使用马桶

1 宝宝有以下表现可以考虑停止使用尿布

- 到了该换尿布时，尿布没湿
- 在小便或大便前，表情发生变化，或做出要排便的姿势
- 小便或大便后向大人示意，露出很担心的样子

2 让洗手间保持明亮，告诉宝宝"洗手间并不可怕"

对宝宝来说，也许洗手间是个又狭小又黑暗的地方。在停止使用尿布之前，最好把洗手间布置成一个明亮、舒适的场所。可以装饰些宝宝喜欢的卡通形象，让灯更亮些等，开动脑筋想想办法吧！

3 在宝宝中止游戏时带他去洗手间

大人在宝宝玩得正开心时要带他去洗手间，经常会被拒绝。所以，什么时候去洗手间要考虑到宝宝的情况。感觉宝宝快要拉出来了，要找一个能够中止游戏的时机，带宝宝去洗手间。

4 宝宝偶尔能用马桶排便时，要好好地表扬一番

即使宝宝只是偶尔才用马桶大小便，也要好好地表扬一番。让宝宝在成长的过程中不断体验成功的感觉。而且，把宝宝到洗手间排便的事告诉全家人，让大家都来表扬宝宝。

要 点

顺利停止使用尿布的小窍门

1 不要强迫宝宝

宝宝成长到可以停止使用尿布的阶段时，便开始萌生出自我意识，所以强迫宝宝做事情不会得到好结果。如果宝宝拒绝去洗手间，最好再等一会儿，等他心情转变后再询问一次。试着换种询问方式也是不错的方法。

2 让宝宝切实体会成功

宝宝用马桶大小便后，可以用在日历上贴可爱的贴纸等方法，让宝宝切实感受到自己的成就。"哇，已经有这么多贴纸啦！""昨天也有贴纸哦！"经常这样跟宝宝说，可以增强他对成功的印象。

3 大人不要急躁生气

要知道，在停止使用尿布的过程中，经常会遇到困难。宝宝昨天还会做的事情，今天就忘了。这种情况虽让人失望、急躁，但最灰心难过的是宝宝自己。所以，大人不要急躁生气，要多多鼓励宝宝。

养成良好的穿衣习惯

早晨起床后穿裤子、穿T恤衫，外出时穿鞋，晚上睡觉时换睡衣……每天要换很多次衣服。衣服的类型比较复杂，宝宝很难自己穿好，所以需要大人帮忙。

刚开始时让宝宝坐在大人的膝盖上换衣服。当宝宝萌生出自己动手的想法后，大人要悄悄地帮忙，让宝宝感受成功的喜悦

亲子同乐，培养宝宝的自信心

宝宝会走以后，无论什么事情都想自己做。想自己穿裤子、自己穿鞋，从此开始独立穿衣服。当然，这时的宝宝还不会一个人穿衣服。经常会遇到以下情况，已经5分钟了，宝宝还是没穿上鞋；穿T恤衫时找不到领口，头出不来；大人在旁边不忍心再看下去，伸手帮忙时，宝宝反而会大哭起来。

所以，大人最好耐心地等宝宝自己穿好衣服。如果大人经常帮宝宝穿衣服，会打消宝宝自己动手的想法。当然，并不是突然就让宝宝自己独立穿衣服，而是在欢乐的氛围中，逐渐增加宝宝自己能做的事，这才是养成良好穿衣习惯的关键。

建议让宝宝坐在大人的膝盖上换衣服，大人在后面帮忙。待宝宝能坐稳后，就试着用这种方法给换衣服吧！在和宝宝肌肤相亲的同时，悄悄地帮宝宝穿衣服，宝宝也几乎察觉不到有人在帮自己。即使到最后99%都是在大人的帮助完成的，只有1%是宝宝的成果，但仍然要让宝宝觉得"终于自己穿好了"。这种自信心是培养宝宝动手的原动力。

教宝宝穿衣服时，要从简单的动作开始。先脱裤子、再穿裤子，然后脱T恤衫等。从简单的事情开始，不断体验成功，能够让宝宝充满自信！

1岁之前如何穿衣服

一边穿衣服一边说笑，能够坐稳后用"自言自语"的形式

1 穿套头衣服时，不要让宝宝感到害怕

宝宝很不喜欢脸被东西遮住、看不见前面的感觉。如果眼睛突然看不到前方，会让宝宝有些害怕。把衣服套在宝宝头上时，逗宝宝说"看不见喽，看不见喽"，宝宝就不会害怕啦！

2 手或脚从衣服里伸出来后，用愉快的声音逗孩子

宝宝还很讨厌胳膊被束缚住、不能自由活动的感觉。所以，当把宝宝的手或脚从衣服的袖子、裤腿中拉出来时，最好用愉快的声音哄逗宝宝，譬如"咦，小手手在哪儿呢""过隧道喽"等。

1岁6个月后试着让宝宝自己换衣服

从简单的动作开始让宝宝自己穿衣服，遇到困难时悄悄帮忙

1 简单的事情简单做

对宝宝来说脱比穿更简单

想从一开始就让宝宝有成就感，最重要的是从简单的事情做起。换衣服时，脱比穿更简单，从脱腰部是松紧带的裤子或裙子开始。当然，刚开始就让宝宝扣纽扣、向上拉拉链，对宝宝来说非常困难。即使宝宝自己想挑战，也需要在大人的帮助下，才能感受到成功的喜悦。

宝宝脱或穿裤子时，准备一个较矮的椅子

准备一个较矮的椅子，会让宝宝脱或穿裤子、裙子时更方便。宝宝不再坐在大人腿上换衣服后，最好准备几个牛奶盒或者纸箱，当作宝宝换衣服专用的小椅子。建议使用牛奶盒做成的椅子。找几个牛奶盒，在里面塞满报纸，垒在一起，用胶带粘结实后，轻便又结实的小椅子就做好了。"自己专用的小椅子"会让宝宝穿衣服的热情大涨哦！

选用套头式围嘴

使用套头式围嘴，宝宝可以自己戴上或摘下来，简单又方便。在小东西上下一番功夫，让这些东西使用起来更方便，能增加宝宝的成就感。

2 宝宝遇到困难时，大人要悄悄地帮忙

在后面轻轻地把裤子提上来

宝宝学穿衣服时，最适合练习穿裤子，但还不能把裤子完全提上来。这时，大人最好在后面悄悄地帮宝宝把裤子提好，不要忘了说上一句"宝贝会自己穿喽"。

大人和宝宝一起练习扣扣子

大人把扣子稍稍从扣眼里翻出来一小部分，然后让宝宝看着自己的手，说"看看，向外一拽这个扣子就扣上了"。宝宝拽扣子时，大人内从向外一推，扣子就扣好啦！

> ### 要 点
>
> **即使做不好，也要鼓励宝宝挑战一下**
>
> 如果宝宝明明做不了，却一直嚷着要自己做的话，就先让他试试看。即使宝宝没做好，也不要对他说"我都说了你不行"，而应该鼓励他："差一点就成功了！"
>
> **不要忘了整理脱下来的衣服**
>
> 很多人经常会忽略教宝宝整理脱下来的衣服。"衣服要放在这里"，教宝宝如何把脱下来的衣服放在洗衣篮里。这样才能养成良好的换衣习惯。

养成良好的卫生习惯

洗脸、洗手、刷牙等保持身体卫生的习惯，有助于预防疾病。为了从婴儿阶段开始培养宝宝养成良好的卫生习惯，大人要做好宝宝日常生活中的卫生工作。

意识到"脏"是保持卫生的第一步，会走后，营造环境让宝宝自己洗漱

"好脏啊"吃饭后让宝宝从镜子里看看自己嘴边的脏东西

宝宝还不明白"脏"是什么意思，首先要让宝宝知道什么是不干净。

大人偶尔会用语言向宝宝描述"脸好脏"，但宝宝根本就不明白大人在说什么。孩子吃完辅食后，如果嘴边沾有脏东西，大人可以一边告诉宝宝"好脏啊"，一边让宝宝照镜子看一看。然后告诉宝宝"太脏了，擦干净吧"，把宝宝的嘴边擦干净，告诉他"看，多干净"，再让他照一次镜子。虽然有些麻烦，但这样反复几次后，宝宝就会慢慢明白"脏"和"干净"的意思。洗手、擦鼻涕时也一样。最好先让宝宝看看有多脏，然后再擦洗干净。但是，如果大人太敏感，也会让宝宝过分讨厌脏东西，不喜欢玩手会变脏的游戏。所以，在宝宝玩泥巴时，不要大惊小怪。最好等宝宝玩完后，再让宝宝在吃点心前要先把手洗干净。

像洗手这样的日常生活习惯，只要一天天地坚持下去，就能养成习惯。从婴儿阶段开始，吃饭之前洗手，外出回来洗手。坚持下去，就能养成讲卫生的好习惯。在宝宝能够独立完成之前，大人要帮助宝宝养成习惯，然后再慢慢教他怎样保持个人卫生。

洗手　从 0 岁开始培养"饭前洗手"的习惯

0 岁
养成饭前洗手的习惯

宝宝能坐在椅子上吃饭后，可以开始教宝宝养成饭前洗手的习惯。从嗜睡期开始就要培养吃完奶擦嘴等习惯。

1 岁
大人在旁边帮忙

宝宝学会走路后，在洗手台前放一个脚凳，让宝宝站在脚凳上自己洗手。其实，这时还需要大人从后面帮忙。为了防止发生意外，脚凳要放在宝宝够不到的地方。

2~3 岁
宝宝自己洗手时，大人要在旁边看护

从 1 岁开始每天教宝宝怎样把手洗干净，到 2 岁时，宝宝就能够独立洗手了。如果宝宝还不会自己洗手，大人要耐心地教他。

要 点
大人也要养成洗手的习惯

外出回来后、吃饭之前，大人也要认真地洗手。要想让宝宝养成好习惯，最重要的是大人要以实际行动给宝宝做榜样。

看擦干净哦！

教宝宝自己洗手

1 水龙头、毛巾、香皂要让宝宝够得到

首先，要营造能自己洗手的环境。在洗手台前放一个平稳的脚凳，水龙头、香皂、毛巾和杯子等要让宝宝够得到。给宝宝准备好他专用的毛巾或杯子，会他更喜欢洗手！

2 调节水量，水流以手指粗细为宜

宝宝容易用水过量。大人要仔细地教宝宝如何用水，水流以宝宝食指粗细为宜。对大人来说，这样的水流有些小，但宝宝容易把水溅得到处都是。所以，这样的水流正合适。

3 把袖子卷起来再打湿双手

穿长袖衣服洗手时，要先教宝宝把袖子卷起来。为了防止中途掉下来，最好把袖子卷到臂弯以上。袖子卷好后再把双手打湿。

4 打出香皂泡

教宝宝如何用香皂打出泡沫。可以一边唱歌一边打泡！按压式的洗手液省去了打泡环节，用起来很方便。可以准备一瓶，教孩子如何使用。

5 教宝宝冲洗泡沫

用水把泡沫冲洗干净。一边说"泡泡先生，拜拜喽"，一边教宝宝用水把泡沫冲洗干净。指缝间的泡沫也要冲洗干净。

6 先甩掉手上的水，再用毛巾擦干

关上水龙头后，甩掉水分，再用毛巾擦干。最后，大人闻一闻宝宝的手，告诉宝宝闻起来好香，宝宝也会开心地笑。

刷牙　从 0 岁开始培养刷牙的好习惯

从 0 岁开始

喂完奶后把嘴边擦干净

宝宝长牙之前，每次吃完奶后，大人都要告诉并给宝宝把嘴边擦干净。虽然宝宝这时还不明白大人在说什么，但开始意识到要养成擦嘴的习惯了。

即使只长了一颗牙，也要慢慢养成刷牙的习惯

从长出第一颗牙开始，就要给宝宝使用健齿型的软毛牙刷，开始培养刷牙的习惯。主要目的不是认真刷牙，而是习惯用牙刷。

2 岁以后

自己刷牙→大人检查一遍

让宝宝用专用的牙刷自己刷牙。大人要在旁边鼓励宝宝刷得好，最后还要检查一遍。

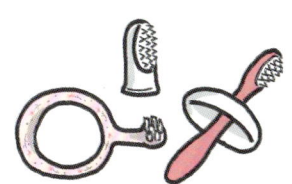

要 点

可以不用牙膏

在宝宝能够独立刷牙、漱口之前，可以不用牙膏。宝宝的牙不像大人的那么脏，不用太担心。

养成良好的整理习惯

有人认为，即使大人不教，孩子早晚也会自己收拾、整理东西。最好不要抱有这种期待，因为孩子自发地整理东西的可能性几乎为零。如果不从婴儿阶段就教孩子整理物品，以后很难养成良好的整理习惯。

刚开始时，让宝宝看着大人整理，并和宝宝做取出和放入的游戏。
重点是让宝宝觉得"整理物品的游戏很有趣"

宝宝能够独立整理物品后结束游戏！

怎样才算是养成了独立的整理习惯？例如，宝宝能够自己把鞋脱掉，但却把鞋子散乱地扔在门口，这就不能说是"独立"。为了下次出门方便，鞋子脱下来后，整齐地摆放好，就称得上是"独立"。换衣服、刷牙也一样，无论什么生活习惯，都要有"整理"这一步。所以，一定要教会孩子如何整理！

宝宝能够听懂大人说的话后，父母最好经常对他说："任何东西都有家，东西用完之后要送它回家哦！"如果宝宝忘了收拾某样东西，大人可以说："啊，看那个小宝贝，找不到家了。"让宝宝送它"回家"。

不过，玩具太多，宝宝整理起来很麻烦。把玩偶和积木都塞到一个大箱子里，宝宝就不会有这种感觉了。

收拾东西不是把物品集中到一起，而是要"整理"。对散乱的物品进行分类整理，也需要开动脑筋。这个和这个是一类，所以他们的"家"在这儿——整理物品时，如果能这样准确地把各种各样的东西"送回家"，宝宝不仅会很开心，还会感觉很有成就感。最好从小就让宝宝体会正确分类、整理物品带来的好心情。

在宝宝能够独立整理物品前，根据年龄采取不同的培养方法

0岁
放进篮子后又拿出来

在这个阶段，宝宝还不知道"收拾整理"的意义。虽然从篮子里拿出来的玩具，99%都要由大人来整理，但还是要表扬宝宝会收拾东西了。即使宝宝还不明白大人在说什么，但知道自己被表扬了。

1岁
和宝宝一起收拾东西

渐渐开始懂得玩具的"家"的含义。如果问宝宝玩具的"家"在哪里，宝宝能准确地把玩具放回原处时，就要表扬他。这种游戏能让宝宝学会"物归原处"。

2岁
让宝宝掌握主导权

2岁以后，有些宝宝开始能把东西收拾得很整齐。当然，这与宝宝的性格有关。有的宝宝理解玩具的"家"的意思，当大人把玩具放错位置时，他会重新摆好。

> **要 点**
>
> **这样收拾起来更方便**
>
> 想一想，有没有什么办法能让宝宝更准确地分类整理玩具呢？在放玩具的箱子或柜子上贴上不同图案，可以帮助宝宝更好地整理玩具！

养成问候的好习惯

很多父母都希望宝宝能成为一个懂礼貌的好孩子。但有时大人催促着宝宝向他人问好时，宝宝却怎么都不肯开口。如果大人给宝宝树立榜样，宝宝就会觉得问候理所当然。这一点很重要。

问候是每天的习惯，
从大人互相微笑着说"早上好""开饭啦"开始

以大人间的礼貌用语为起点

看到宝宝高高兴兴地问候别人"下午好"时，大人也会很高兴。长大以后，主动问候有助于与身边的人建立良好的人际关系。

问候从模仿开始。如果身边的大人能够礼貌地相互问候，宝宝自然就会效仿。不过，在宝宝比较认生的阶段，邻居向宝宝问好时，宝宝还会表现出害怕。不要因此认为宝宝不懂礼貌。

除了"早上好""我回来了"这些固定用语，一些大人的对话用语也会让宝宝觉得很亲切。例如，"再来一杯怎么样""那就不客气了，谢谢"等。这样的对话可以带来好心情，宝宝也想这样说。看到妈妈听到别人说"谢谢"时会很高兴，宝宝也想说"谢谢"。在日常生活中，最好让宝宝经常听到令人心情愉快的话语。这是学习问候的第一步。千万不要强迫宝宝问好。

有些宝宝容易害羞，可以多创造一些问好的机会，和宝宝一起问好。如果宝宝还是不肯开口，不要强迫他，耐心地慢慢教他吧！

从宝宝 0 岁起，大人就要在日常生活中给宝宝树立榜样

在家里

大人互相说"早上好""晚安"

刚睁开睡眼、还没清醒时，就听到自己喜欢的人问候"早上好"，一定会感觉很幸福。不仅要和宝宝问好，家人之间也要心情愉悦地互致问候。

喝奶时就开始用进餐的礼貌用语

不要等到添加辅食时才用进餐礼貌用语，从喝奶阶段就可以用了。在喂宝宝喝母乳或奶粉时说"喝奶吧"，喝完后说"吃饱了"。虽然宝宝还不明白妈妈在说什么，但还是要笑着使用礼貌用语。

出门在外

大人先说"你好""拜拜"

外出散步遇到熟人时，大人和宝宝一起问候对方。可以握着宝宝的手说"拜拜"。像做游戏一样与路上的小猫和雕像问好，能让问候变得越来越有趣。

培养生活习惯 Q&A

生活习惯不是一朝一夕就可以形成的。有时，宝宝对某件事就是不感兴趣；有时昨天还会做的事，今天就不会了。宝宝在一天天地长大，所以大人与宝宝的相处方式也要随着之改变。

培养生活习惯 Q&A

Q 和宝宝说话时，不能用大人常用的词汇吗？（1个月）

A 宝宝长到 3～4 岁后，再用大人常用的词汇和他说话。

3～4 岁后，宝宝开始能够理解大人常用的词汇。这时，尽量教宝宝使用大人常用的词汇。例如，把"拜拜"改为"再见"。而且，宝宝已经能理解一些简单易懂的话语了。

Q 宝宝的日常生活还没有形成习惯，有什么好办法吗？（4个月）

A 先养成按时睡觉、起床的习惯。

最好先养成按时睡觉、起床的习惯。最重要的是，晚上把电视关掉，营造出安静的睡眠环境。另外，白天散步或者多玩些游戏，有助于提高晚上的睡眠质量。

Q 必须要养成穿睡衣的习惯吗？（5个月）

A 睡衣能起到提醒宝宝该睡觉了的作用。

宝宝养成换上睡衣就睡觉的习惯，更容易入睡。早晨，脱下睡衣，换上衣服，可以增加生活节奏感，区分白天和晚上。

Q 为什么宝宝很讨厌大人给他擦嘴、擦脸？（7个月）

A 当然讨厌，最好快点擦干净。

在这个月龄，宝宝特别讨厌大人给他擦嘴、擦脸。一边说"擦干净喽"，一边快速地擦完。擦完后对宝宝说"好干净哦！"还可以在宝宝照镜子时给他擦干净。

Q 宝宝喜欢看电视，经常自己开电视。（1岁4个月）

A 最好仔细反思一下家里的生活环境。

先仔细反思一下家里的生活环境。如果大人经常开着电视，那么不开电视宝宝就会觉得没意思。不看电视时，一定要关掉。和宝宝玩游戏，转移他的注意力也是个不错的办法。

别说·再见！

哦！

拜拜！

Part 8

做不疲惫的父母

宝宝与爸爸妈妈的生活

如何解决妈妈的烦恼

宝宝很可爱，但一想到照顾宝宝的责任，大人就会感到烦躁和不安，有时还会担心自己是否能照顾好宝宝。有这样感觉很正常，谁都会有这样的经历。不要一个人闷闷不乐，寻求大家的帮助吧！

没有信心、不知该如何是好的感觉很正常，所有妈妈都会有烦恼

想象中的育儿与现实的育儿天壤之别

在宝宝还没出生时，妈妈们就开始对宝宝出生后的生活充满了各种美好的想象。但现实却是宝宝整天毫无理由地哭闹；不分昼夜、每隔几个小时就要给宝宝喂奶、换尿布；打算母乳喂养，却没有乳汁，或宝宝不会吸奶；不能打扮，也没有自由的时间。这时才发现照顾宝宝和想象中情景的完全不一样，但这就是与宝宝在一起的生活。

成人的世界里，语言可以表达自我意识，考试题只有一个正确答案。可宝宝还不会说话，大人无法理解他的心情，很多问题按照育儿书上的方法却解决不了。正确的育儿方法并非只有一种，而是照顾不同的宝宝要用不同的方法。大人要意识到，有宝宝的生活与大人的"理性世界"是相反的。

育儿是人生中的另一种体验

"育儿不像想象中那么容易"——这种想法没有错，但并不是说对宝宝不能抱有任何期待。宝宝会给大人带来意想不到的惊喜。通过养育子女，父母能够体验到自己不同的人生经历。

的确，照顾宝宝是一件很辛苦的事。不能完全按照育儿书来照顾宝宝、同样的事情无论多少次还是弄不明白、跟其他宝宝有些不一样……父母总会因为宝宝的状态忽喜忽忧。但是，宝宝依然在慢慢成长。有时会发生令人大吃一惊的变化，现在做不到的事情，总有一天能够做到。正是这些事情，让宝宝相处的每一天就成了珍贵无比的经历。育儿不容易，却能带来很多喜悦与幸福。

孩子不是妈妈的成绩单
学会请身边的人帮忙

令妈妈们感到困扰的"3岁儿童神话"

你听说过"3岁儿童神话"吗？意思是孩子在3岁之前，必须由妈妈抚养、照顾。现在，很多父母再次回归这种生活。

的确，宝宝身边必须要有一个"值得信赖、给自己安全感的大人"。饿了、尿布脏了、感觉害怕、寂寞时，能有人迅速回应，对宝宝的心理成长非常有益。但这个人并不一定是妈妈，也可以是爸爸、爷爷奶奶、护士等其他人。重要的是，这个人要能充满爱意地照顾宝宝。

在日本，很久以前就有父母、爷爷奶奶、邻居等，大家一起照顾宝宝的习俗。这和欧美国家有很大不同。从历史的角度来看，现在只由父母照顾子女的养育方式是一种特殊现象。日本的育儿传统并不是由妈妈一个人来承担养育子女的责任，而是大家都饱含爱意，共同呵护宝宝成长。

养育子女是一生的工作，要不断探索新方法

最近，日本的幼儿园召开入园说明会时，很多宝宝不满1岁的妈妈也会来参加。这是因为一些妈妈认为"3岁之前是否受到良好教育决定着宝宝的未来"。她们不希望宝宝输在起跑线上。

但实际上，育儿不会在这么短的时间内就收到效果。3岁之前的养育方式也决定不了宝宝的人生。

当宝宝没有按照大人的想法成长时，很多大人都会思考是不是自己的教育方法错了。其实，多数不是教育方法的问题，而是与宝宝的沟通存在问题。如果父母不随着宝宝的成长发育，改变与宝宝的交流方式，就很难与宝宝沟通。意识到这个问题后，最好尽快做出改变。教育子女需要随机应变。只要肯改变，就会收到成效。

身边一定有愿意帮助你的人，虚心求教

在育儿过程中遇到困难，感到困惑时，不要一个人默默承受，最好向身边的人寻求帮助。身边一定有愿意帮忙的人。不要觉得这样会被认为是不合格的妈妈。坦率一点，因为每个妈妈都会有烦恼。

带宝宝去儿童游乐场或广场玩耍时，可以跟年纪稍长的妈妈聊聊烦恼。一直在旁边看孩子吵闹，或许并不是在责怪孩子，而是在想"需不需要帮忙呢"。很多人都愿意伸出援助之手。不要怕给别人添麻烦，认为只靠自己就能把孩子养好，还是谦虚地请求他人的帮助吧。

养育子女要由夫妻、家人共同完成，反思一下家人间的关系吧

亲子·夫妻间最理想的关系是呈"T"字形，而不是"V"字形

最近，很多爸爸开始加入到育儿中，这是很好的趋势。但要注意的是，妈妈和爸爸都直接把目光投向宝宝的"V"字形亲子关系，缺少夫妻间的交流。如果夫妻间先做好沟通、交流，再关心宝宝，就会形成"T"字形的亲子关系，这才是最理想的关系模式。

有的夫妻会反驳说："我们家可热闹了！"但其实，多数情况下都是在谈论宝宝的事情。的确，刚开始照顾宝宝时，大人会留意宝宝的每个动作，交流的内容也紧紧围绕着宝宝展开。尽管如此，也要想想自己的另一半在期待着什么，想过怎样的生活，最好能相互沟通。

爸爸的苦难时代?!
夫妻互帮互助

在一些双职工的家庭中，爸爸也会休育儿假。理由是"尽量减少由于生孩子给彼此带来的损失"，丈夫是为了妻子才休产假的。

最近，有这种想法的爸爸越来越多。但是，这样的爸爸负担就加重了。一方面要应付忙碌的工作，另一方面又深知父亲对育儿的重要性。很多爸爸为兼顾工作和育儿而烦恼。而以前很多爸爸不用考虑的育儿问题，现在，成了爸爸的苦难时代！

今后，这样的爸爸将成为所有爸爸的模范。当然，夫妻间要建立起互帮互助的关系，不能让某一方单独承担所有负担。

育儿需要更多人的"眼睛"和"手"

育儿绝不是妈妈一个人的事，还需要爸爸、爷爷奶奶、邻居等所有人的帮忙。所以，妈妈一定要懂得如何寻求他人的帮助。获得帮助后不要忘了表示感谢，这样周围的人才会更加理解你。

宝宝在公共场所哭闹，确实很让人难为情。有人会讨厌，但也有很多人会充满爱意地看着宝宝，并愿意伸出援手。不仅是家人，陌生人表现出来的亲切，也会让很多妈妈感到温暖。所以，夫妻间、亲戚间、邻里间相处融洽，大家一起照顾宝宝会让育儿更轻松。

爸爸和妈妈直接把目光投向宝宝的状态，并不是最好的关系模式。爸爸妈妈沟通、交流后，再关爱宝宝，才是理想的关系模式。

因为育儿心情低落时
放松心情的小技巧

1 抛开烦恼，转换心情

遇到他人也无法帮忙的问题时，有的妈妈会一直惦记着，这样下去，可能会更郁闷。感觉自己最近总是遇到麻烦，或者总是想些不好的事情时，先放下手中的家务休息一下。找人帮忙照顾宝宝1小时，自己出去走走吧！自己去看喜欢的DVD，泡泡澡，把烦恼抛在一边，换个心情。

2 掌握预防压力爆发的技巧

很多时候，与宝宝一起生活不那么顺心。偏偏在自己不想被打扰时宝宝又哭又闹，让妈妈很烦躁。如果每天都压抑自己的烦躁情绪，总有一天会爆发。所以，最好掌握一些缓解压力的技巧。感觉自己要发脾气时，可以到外面呼吸一下新鲜空气，或者在家里唱卡拉OK。各种各样的方法都可以赶走烦躁。

3 心情不好时想一想对自己有用的"有魔法的语言"

心情低落时，如果能马上和谁说说话就会好起来。可是，妈妈们往往每天都一个人照顾宝宝，连个说话的人也找不到。这时，最好对自己说一些"有魔法的语言"，让自己变得高兴起来。例如，"当妈妈的就要一直保持良好的状态""为了我的宝宝，没关系""昨天能行，今天也没问题"等。不要否定自己，找一些积极的语言来鼓励自己吧！

4 找周围的人来帮忙

育儿过程中感到疲惫时，就请身边的人来帮忙吧！可以找丈夫、娘家人、婆婆等，其中肯定有人愿意来帮忙。但是，当妈妈一味地让对方理解自己的辛劳，对方也希望自己被理解时，双方可能就会产生矛盾。是"坚持己见"还是"虚心接受"？最好先观察一下对方的心情，看看问题有没有商量的余地，再做决定。

妈妈产后的身体

　　生育宝宝给妈妈的身体带来很大影响，而且，产后很容易因忙于照顾宝宝而忽略自己的身体。身体状况不佳，很可能会引起产后抑郁症。要想保持良好的心态，首先要多关心自己的身体。感觉不舒服时，要尽早咨询医生。

下半身的问题

　　隐私部位出现问题时，很多妈妈都会忍着不看医生。不过，为了防止病情恶化、久治不愈，最好尽早咨询医生。

颜色、量、气味异常，有些担心……
白带的状况

症状　量较多、带血，外阴瘙痒或疼痛，气味恶臭等

病因　产后雌性激素分泌较少，使阴道的自净能力减弱，产生白带。此外，如果生育时产道受伤也可能引起细菌感染。

出现以下状况时应该去医院
- 出血
- 疼痛或瘙痒
- 有脓似的东西流出
- 外阴部位溃烂
- 气味恶臭

出现以上症状并不意味着有问题，可能是感染了念珠菌，或者子宫出了问题，最好去医院确诊一下。

分期护理简表

产后1个月前
　　恶露排出时期，不必担心

做完1个月检查以后
　　觉得白带的状态、量、气味有些异常时，去医院检查

活动时腰腿阵痛
耻骨疼痛

症状　翻身或仰卧起身时，耻骨周围疼痛

病因　耻骨左右两侧的骨头，通过耻骨联合连接在一起。难产时，耻骨联合会裂开，引发疼痛。

出现以下状况时应去医院就诊
站不起来或无法正常活动时

出现疼痛难忍或行动不便等状况时，不要等1个月健康体检，应尽早向妇产科医生咨询。刚开始时轻微疼痛，但一个月后仍感觉疼痛的情况最好也到医院检查一下。

分期护理简表

产后1个月
　　疼痛不剧烈时可继续观察骨盆的恢复状况

产后2～3个月后
　　仍然疼痛最好去妇产科咨询一下。

什么时候恢复月经？
闭经

症状　断奶后仍没来月经；月经来了又没了。

病因　可能是激素分泌不正常，或者排卵功能明显降低。产后育儿的压力、产后失眠、身体状况不佳，以及精神方面的问题都会影响月经。

分期护理表

产后10个月，断奶

　　如果还没来月经，最好去妇产科检查一下

● **月经在产后大致什么时候恢复？**

　　一般情况下，配方奶喂养是产后2～3个月，母乳喂养是产后5～6个月开始来月经。母乳喂养期间不来月经的说法是错误的。有时即使是母乳喂养，也会2个月来一次月经，或者产后很快又怀孕了。

小便时火辣辣地疼
阴道疼痛

症状 小便时刺痛，性生活时疼痛等

病因 产后由于雌激素分泌较少，阴道萎缩，比较干燥。因此，阴道黏膜容易受伤，对刺激比较敏感。

出现以下状况时应该去医院就诊

月经恢复后仍然疼痛时，最好去妇产科接受诊治

通常，产后3～4个月阴道比较干燥，容易受伤，只需注意观察即可。但如果产后5～6个月或月经恢复后，症状没有缓解，最好到妇产科检查。

坐着或排便时感觉剧痛
痔疮

症状 肛门疼痛、红肿、出血，肛门处有异物

病因 怀孕过程中受激素影响，会出现便秘，太用力排便就会引发痔疮。分娩过程中用力过猛，也可能使原有的痔疮病情加重。

出现以下状况时应该去医院就诊

用药后症状仍未缓解，疼痛难忍时可去分娩时的医院咨询

通常，涂药1个月痔疮即可基本痊愈。不要觉得难为情，为了防止病情恶化，还是到分娩时的医院咨询一下吧！有必要的话，医生还会推荐专业医师。

外出时总想去厕所
漏尿、尿频

症状 打喷嚏时尿就会漏出来，频繁地上厕所等

病因 分娩过程中，盆底肌肉松弛，无法夹紧尿道，或控制排尿系统的神经受到影响，都会导致尿频。

出现以下状况时应该去医院就诊

锻炼盆底肌肉后，症状仍不见缓解时可以向医生咨询

产后，通常需要3～4个月，子宫等肌肉的收缩和膀胱的机能才会恢复正常。在这段时间内，可以做锻炼骨盆肌肉的体操，如果症状仍不见缓解，可以咨询医生。

经常去了厕所也排不出大便
便秘

症状 不能每天排便。即使每天排便，还是感觉排不净。

原因 产后，忙着给孩子喂奶、换尿布，生活变得不规律，而且很容易忽视饮食平衡。此外，由于外阴部位受伤疼痛，排便时不敢用力，也会引起便秘。

出现以下状况时应该去医院就诊

吃了富含膳食纤维的食物和便秘药，还是拉不出来，每天都排便，但总感觉没排净

可以咨询妇产科医生。饮食上注意以富含膳食纤维和乳酸菌、低糖的食物为主。反思一下现在的生活习惯，坚持两周，注意观察病情变化。如果还是不见效，可以使用泻药。

其他问题

虽然宝宝只有3kg重，但频繁地抱起和放下也会导致大人身体的某些部位疼痛。感觉不舒服时，不要勉强自己，让家人或朋友来帮忙吧！

抱着孩子时感觉不舒服
腱鞘炎、肩酸

症状 手腕发麻、阵痛，肩膀酸痛、沉重

病因 过度使用手重复同一个动作时，手部的肌腱就会发炎，诱发腱鞘炎。经常背着或抱着孩子，会使肩部肌肉经常处于紧张状态，血液循环不畅，导致肩部酸痛。

出现以下状况时应该去医院就诊

腱鞘炎要咨询外科医生。
肩部酸痛可以热敷或按摩

宝宝渐渐长大，妈妈的腰部负担也随之增大
腰痛

症状 弯腰、直腰时疼痛。平时也常常一阵阵地疼。

病因 体重没有恢复正常，增加了腰部负担。而且，每天蹲着照顾宝宝也是主要原因之一。

出现以下状况时应该去医院就诊

疼痛得难以忍受时可以找外科医生检查。

什么时候生？相差几岁合适？

考虑生育第二胎时

很多人想多生几个孩子，又因为什么时候生、孩子间应相差几岁而烦恼。每个家庭的情况、妈妈的心态不同，所以没有统一的答案。最好认真想一想，再生一个孩子会给生活带来哪些变化。

想象一下养育两个孩子的生活

兄弟姐妹能使生活更轻松

的确，孩子越多麻烦事也越多。但过了累人的婴儿阶段，孩子再长大些，有兄弟姐妹也能使生活变得更轻松。"孩子们一起玩耍，就算是帮忙了""外出时，更放心些"等，

大人也会经常感慨有兄弟姐妹的生活真好。有了孩子，不知道应不应该再生一个孩子时，最好问问有经验的妈妈，可以以年为单位来规划多子女的家庭生活。

第一胎　第二胎

根据出生顺序和年龄确定宝宝在家中的角色

不要强迫较大的孩子，同样要给予他们关怀

很多人以为孩子一岁了、两岁了，就应该能做很多事情，过早地让宝宝承担起了哥哥或姐姐的角色，把自己的期望强加给宝宝。但是，不管两个孩子相差几岁，都不要忘

了继续关心较大的宝宝。最好根据出生顺序，让宝宝认识到自己在家庭中的角色。较大的宝宝会在反复的矛盾中，认识到自己作为哥哥或姐姐的角色。

年龄差距不同，会有怎样的变化？

"相差几岁再生下一个宝宝比较好呢？"这个问题没有固定的答案。是连续地集中生育，还是间隔几年再生育，要由夫妻双方决定。

相差 **1** 岁
虽然在一段时间内会非常劳累，但很快就轻松了

短时间内负担会突然加重，一定要做好心理准备。虽然觉得"小宝宝很可爱，所以想快点要第二个"，但要意识到生活很辛苦。不过，将来也会一下子变得特别轻松。兄弟姐妹间相差 2 岁，也能一起做游戏。

相差 **2** 岁
理解宝宝的倒退行为

较大的宝宝断奶或停止使用尿布后，再照顾较小的宝宝，比照顾年龄只相差 1 岁的宝宝更轻松。但是，在妈妈怀孕期间，较大的宝宝可能会退步到婴儿的状态，所以不要对宝宝期望太高。刚开始时，如果较大的宝宝对弟弟或妹妹不是那么亲切，最好和他多沟通。

相差 **3** 岁
不要认为较大的孩子能做很多事情

孩子 3 岁后，有时能用语言表达自己的心情。但如果总是让他让着弟弟或妹妹，总是对他说"等一会儿"，他会很不高兴。最好经常告诉他"你也很重要"。而且，他也是孩子，尽量不要让他照顾小宝宝。

相差 **4** 岁
不要强迫孩子当"哥哥"或"姐姐"，要给他安全感

送较大的孩子去幼儿园或托儿所，让他了解外面的广阔世界，但这要以家庭能给他安全感为基础。如果在家里大人经常强迫他当"哥哥""姐姐"，会使他没有安全感。当他撒娇时，大人要哄一哄他。

相差 **5** 岁以上
较大的孩子到了上学的年龄，要多关心

相差 5 岁以上，要让较大的孩子明白弟弟或妹妹还是个婴儿。但有时候较大的孩子会嫉妒弟弟妹妹，大人要意观察这种微妙的心理变化。而且，较大的孩子要开始上学了，大人不要忘了给予关怀。

要 点　哥哥或姐姐的心情

在弟弟妹妹带来的变化中，继续成长

无论两个孩子相差几岁，对哥哥或姐姐来说，弟弟妹妹的诞生会给他们带来一定的冲击。但他们能在大人的关爱中，克服这种变化，继续成长。不要忘了多和较大的孩子交流，关心他们的心理变化。

孩子只是暂时性地表现出婴儿阶段的状态，不要太担心

较小的孩子出生后，较大的孩子可能会出现退回婴儿阶段的状态，本来会做的事，现在却不会做了。这只是暂时性的情绪问题，孩子的成长发育并没有问题，所以出现这种现象时不必太担心，最好多和孩子交流。

上班族妈妈的选择

以前的女性通常生完孩子后就会辞职。但现在有各种选择，是辞职、继续工作，还是暂时休假呢？选择多了，妈妈们也变得更犹豫、迷茫了。借着生育宝宝的机会，重新考虑自己的人生规划吧！

提高做家务的效率，确保留出时间照顾孩子，丈夫的参与很重要

很多人都能兼顾育儿和工作

在日本，上班族妈妈并不少见。城市里有很多孩子不上幼儿园，这说明很多人都能够兼顾工作和育儿，这一事实也鼓舞了那些选择当上班族妈妈的人。

为了提高做家务的效率，不要吝惜金钱

要想兼顾育儿和工作，最重要的一点是提高做家务的效率，还要确保有时间和孩子交流。

要想提高效率就不要舍不得花钱。可以考虑买些先进的家用电器，例如，自动洗碗机，能集中清洗一整天用过的碗筷；全自动洗衣机，可直接把衣服甩烘干。

此外，丈夫也要参与到育儿中来。爸爸是育儿中必不可少的成员之一，不是"协助"，而是积极地"参与"。

提前起床，留出做家务的时间

到了傍晚，又要去幼儿园接孩子，又要做晚饭、洗澡、哄孩子睡觉，忙忙碌碌，家务总是做不完。只要早起30分钟~1小时，就可以大大提高做家务的效率。

不要积攒脏衣服

每天手洗几件内衣并不费事，但要是把一周的衣服积攒到一起洗，再晾晒，就非常麻烦了。所以，最好不要积攒脏衣服。

利用网络或快递，节约购物时间

要善于利用网络时代带来的便捷。确定了大致的菜谱后，快递能把一周内需要的食材都送过来，连纸尿裤这样体积较大的物品也可以快递到家。

购买便利的家用电器

具有烘干功能的洗衣机、洗碗机、容量较大的冰箱、具有除尘功能的空调等，如果决定要做一名上班族妈妈，就要考虑提前投资购买这些便利的家用电器。

上班族妈妈的一天

上班前

06:00	起床 准备早餐和晚餐
06:30	爸爸和孩子起床 吃早饭，收拾餐具，倒垃圾
07:30	妈妈化妆 爸爸给孩子换衣服 准备去幼儿园
08:00	全家一起出发

下班后

17:45	回家。收拾从幼儿园带回来的物品，妈妈换衣服，做饭
18:30	(不加班的话)爸爸回家。吃晚饭
19:00	爸爸和孩子洗澡，妈妈收拾碗筷，叠洗好的衣服
20:00	准备明天带去幼儿园的东西
20:30	洗澡。爸爸和孩子在客厅做游戏
21:00	爸爸哄孩子睡觉时，妈妈晾衣服
22:00	休闲时间。看电视或者上网
23:00	睡觉

有宝宝前的起床时间为早晨6点45分。现在，如果提前起床1小时左右，不仅能够做早饭，还有时间为晚饭做准备。这样下班后的时间更宽裕些。

决定继续工作后，要坚信与孩子间的亲密关系不会受影响
做个潇洒的上班族妈妈吧

听到别人说"好可怜"时，不要有罪恶感

上班族妈妈们一定听过别人说孩子好可怜！多数情况下，虽然别人只是随口说一句"孩子好可怜啊"，但妈妈们还是觉得心里隐隐作痛。

每个人都有自己的生活方式和价值观。如果你选择了继续工作，就做一名潇洒的上班族妈妈吧！带着罪恶感工作会把这种情绪传染给孩子。如果孩子在成长过程中一直觉得"都是妈妈的错"，也不利于孩子的成长。

孩子的健康成长需要父母的关爱和周围人友善的目光，而且，这跟是否工作没有关系。

找一个疼爱孩子、能确保孩子安全、值得信赖的人，按照你的育儿方式，和你一起照顾宝宝吧！

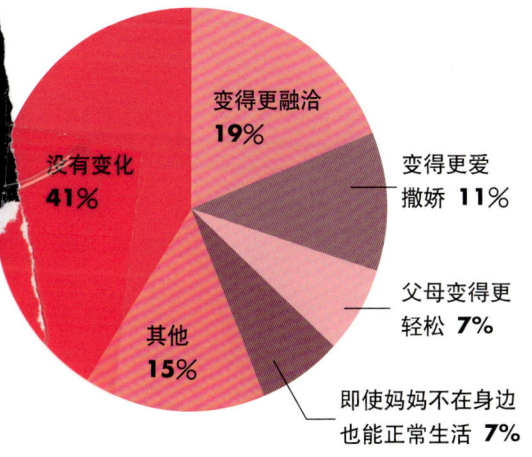

孩子开始上幼儿园后，亲子关系会有哪些变化？

没有变化 41%
变得更融洽 19%
变得更爱撒娇 11%
父母变得更轻松 7%
即使妈妈不在身边也能正常生活 7%
其他 15%

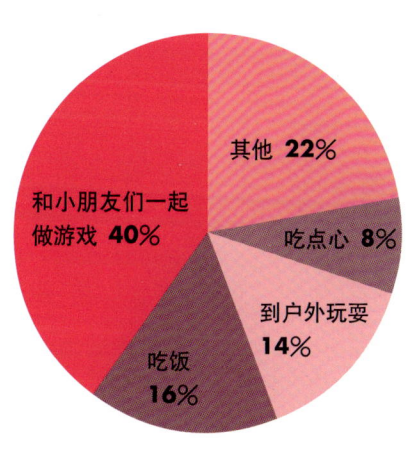

宝宝在幼儿园喜欢做什么？

和小朋友们一起做游戏 40%
其他 22%
吃点心 8%
到户外玩耍 14%
吃饭 16%

知道吗？很多人觉得宝宝上幼儿园后，亲子关系变得更融洽了，自己也更轻松了。很意外吧！所以，幼儿园不是很可怜的地方。

图书在版编目(CIP)数据

图解育儿百科/〔日〕住友真佐美编；付明明译.
－海口：南海出版公司，2016.1
ISBN 978-7-5442-8146-1

Ⅰ.①图… Ⅱ.①住…②付… Ⅲ.①婴幼儿－哺育
－图解 Ⅳ.①TS976.31-64

中国版本图书馆CIP数据核字(2015)第255810号

著作权合同登记号 图字：30-2015-039
YOKU WAKARU IKUJI
© SHUFUNOTOMO CO., LTD. 2010
Originally published in Japan in 2010 by SHUFUNOTOMO CO., LTD.
Chinese translation rights arranged through DAIKOUSHA INC., Kawagoe.
All rights reserved.

图解育儿百科
〔日〕住友真佐美 编
付明明 译

出　　版　南海出版公司　　(0898)66568511
　　　　　　海口市海秀中路51号星华大厦五楼　　邮编 570206
发　　行　新经典发行有限公司
　　　　　　电话(010)68423599　　邮箱 editor@readinglife.com
经　　销　新华书店

责任编辑　崔莲花
特邀编辑　刘洁青
装帧设计　段　然
内文制作　博远文化

印　　刷　天津市银博印刷集团有限公司
开　　本　880毫米×1092毫米　1/16
印　　张　13.5
字　　数　245千
版　　次　2016年1月第1版
　　　　　　2016年1月第1次印刷
书　　号　ISBN 978-7-5442-8146-1
定　　价　68.00元